L'AGRICULTURE

DU

VIVARAIS

en 1927

ERRATA

PAGE 18. — dernière ligne. Au lieu de : par les chaulages, lire : par des chaulages.
— 21. — gravure. Au lieu de : Cradoux, lire : Pradoux.
— 24. — dernier alinéa, au lieu de : Zône, lire : zone.
— 36. — 8me ligne, au lieu de : d'importances ressources, lire : d'importantes ressources.
— 45. — 2me alinéa, au lieu de : rateau, lire : râteau.
— 54. — 2me alinéa, au lieu de : malheurcement, lire : malheureusement.
— 57. — Avant-dernier alinéa. Au lieu : 336 en 1922 ainsi répartis, lire : 336, en 1922, ainsi répartis.
— 60. — Avant-dernier alinéa, au lieu de : Ourteau, lire : tourteau.
— 62. — 6me alinéa. Au lieu de : Galle noire, lire : Gale noire.
— 63. — 4me alinéa. Au lieu de : préparatien, lire : préparation.
— 66. — Avant-dernier alinéa. Au lieu de : le sol, qui reçoit, une, lire : le sol, qui reçoit une...
— 85. — 2me alinéa. Au lieu de : Crûs, lire : Crus.
— 88. — Avant-dernier alinéa. Au lieu de : obligés, lire : obligé.
— 89. — 2me alinéa. Au lieu de : Et bien, lire : Eh bien.
— 99. — Avant-dernier alinéa. Au lieu de : que nous avons indiqué, lire : que nous avons indiqués.
— 109. — Avant-dernier alinéa. Au lieu de : obstable, lire : obstacle.
— 112. — 1er alinéa. Au lieu de changements fréquents des Directeurs, lire : changements fréquents de Directeurs.
— 128. — 3me alinéa. Au lieu de : côteau, lire : coteau.
— 128. — Au renvoi. Au lieu de : Chrysalide à raison de 1 kgr par pied qui, lire : Chrysalide, à raison de 1 kgr par pied, qui...
— 133. — 5me alinéa. Au lieu de : la destruction des pucerons, exige, lire : la destruction des pucerons exige.
— 133. — dernière ligne. Au lieu de : fonds, lire : fond.
— 136. — Avant-dernier alinéa. Au lieu de ; presque partout par le puceron lanigère, lire : presque partout — par le puceron lanigère.
— 143. — 3me alinéa. Au lieu de : au moint de vue, lire : au point de vue.
— 146. — 1er alinéa. Au lieu de drû, lire : drues.
— 147. — Avant-dernier alinéa. Au lieu de : quatités, lire : quantités.
— 148. — Avant-dernier alinéa. Au lieu de : poulain, lire : poulains.
— 163. — tableau. Au lieu de : Basse-cours, lire : basse-cour.
— 193. — 3me alinéa. Au lieu de : Faverolle, lire : Faverolles.
— 197. — 3me alinéa. Au lieu de : auquelles, lire : auxquelles.
— 199. — 2me alinéa. Au lieu de : était, lire : étant.
— 224. — 6me alinéa. Au lieu de : 100° degré, lire : 100 degrés.
— 229. — Au lieu de : chept, lire : Cheptel.
— 235. — 3me alinéa. Au lieu de : prairies en montagnes, lire : prairies en montagne.

RÉPUBLIQUE FRANÇAISE

OFFICE RÉGIONAL AGRICOLE DU MIDI
OFFICE DÉPARTEMENTAL AGRICOLE DE L'ARDÈCHE

L'AGRICULTURE
DU
 VIVARAIS

Par M. V. RICHARD
Directeur des Services Agricoles de l'Ardèche

avec la collaboration de :

MM. MUNTTVILLER, Professeur d'agriculture à Aubenas ;
    SERRET, Professeur d'agriculture en retraite, Président du Vivarais agricole ;
    FERROUILLET, Inspecteur des Eaux et Forêts à Privas ;
    VARIN d'AINVELLE, Inspecteur des Eaux et Forêts à Aubenas ;
    COURIOL, Vétérinaire à Privas ;
    ROMAN, Agriculteur, Maire de St-Martin-d'Ardèche, Conseiller d'arrondissement de Bourg-St-Andéol ;
    MOUNIER, Instituteur honoraire à Vssseaux ;
    FORT, Directeur du Centre expérimental de Cultures sarclées d'Alboussière ;
    DESSERRE, Directeur du Centre expérimental de Saint-Marcel-d'Ardèche.
    BOUVERON, Directeur de l'Ecole publique et du Cours post-scolaire agricole de St-Péray ;

RAPPORTS
présentés au nom des commissions de la prime d'honneur, des prix culturaux et de spécialités

par MM. VIDAL, Professeur à l'Ecole nationale d'agriculture de Montpellier.
    et DÉAUX, Professeur à l'Ecole d'agriculture d'Ecully.

IMPRIMERIE ELIE MAZEL
LARGENTIÈRE (Ardèche)

1927

PREFACE

Je suis heureux de présenter aux agriculteurs de l'Ardèche la monographie agricole de ce département si varié dans sa configuration et dans ses cultures.

Les efforts dévoués des services agricoles, se conjuguant avec l'action de l'office agricole, se traduisent dans l'Ardèche par des résultats chaque jour plus marqués. Il était bon de les mettre en relief, de montrer le chemin parcouru et celui qui reste à parcourir. Il était utile de donner confiance au paysan ardéchois dans sa terre qu'il a cultivée de tous temps avec une patiente énergie — ce qui est méritoire — mais qui raisonne, qui rationalise, suivant l'expression à la mode, de plus en plus ses opérations, — ce qui est mieux.

Ce travail enrichit la collection des monographies agricoles départementales, dont l'ensemble constituera une véritable encyclopédie de l'agriculture française. Il fait le plus grand honneur à ses auteurs et je ne puis qu'en féliciter M. Richard, Directeur des services agricoles, ses collaborateurs immédiats, les Professeurs d'agriculture, et tous ceux qui ont bien voulu participer à cette publication que les agriculteurs de l'Ardèche liront avec autant d'intérêt que de profit.

Albert LAURENT

Inspecteur Général de l'Agriculture

PRÉFACE

S'il est vrai que bien connaître son pays, c'est le doublement aimer, voici un livre qui rendra bien chère notre Ardèche à nos cœurs de paysans vivarois. L'étude que M. Richard et ses collaborateurs nous apportent aujourd'hui est la plus fouillée qui fut jamais faite de l'agriculture de notre département. Les conditions de notre production agricole et l'appréciation des résultats obtenus par elle, si exactement étudiés dans cette monographie, nous permettent de mesurer le considérable effort de rénovation culturale exercé par le cultivateur Ardéchois au cours de ces dernières années. C'est tout à son honneur ! Mais pour nous qui avons suivi pas à pas les progrès ainsi réalisés, c'est aussi à l'honneur des hommes qui ont assumé la lourde tâche de conduire dans la voie de l'intensification de la production agricole les bonnes volontés paysannes. Ces hommes, il faut que leurs noms soient dits ici, ce sont M. Richard, Directeur des Services agricoles, dont le dévouement inlassable s'est consacré au sol Ardéchois, et ses collaborateurs M. M. Munttviller et Faure, sans oublier ceux qui sont partis, après un long apostolat en Ardèche, MM. Boiret et Serret.

Mais puisque après avoir dit ce qui était et ce qui fut, ils nous ont montré tout ce qui reste à faire, la meilleure récompense à leur décerner, c'est encore de les suivre !

Marcel ASTIER

Président de l'Office agricole départemental
Député de l'Ardèche

AVANT-PROPOS

Dans toutes les branches de l'activité humaine, il se produit une incessante évolution qui tend à s'accélérer.

L'agriculture, entraînée dans ce mouvement général, subit des changements continuels qui modifient constamment sa physionomie.

Nous avons cru devoir montrer cette succession d'aspects en remontant aussi loin que possible dans le passé et en indiquant les étapes franchies par chacune des productions agricoles de ce département, afin qu'on puisse se rendre compte du chemin parcouru dans la voie du progrès et des perfectionnements qui restent encore à réaliser.

Le lecteur appréciera les mérites de l'exploitant ardéchois qui, très souvent désavantagé par une nature ingrate, est parvenu néanmoins à obtenir, de certaines cultures, des rendements élevés.

Ces résultats sont le fruit, à la fois, de l'effort individuel et des œuvres de solidarité qui ont pris un développement insoupçonné en Vivarais.

Il reste, sans doute, encore bien des réformes à accomplir dans le domaine de la pratique agricole, mais il y a tout lieu d'espérer que les vaillants travailleurs du sol de l'Ardèche, qui ont déjà donné de si nombreuses preuves de leur esprit d'initative, sauront, de plus en plus, adapter à cette région les méthodes de la technique moderne.

Notre confiance dans l'avenir de l'agriculture locale étant ainsi nettement exprimée, qu'il nous soit permis de remercier toutes les personnes qui ont bien voulu nous prêter leur collaboration :

M. MUNTTVILLER, Professeur d'agriculture à Aubenas, l'excellent ami, toujours prêt à seconder nos efforts et dont la compétence s'est imposée à tous les praticiens de sa circonscription ;

M. SERRET, notre ami également, qui a bien voulu oublier qu'il est à la retraite pour nous faire profiter de ses connaissances apicoles ;

M. M. FERROUILLET et VARIN D'AINVELLE, Inspecteurs des Eaux et Forêts dans l'Ardèche, dont le travail sur la pisciculture et le reboisement du Bas-Vivarais, ne peut manquer de susciter le plus vif intérêt ;

M. COURIOL, Vétérinaire à Privas, jamais lassé de prêter son concours éclairé à toutes les organisations concernant l'élevage ;

M. ROMAN, Conseiller d'arrondissement de Bourg-St-Andéol, et Maire de St-Martin-d'Ardèche, hautement considéré pour son esprit très avisé, son attachement au progrès et son grand dévouement ;

M. V. MOUNIER, Instituteur honoraire à Aubenas, l'un des rares producteurs de lavande dans les Cévennes et qui accorde à cette plante les soins les plus judicieux.

Nos sentiments cordiaux vont aussi à M. FORT, le zélé Directeur du Centre expérimental d'Alboussière, à qui on doit la régénération de la pomme de terre dans la région, et à M. DESSERRE, Directeur du Centre viticole de St-Marcel d'Ardèche, également enthousiaste dans la recherche des conditions les plus favorables à la vigne.

M. BOUVERON, Directeur de l'Ecole publique et du Cours post-scolaire agricole de St-Péray, qui prend une si large part à la diffusion de l'enseignement de l'agriculture;

Tous ces efforts n'ont pu être tentés et coordonnés que grâce à la bienveillance de M. Albert LAURENT, Inspecteur Général de l'Agriculture ; de l'*Office agricole Régional du Midi* et de l'*Office agricole départemental de l'Ardèche*, auxquels nous sommes heureux de présenter l'hommage de notre gratitude.

Nous prions également M. *le Préfet* et le *Conseil Général de l'Ardèche* de vouloir bien trouver ici l'expression de notre reconnaissance pour leur sollicitude à l'égard de toutes les œuvres d'intérêt agricole.

V. RICHARD

PREMIÈRE PARTIE

MILIEU NATUREL

ESQUISSE GÉOLOGIQUE DU VIVARAIS

Les diverses productions agricoles dépendant de la nature même du sol, il paraît utile de tracer, à grands traits, la répartition des principaux terrains dans le département.

Ere primitive et ère primaire. — Sur près des deux tiers de son étendue, le territoire ardéchois est formé de roches *cristallophylliennes* dont les gneiss et les micaschistes s'étalent en deux larges taches situées, l'une au nord de la vallée du Doux, l'autre à l'ouest d'une ligne passant par Brahic, les Vans, Malarce, Planzolles, Dompnac, Valgorge et St Laurent les Bains.

Le granit présente des surfaces encore plus considérables, comprises entre les deux zones déjà indiquées et une ligne allant de Largentière à La Voulte, par Vals-les-Bains, l'Escrinet, Pranles, Veyras, St Cierge-la-Serre.

Cette vaste formation primitive a émergé des flots vers la fin de l'ère primaire. Durant l'exhaussement du Massif Central, qui eut lieu en même temps, la mer, en régression, ne laissa qu'un petit nombre de dépôts de faible importance représentés par le bassin de Prades, occupant la place d'un ancien lac, où des matières organiques accumulées et recouvertes par des deltas formèrent les gisements houillers de Nieigles-Prades.

On trouve, également, à proximité de Largentière, quelques îlots de grès rouges du *Permien*, entrecoupés ou recouverts par des grès bigarrés du trias marquant l'origine de l'époque secondaire.

Ere secondaire. — Cette formation débute par le *Trias*, qui ne se montre, dans la Haute-Ardèche, qu'en de rares points très espacés (environs de Soyons, Vernoux, Privas) et constitue, dans le Bas-Vivarais, sur les limites du primaire, une bande étroite, depuis St Etienne de Boulogne, jusqu'aux Vans, en passant par St. Julien-du-Serre, le nord d'Aubenas et Largentière. Les éléments grossiers et les cailloux anguleux de quartz, qui entrent dans la composition de cet étage, ont fait supposer qu'il représente la falaise d'une ancienne mer, recouvrant le Sud-Est du département. Une autre tache de trias s'observe, en dehors de cet alignement, à Montselgues,où il affecte l'allure d'un terrain archéen, c'est-à-dire résultant de la lente désagrégation et de la reconstitution sur place de la roche primitive.

Le *Lias* est représenté par un ruban étroit partant de Laurac et se dirigeant sur Aubenas, où il s'interrompt brusquement pour réapparaître, en liseré, à Vesseaux et prendre fin au col de l'Escrinet. Il existe, en outre, un pâté liasique aux environs de Privas (Petit-Tournon, pente sud du Mont-Toulon, jusqu'au Mont-Charray). Enfin, le même étage se retrouve à Vernoux et surtout au château de Crussols, d'où il se prolonge en pointe le long de la voie ferrée jusqu'à Châteaubourg.

A peu près partout il présente un aspect gréseux et possède de nombreux fossiles. Sauf au sud d'Aubenas, les terres qu'il donne sont de médiocre qualité.

Encore plus étroite et plus entrecoupée, apparaît la zone oolithique, à peu près parallèle aux précédentes, entre St-Etienne-de-Fontbellon, au sud d'Aubenas, et St-Etienne-de-Boulogne. Ce gisement affleure également à Privas et à Crussols. Constitué par des calcaires durs, il donne des terres creuses, peu fertiles.

Le *Callovien* et l'*Oxfordien*, qui viennent ensuite et résultent de dépôts de mer profonde, recouvrent une plus grande surface, allant des Vans à Joyeuse, où elle présente plusieurs kilomètres de largeur, et se resserre au sud de Laurac pour s'évaser plus loin, au Sud-Est d'Aubenas et de Vesseaux. La structure de ces étages est assez uniforme ; les marnes, qui en forment la base, présentent un aspect gris feuilleté et occupent les bas fonds tandis que les calcaires bleuâtres compacts et les calcaires gris jaunâtres du *Rauracien* et du *Séquanien* forment, du sud des Vans à Lavoulte, les plateaux des « Gras », arides, à roche dure, se désagrégeant difficilement. Enfin, cette série se termine par des calcaires compacts, ruiniformes du *Tithonique* auxquels appartiennent les marbres de Chomérac et le bois de Païolive.

Reliant le jurassique supérieur à l'infracrétacé, le *Berriasien*, du nom de la localité de Berrias. caractérisé par des calcaires blancs et des calcaires marneux, abonde en fossiles.

Le *Valanginien*, qui lui fait suite, se prolonge jusqu'à Villeneuve-de-Berg et St-Jean-le-Centenier, d'où il lance une pointe vers Valvignières et s'étend largement tout autour du Coiron, depuis Lussas jusqu'à Chomérac. Formé également en mer profonde, il se rapproche beaucoup du Callovien renfermant des marnes argileuses, grisâtres ou jaunâtres, assez semblables à celles de l'oxfordien et surmontées de calcaires blanchâtres ou bleuâtres. Enfin, sur les bords du Rhône, les *calcaires hauteriviens* ou néocomien supérieur, sont représentés par de puissantes assises de calcaires marneux, exploitées pour la fabrication de la chaux hydraulique à Cruas et au Teil. A peu près à la même époque, sont apparus, dans une mer peu profonde, les dépôts de l'*Urgonien* qui constituent le plateau de St-Remèze, entre Vallon et Bourg-St-Andéol, où ne se développe qu'une maigre végétation constituée presque exclusivement par des chênes-verts rabougris.

Le sol continuant à s'élever, la mer s'est retirée progressivement du

Vivarais en ne laissant qu'un lambeau étroit de crétacé supérieur du Teil à Viviers et à Bourg St-Andéol. Ainsi, après le plissement hercynien il se produit de grandes érosions et commence l'ère secondaire, au cours de laquelle la mer, tantôt transgressive, tantôt régressive, par suite de l'affaissement ou de l'exhaussement du seuil de Villefort, (sorte de couloir qui la fait communiquer avec celle du Causse), constitue des dépôts ou grossiers, ou au contraire à éléments fins selon qu'ils ont lieu sur ses rives, ou dans ses parties profondes; mais les forces internes n'interviennent que lentement pour modifier le relief de la surface et provoquer le retrait des eaux; de sorte que les divers étages géologiques forment, dans l'ordre d'ancienneté, une série de zones allant du nord-ouest au sud-est du département.

Ere tertiaire.— Pendant la période tertiaire, a lieu un mouvement interne provoquant la saillie des Alpes qui, en exerçant une vigoureuse pression sur les parties de l'écorce terrestre situées à l'est, jusqu'au Massif Central — agissant comme point de résistance — a déterminé des plissements. Il s'est dessiné, pendant *l'Oligocène* et le commencement du *Miocène*, des plis anticlinaux, préludant à la formation de la vallée du Rhône.

Toutefois, cette force latérale n'atteint pas les étages secondaires, qui échappent à la déformation des contreforts des Alpes et du bord oriental du Massif-Central. Il se produit une longue fissure de Lavoulte aux Vans par l'Escrinet, accompagnée d'une série d'autres, suivant la même direction, mais moins importantes, et un affaissement général vers le Rhône qui provoque des glissements et le déplacement des diverses couches géologiques du Bas-Vivarais.

De même, dans la Haute-Ardèche, les failles de la période hercynienne s'accentuent. En même temps se forme une ligne de hauteurs allant du Mont Lozère au Pilat et dont les points les plus élevés atteignent 1400 mètres d'altitude. La mer qui baigne encore la dépression rhodanienne y abandonne des dépôts molassiques, tandis que le long des cours d'eau ou à l'emplacement des lacs, se forment d'autres dépôts d'origine fluviale ou lacustre.

Ces restes se retrouvent à des hauteurs surprenantes jusqu'aux environs du Mézenc et sur les bords du Coiron, où coulait alors, une large rivière dont les berges sont indiquées par des dépôts de gravier et de sable fin, du côté sud, à partir de Mirabel.

Cependant, sous l'influence d'une nouvelle surélévation du Massif Alpin, les pentes orientales du Vivarais s'accentuent; la mer se retire définitivement, la rapidité des cours d'eau augmente, les vallées se creusent et dans les bas fonds marécageux, sortes de lagunes, se forment d'épaisses couches d'alluvions (Charray, Rochessauve etc..) La dislocation que subit notre région pendant la formation de l'éocène et au début du miocène détermine des éruptions qui vont se produire à l'époque du miocène supérieur, de préférence, suivant la ligne de moindre résistance de l'écorce terrestre indiquée par la faille allant de Rochemaure au Mézenc. La rivière du Coiron sera obstruée et de vastes nappes basaltiques recouvriront les régions voisines (nord de Privas et plateau du Coiron).

A cette activité volcanique succède une période de calme pendant laquelle se produit un nouvel affaissement de la dépression rhodanienne, provoquant un dernier afflux de la mer tertiaire, jusqu'à 20 kilomètres de Lyon. Le sol se relève encore une fois et au fond de la vallée du Rhône ont lieu les gisements du pliocène dans lesquels le fleuve établira progressivement son lit définitif.

En même temps, se constituent des dépôts lacustres et fluviatiles, ainsi que des épanchements volcaniques, à travers les éruptions précédentes, sur le Coiron et aux environs du Mézenc, du Gerbier-des-Joncs, de Ste-Eulalie et de Lachamp-Raphaël. C'est également alors qu'apparaissent les sucs phonolithiques; tandis que plus tard surgiront les cônes de scories et les coulées de « basalte des pentes ».

Ere Quaternaire. — L'époque quaternaire est caractérisée par un travail d'érosion et le creusement des vallées actuelles sous l'influence de torrents impétueux alimentés par les névés et les glaciers apparus vers la fin du pliocène. On assiste, également, à un réveil des forces souterraines qui projettent de longues coulées dans les vallées actuelles (Gravenne de Montpezat et de Thueyts, Coupe de Jaujac, Coupe d'Aizac, Ray Pic, Pic de l'Etoile). Ces volcans ont conservé leur cône d'éruption modifiant le relief du sol et ajoutant, à l'intérêt géologique, leur beauté pittoresque. Dans les fissures résultant de cette poussée interne, les eaux de pluie pourront pénétrer à l'intérieur de l'écorce terrestre, dans des poches renfermant du gaz carbonique et, à la faveur de cette action dissolvante, elles donneront les sources minérales du Vivarais.

Ainsi ont eu lieu les dépôts quaternaires des vallées du Rhône et de la Basse-Ardèche, ensuite les coulées basaltiques du Tanargue et enfin la fixation du relief du Vivarais, qui n'a plus varié jusqu'à nos jours.

V. RICHARD.

CLIMAT DU VIVARAIS

Le Vivarais établit la transition entre le Massif Central, la vallée du Rhône et le Midi. Il offre un relief très accidenté dont les divers points se trouvent à des altitudes variant de 20 mètres, aux environs de Bourg-St-Andéol, à 1.330 mètres, sur le plateau de Lachamp-Raphaël.

Les multiples plissements du terrain sont autant d'abris naturels, atténuant les changements de température. Par contre les espaces découverts, qui bordent la vallée du Rhône ou qui couronnent la chaîne des Boutières, sont fréquemment balayés par des vents violents qui provoquent de brusques variations météorologiques.

Il résulte de ces conditions géographiques et orographiques des climats très divers, si on tient compte à la fois de la température et de la pression barométrique, des mouvements et des précipitations atmosphériques.

Tout le Haut-Vivarais, participe du climat Rhodanien ou Lyonnais, caractérisé par une assez grande fréquence des pluies durant l'été — surtout dans la vallée du Rhône jusqu'à Tournon — des écarts de température très sensibles entre les saisons, la prédominance des vents froids du nord, les chutes de neige, particulièrement sur les points les plus élevés, et la formation des brouillards dans le creux des vallées.

Par opposition, la Basse-Ardèche jouit du climat méditerranéen, chaud, à peu près uniforme, favorable, en maints endroits, à la culture de l'olivier et de l'amandier, sec en été, pluvieux en automne et quelquefois au printemps. Ce sont les vents du Nord-Est qui dominent ; ceux du sud sont chargés de vapeur d'eau qui se condense en pluies, réparties sur un petit nombre de jours et causant parfois des inondations.

Les Cévennes vivaroises, au point de vue qui nous occupe, tiennent le milieu entre les deux régions précédentes ; les précipitations atmosphériques y sont excessivement abondantes pendant un court laps de temps, compris entre le commencement de septembre et la fin d'octobre ; elles produisent de grandes masses d'eau qui ravinent les flancs des montagnes et font souvent déborder les rivières dans leur cours inférieur, à faible pente.

Les vents du Midi forment, principalement dans le courant de l'automne et de l'hiver, de sombres nuages qui s'accrochent au sommet du Tanargue ou du Mézenc et se convertissent généralement en neige, recouvrant le sol d'un manteau immaculé, dépassant parfois un mètre d'épaisseur.

Au contraire, en été, la sécheresse sévit avec d'autant plus d'intensité que le terrain, peu profond et en pente, ne retient pas l'humidité et que les pluies sont très rares.

Enfin, le Massif du Coiron, placé entre ces diverses zones, jouit d'un climat intermédiaire, présentant des variations très accentuées, non seulement d'une saison à l'autre, mais encore à de courts intervalles, en raison des vents du nord qui soufflent impétueusement pendant la plus grande partie de l'année.

Ceux du sud y déversent de grandes quantités d'eau au printemps et en automne ; tandis que la période estivale est ordinairement sèche.

Il n'a pas été fait, jusqu'à présent, dans l'Ardèche, des observations météorologiques permettant de donner des précisions sur les facteurs essentiels qui déterminent un climat.

A l'Ecole Normale d'Instituteurs de Privas on relève, assez régulièrement, les hauteurs d'eau tombée, mais les résultats sont adressés directement au bureau central météorologique à Paris, sans donner lieu à la tenue d'un registre spécial. Les seules indications que nous ayons pu recueillir ont été empruntées au traité de Bourdin, *sur le Vivarais*, et aux *Archives de la Direction des Services Agricoles de l'Ardèche*.

Il résulte de ces documents que la hauteur des pluies atteindrait annuellement :

804	millimètres	à Tournon.
813	—	à Privas.
881	—	à Vernoux.
893	—	à Viviers.
1050	—	à Lamastre.
1019	—	à St-Agrève.
1173	—	à Vals-Les-Bains.
1276	—	à Joyeuse.
1331	—	à Aubenas.
1548	—	à Montpezat.

tandis que la moyenne pour la France entière est de 770 millimètres. Le Vivarais est donc un pays où il tombe beaucoup d'eau, surtout dans la région qui s'étend au sud du Tanargue. Malheureusement, les pluies diluviennes sont réparties sur un petit nombre de jours, variant de 80 à 90 pour Privas et Vals-Les-Bains.

La moyenne de la température augmente du Nord au Sud de la vallée du Rhône et décroit à mesure qu'on s'élève sur les Boutières et sur le Tanargue, vers le Mézenc.

D'après l'auteur précité, elle serait de 10°5 à Annonay ; de 11°51 à Privas et à Chomérac ; de 12°30 à St-Péray, à Vals, à Aubenas, et à Largentière ; de 13°21 à Viviers, à Bourg-St-Andéol et à Villeneuve-de-Berg.

Si les observations relatives à la température en Vivarais laissent à désirer, elles ne sont pas davantage satisfaisantes en ce qui concerne la pression barométrique ; toutefois, il semble que celle-ci diminue du Nord au Sud du département, qu'elle est ordinairement la plus faible en mars et en avril, ce qui provoque des perturbations atmosphériques fréquentes à cette époque.

C'est le vent du Nord qui domine dans toute la vallée du Rhône. Il souffle impétueusement, pendant l'hiver, sur les Hauts-Plateaux où on le désigne sous le nom de « Burle ». Durant la belle saison, le vent du Nord-Ouest est le plus fréquent dans presque toute l'Ardèche, il est froid et sec, tandis que celui du Sud est chargé de vapeur d'eau qui se résout en pluie ou en neige dans les remous produits par la Chaîne des Cévennes. Il convient également de signaler le vent d'Est (ou matinée) et le vent d'Ouest (appelé auvergnasse) très rares, sauf à St-Agrève où on observe encore souvent les vents du Sud-Ouest et du Nord-Ouest.

En résumé, l'Ardèche présente, au point de vue du climat, les particularités suivantes :

1°. — Différences très marquées entre les principales régions naturelles.

2°. — Hauteur d'eau moyenne tombée annuellement considérable et nombre de journées de pluie très réduit, d'où des inondations répétées dans le cours inférieur des rivières.

3°. — Hivers froids aux altitudes élevées, étés chauds et secs dans la partie moyenne et le sud du département.

4°. — Régime des vents très irrégulier selon les lieux et les saisons.

V. Richard.

RÉGIONS AGRICOLES DU VIVARAIS

Il est en France peu de régions présentant, sur une étendue aussi restreinte qu'en Vivarais, une telle diversité de sols, de climats et de cultures.

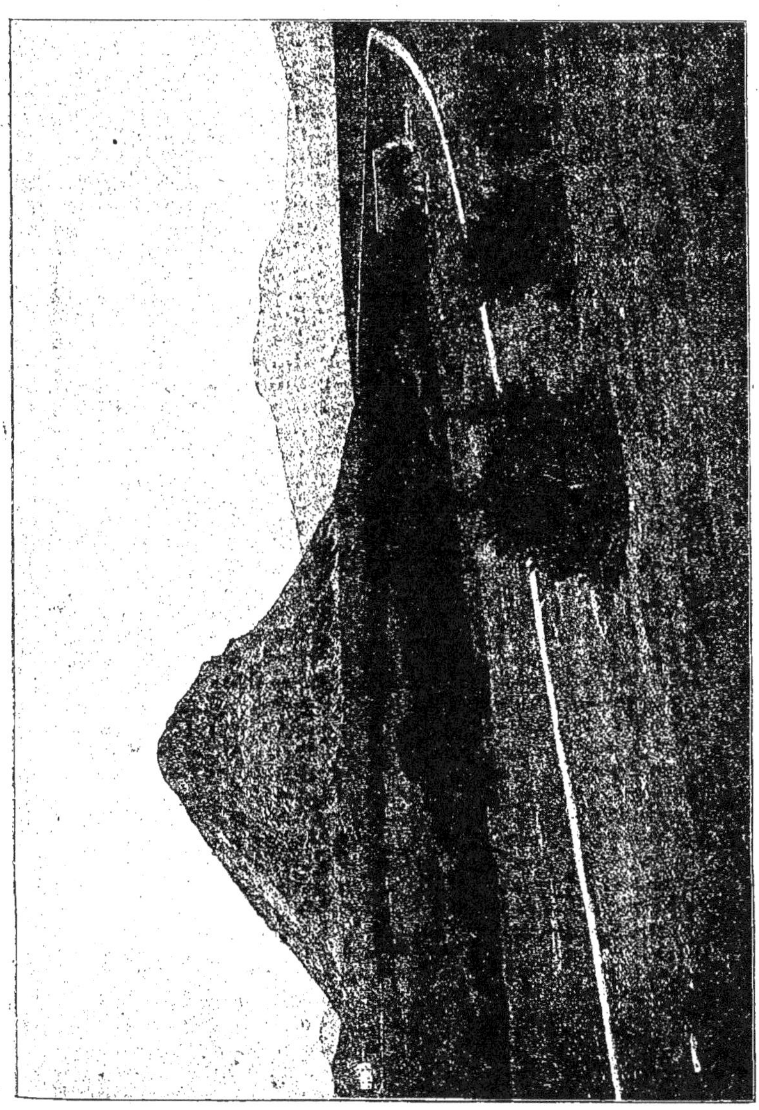

Gerbier des joncs. (S. I. V.)

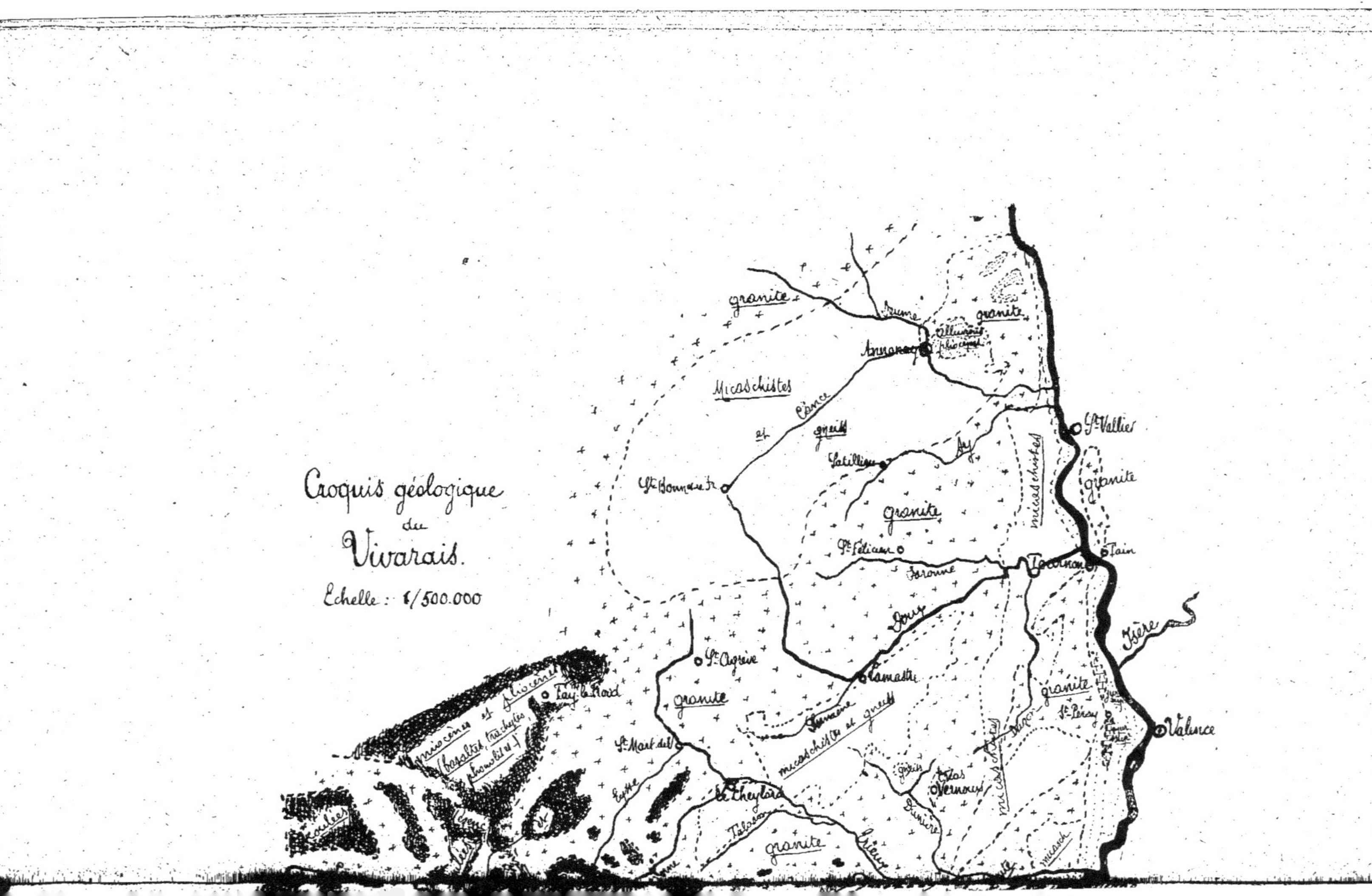

Croquis géologique
du
Vivarais.
Echelle : 1/500.000
granite
granite
granite
granite
granite
granite
Micaschistes
micaschistes
micaschistes
micaschistes
micasch.
gneiss
et gneiss
Cance
Ay
Doux
Isère
Daronne
Annonay
St Vallier
Tain
Tournon
Lamastre
St Bonnet sr
St Félicien
Satillieu
St Agrève
Fay le Noid
St Mart del
le Cheylard
St Péray
Valence
Vernoux
Talose
micaschistes et gneiss
miocènes et Alluvions
basaltes trachytes phonolites

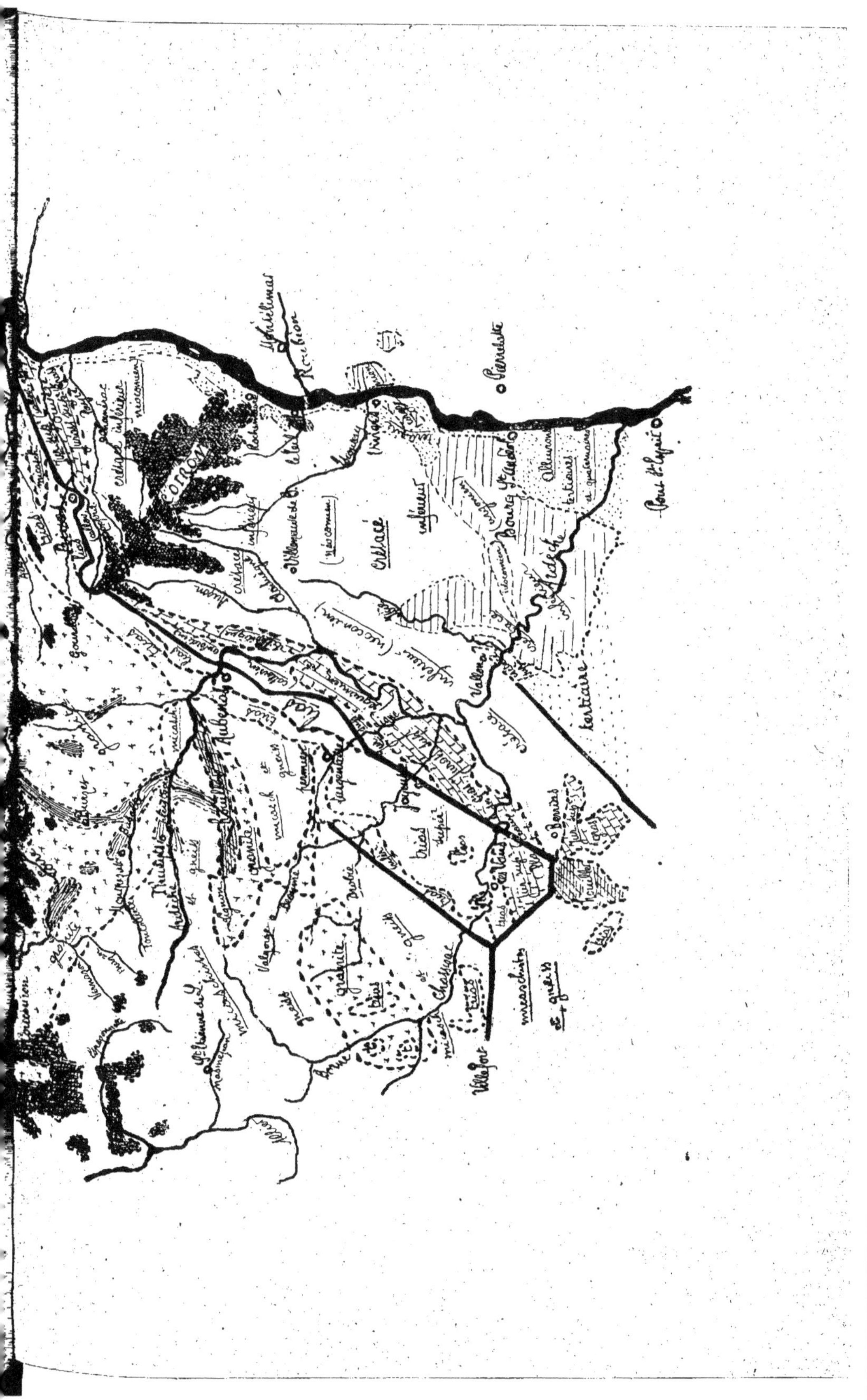

Portant l'empreinte de toutes les grandes périodes géologiques, ce territoire présente un faciès tourmenté, aux aspects imprévus. Morne et plat sur les Hauts-Plateaux, il se hérisse, en certains endroits, pour former des crêtes plus ou moins dentelées, ou se creuse en vallées, souvent étroites, profondes, convergeant vers le Rhône et l'Ardèche.

Le rebord oriental du Massif Central et la grande brèche de Lavoulte à Largentière—que réunit l'arrête du Mézenc à l'Escrinet—dessinent une sorte de double T qui détermine, dans l'Ardèche, quatre parties : la Montagne ou Hauts-Plateaux, le Haut, le Moyen et le Bas-Vivarais, auxquelles il convient d'ajouter la vallée du Rhône.

Ainsi se trouve divisé le département en cinq zones différentes les unes des autres — non seulement par la nature et la disposition du terrain, mais encore par les conditions météorologiques — qui forment *cinq régions agricoles nettement distinctes*.

Les Hauts-Plateaux, constitués par un long épaulement qui relie le Mont Lozère au Pilat, se présentent sous l'aspect d'une large bande de terrain plat ou légèrement bosselé, généralement granitique recouvert cependant par endroits, comme à Coucouron, à Ste-Eulalie, à Lachamp-Raphaël, de lits volcaniques qui en augmentent la fertilité.

Abandonnés à peu près partout à la végétation naturelle donnant principalement des pâturages et des prairies, ces vastes espaces, complètement découverts, exposés à tous les vents qui les rendent très froids, se trou-

Le Mézenc (E. Reynier. Pays de Vivarais)

vent à une altitude variant de 800 à 1400 mètres. Les hivers y sont très longs et rigoureux ; la neige abondante, recouvre ordinairement le sol du commencement de novembre jusqu'à la fin d'avril. Dès que la terre en est débarrassée l'herbe pousse rapidement et, dans le courant du mois de juin, le paysage se montre sous sa plus belle parure. A la faveur de l'élévation de la température

il se développe une profusion de fleurs de montagne : arnica, arméria, pri-
mevère, pensée, polygala, narcisse, gentiane etc. qui mêlent leurs couleurs
et donnent un charme inexprimable à cette nature ordinairement sévère.

Tous les ans, au mois de juillet, se tient, à Ste-Eulalie, une foire aux violettes et autres plantes médicinales, fréquentée par de nombreux herboristes
venus de Lyon ou du Dauphiné pour tirer profit de la remarquable flore naturelle de cette région.

Cependant, à mesure que la main d'œuvre se raréfie et devient plus coû-
teuse, le commerce des fleurs de montagne diminue d'importance.

Les habitants des Hauts- Plateaux mènent une existence un peu particulière. Pendant la mauvaise saison, qui dure environ sept mois, ils se trouvent, la plupart du temps, assiégés par la neige dans leurs propres maisons
dont la toiture, fortement inclinée, est encore fréquemment constituée par des
genêts.

L'intérieur communique souvent avec l'étable où se trouvent réunies toutes les espèces domestiques auxquelles on peut ainsi donner les soins voulus
sans avoir à sortir à l'extérieur. La communication établie de la sorte entre
le logement de l'exploitant et celui du bétail a, en outre, pour effet, de rendre
moins sensibles, aux occupants, les froids excessifs.

L'hiver à Lachamp-Raphaël. (S. I. V. Cliché Bouvrain)

Le montagnard ardéchois se trouve naturellement réduit à l'inaction
durant la plus grande partie de l'année et, quand viennent les beaux jours, il
s'occupe surtout de son troupeau, qu'il complète par de nouveaux achats et
met au pâturage sous la conduite de l'un des membres de sa famille.

Il en est encore au système pastoral réduit à sa plus simple expression ;
tout au plus si en quelques rares endroits, convenablement abrités, il consacre de petites parcelles à la culture du seigle et des pommes de terre.

Son matériel agricole est, lui aussi, des plus rudimentaires, l'herbe restant toujours courte, il n'a pas eu recours à la faucheuse mécanique et les

diverses opérations que comporte la récolte des fourrages s'effectuent avec des outils à main.

St-Agrève, vue générale (S. I. V.)

Cependant, il trouve de moins en moins de faucheurs qui n'acceptent d'aller sur ces hauteurs monotones qu'à la condition de recevoir un gros salaire, représentant parfois la plus grande part du produit de la récolte, et il devra sous peu recourir, comme ailleurs. à un machinisme plus perfectionné.

De Tence à St-Agrève l'hiver (S. I. V. Cl. MACHABERT.)

Le Coiron est souvent considéré comme faisant partie de la montagne ; en réalité, au point de vue agricole, il se distingue nettement des Hauts-Plateaux, à la fois, par sa situation géographique, par sa constitution géologique, par son climat et par le système de culture qu'on y suit.

Cette main gigantesque, posée en relief entre la Haute et la Basse-Ardèche — recouverte de déjections volcaniques qui, débordant en certains points les lignes digitées, se sont épanchées sur les falaises voisines — comprend des terres remarquablement riches, surtout en phosphates, ainsi que cela ressort de plusieurs analyses dont certaines accusent 9‰ d'acide phosphorique et plus de 3‰ de potasse.

Hauts-Plateaux du Vivarais en été (S. I. V. Cliché Artige)

D'une altitude de 600 à 1000 mètres et à peu près complètement dépourvu de forêts, le Coiron est violemment balayé par le vent du Nord qui le soumet à des abaissements de température brusques et y empêche la culture des arbres fruitiers.

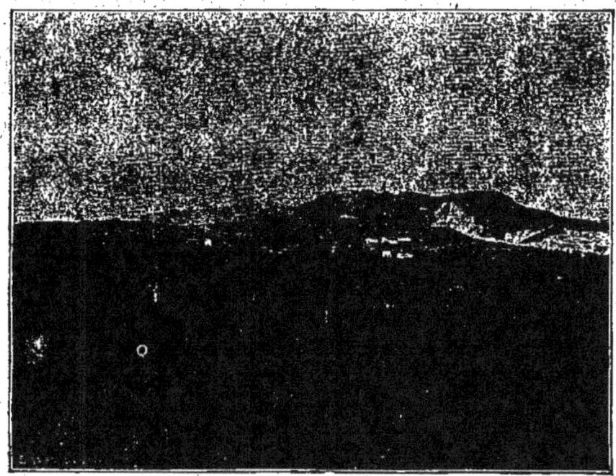

Saint-Laurent-sous-Coiron, vu de Lussas (Cl. Blanchard. — Pays de Vivarais).

Il est incontestablement le centre d'élevage le plus intéressant du département, en raison de l'abondance et de la valeur nutritive de ses fourrages.

Toutes les espèces animales y prospèrent. On y élève une race chevaline locale, réputée, à juste titre, et qui deviendrait comparable à la percheronne dont elle est issue, si on mettait plus de soin dans le choix des étalons.

Plateau du Coiron. Berzème (S. I. V. Cl. FRAMINET).

Les bovins montbéliards, introduits depuis cinq à six ans, s'y adaptent

Type de maison du Coiron à Vacheresse
(E. REYNIER. Pays de Vivarais).

parfaitement et, loin de dégénérer, ils ont tendance, au contraire, à amplifier leur stature et à augmenter de poids.

Enfin, le type ovin autochtone possède, lui aussi, des qualités remarquables. Sans avoir encore été l'objet d'une sélection rationnelle il fournit

des sujets pesant, à l'âge adulte, 55 à 60 kgrs et dont la viande est particulièrement délicate.

Le Coiron produit également des céréales, du blé surtout et de l'avoine,
dont les rendements sont assez élevés.

Le sol, peu morcelé, appartient à un petit nombre de propriétaires possédant, pour la plupart, des domaines de plus de cent hectares souvent exploités par des fermiers intelligents et travailleurs qui perfectionnent progressivement leur cheptel et leur matériel agricole ; ils tendent à améliorer leur
mode de culture, mais ne disposent, par contre, que de bâtiments très défectueux, des étables trop étroites, à plafond bas, difficiles à tenir propres,
où l'aération est insuffisante, l'obscurité permanente, favorable à l'éclosion
de toutes sortes de maladies.

Les habitations humaines laissent aussi à désirer et n'offrent ni les
commodités ni les agréments qu'on pourrait souhaiter à une population
obligée de passer de longues périodes d'hiver à l'intérieur de la ferme.

Le Haut-Vivarais peut être considéré comme une région agricole nettement définie, affectant la forme d'un triangle dont la base serait représentée par la ligne de crêtes comprise entre Lavoulte et Mézilhac, tandis que
la chaîne des Boutières et la rive droite du Rhône constitueraient les deux
autres côtés.

Alboussière. Vue générale (S. I. V. Cl. Bignov).

Sous la double influence des poussées verticales et latérales dues à
l'exhaussement du Massif central et des Alpes, cette partie de l'Ardèche s'est
plissée et inclinée vers l'Est. Il en est résulté une surface légèrement en
pente dont les molles ondulations de la partie supérieure s'atténuent graduellement vers leurs extrémités inférieures terminées en croupe et aboutis-
sant à divers plateaux, dont les principaux sont ceux d'Annonay, d'Alboussière et de Vernoux.

Cependant, cet ensemble est divisé par des vallées évasées à leur sommet, s'enfonçant progressivement entre deux parois, généralement très es-

carpées, recouvertes d'une maigre végétation, parfois taillées à pic et si rap-
prochées l'une de l'autre qu'elles prennent l'aspect de gorges sauvages.

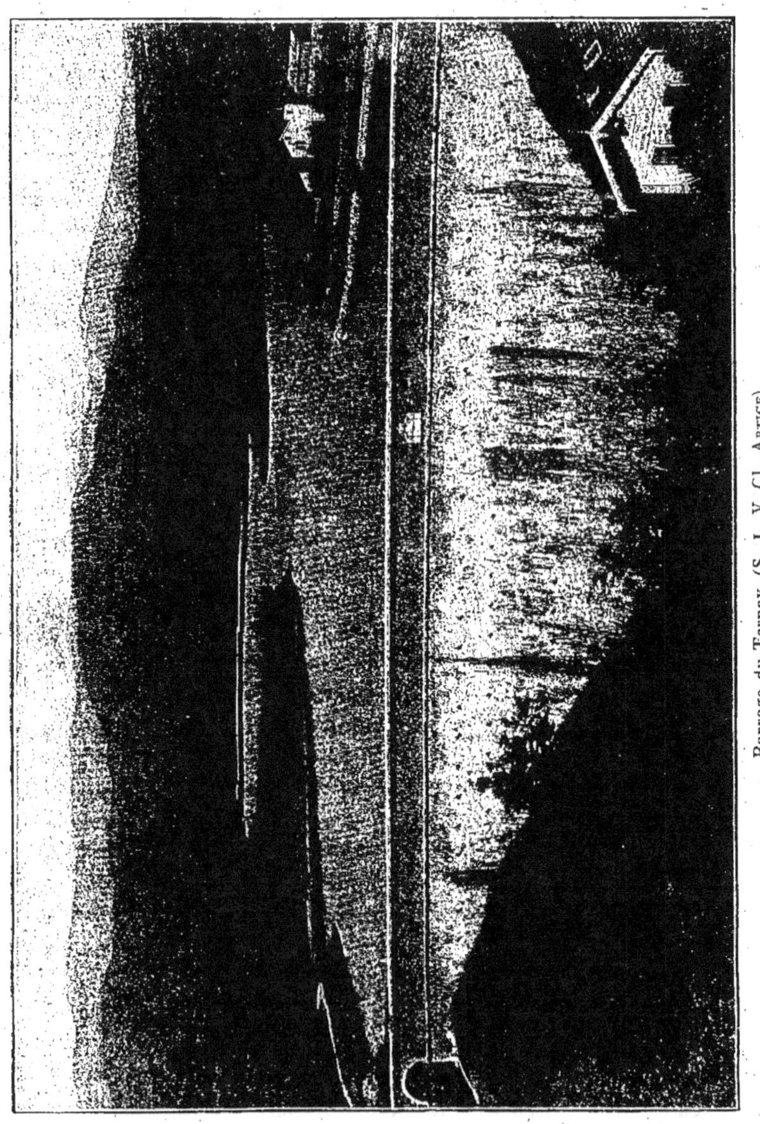

Barrage du Ternay. (S. I. V. Cl. Artige).

Les cours d'eau, qui coulent au fond de ces thalwegs forment les rivières de la Cance, du Doux, d'Ay, de l'Erieux et un certain nombre d'autres
de moindre importance, se jetant tous dans le Rhône. Dans la Haute-Ardè-

dèche les périodes géologiques postérieures à l'ère primitive n'ont laissé que des vestiges insignifiants (grès triasique de Soyons, îlots calcaires de Vernoux et de Crussols, bande d'alluvions des plateaux de Talencieux à Bogy) et les terres présentent une grande analogie entre elles, en raison de leur commune origine cristallophyllienne.

Cependant, la couche meuble possède une structure et des caractères différents selon le degré de désintégration des éléments rocheux qui la composent ; siliceuse, graveleuse ou sableuse, perméable, peu profonde sur sa plus grande étendue, elle est par endroits (plateau de St Jeure d'Ay, St Félicien, environs d'Andance etc..) argileuse, forte, compacte, plus ou moins imperméable et difficile à travailler, partout elle manque de chaux.

Lamastre. Vue générale. (S. I. V. Cl. Deloche)

Les sources sont assez bien distribuées sur toute la surface, mais leur débit est faible, souvent mal utilisé et ne permet pas de suppléer, par des arrosages, à l'insuffisance des pluies pendant la saison estivale.

Il est à remarquer, en effet, que si à Annonay le climat se rapproche beaucoup de celui de Lyon, caractérisé par des brouillards fréquents, une température relativement basse et une atmosphère calme, à mesure qu'on approche de Vernoux, le ciel devient moins brumeux, les variations thermiques sont plus accusées, les vents du nord plus violents et les cultures plus exposées à la sécheresse.

Les productions agricoles sont nombreuses et à peu près uniformément réparties sur tout le territoire. Ici le déboisement ne présente pas le caractère de gravité qu'on observe dans le reste du département et de superbes forêts de feuillus ou de résineux recouvrent encore le sommet des collines où les pentes douces des vallées, constituant la principale beauté de certains sites remarquables tels que Lalouvesc, les bords du Doux aux environs de Lamastre et de Désaignes.

Des châtaigneraies prospèrent sur les pentes abruptes des cantons de St Pierreville, du Cheylard, de St-Martin de Valamas et d'une partie de celui de Vernoux.

Le long des principaux cours d'eau, dans les élargissements des vallées et sur les terrains d'alluvions convenablement abrités, notamment au Cheylard et à Lamastre, on se livre à la culture des arbres fruitiers : noyers, pommiers, poiriers, pruniers, cerisiers et pêchers. Ces deux dernières espèces donnent des résultats particulièrement intéressants et tendent à envahir le plateau d'Annonay où on fait depuis quelques années des plantations importantes. C'est aux mêmes endroits que se trouvent réparties les vignes du Haut-Vivarais, constituées, en fortes proportions, par des hybrides producteurs directs, mais comprenant aussi des cépages français, Syrah, Gamay du Beaujolais, Durif, Mondeuse, Corbeau, Chasselas, Viognier etc. irrégulièrement répartis suivant l'altitude et l'exposition.

Annonay. Vue générale (S. I. V. Cl. Bournins)

Après l'invasion phylloxérique, de nombreux viticulteurs cherchèrent à conserver les plantations de Viniféra par le sulfurage et on trouve encore quelques petites parcelles ainsi traitées.

Le seigle occupe le premier rang parmi les cultures annuelles dans l'arrondissement de Tournon. On lui consacre des surfaces particulièrement importantes dans la région des Boutières et sur les revers des collines qui dominent la Cance, la partie haute du Doux et de l'Erieux.

Cependant, à mesure que le sol s'abaisse pour devenir plus régulier et plus fertile, le blé tend à prendre la 1re place, depuis que la classe rurale se nourrissant mieux, consomme davantage de pain blanc et que l'emploi des engrais se généralise.

C'est aux environs de Roiffieux, de St Jeure d'Ay, de St Félicien et de Vernoux qu'on obtient les rendements les plus élevés. Il serait possible d'accroître considérablement la production de cette céréale par les chaula-

ges bien compris qui lui fourniraient un des éléments dont elle a le plus
besoin et qui fait presque complètement défaut dans le sol.

La pomme de terre trouve sa place à côté du seigle qu'elle accompagne
partout. Autrefois, elle était prospère et donnait des récoltes très élevées
dont une partie servait à l'approvisionnement des grandes villes de la région: Lyon, St-Etienne, Valence, Nîmes etc.. Malheureusement, de nombreuses maladies ont profondément affecté cette plante et affaibli sa production au point qu'elle suffit parfois à peine à satisfaire les besoins de la consommation locale.

Vernoux. Vue générale. (S. I. V.)

Diverses autres cultures sarclées : topinambours, betteraves, carottes,
navets, choux et colza s'observent dans la plupart des exploitations, associées aux espèces déjà indiquées, mais elles ont pris relativement peu d'expansion et ne procurent que de médiocres ressources à l'entreprise rurale.

Par contre, les prairies naturelles et artificielles constituent la base de
la culture, tantôt s'élevant sur le penchant des vallons jusqu'aux sommets
boisés, parfois disposés à plat ou dans les combes humides, elles permettent
d'entretenir un nombreux bétail qui, pendant la belle saison, prend une partie de sa nourriture dans des pâturages peu fournis, envahis fréquemment
par des genêts, des fougères ou des ajoncs.

L'élevage n'en constitue pas moins la principale branche de l'exploitation agricole; les marchés de Lamastre et de Vernoux sont réputés à juste
titre pour le commerce des veaux qui vont approvisionner les boucheries
des centres importants de l'autre rive du Rhône, depuis Lyon jusqu'à Marseille. C'est également dans ces cités qu'on expédie, tous les jours, de grandes quantités de lait, grâce aux facilités de transport qu'offrent les lignes de
chemin de fer d'Annonay, à St-Rambert-d'Albon, de la vallée du Doux et
de l'Erieux, ainsi que le tramway de Vernoux et les autobus qui sillonnent
les campagnes.

Encouragés par les prix élevés qu'atteignent les dérivés du lait, plusieurs industriels ont installé ou projettent de créer des laiteries à St-Agrève à St Prix, à Chalencon, à Chateauneuf de Vernoux etc...

Le **Moyen Vivarais** ou **Cévennes Vivaroises** continue la Haute Ardèche à partir de l'arête du Mézenc au Coiron jusqu'au Chassezac, entre la Montagne et la ligne de contact de la formation cristallophyllienne avec le terrain secondaire jalonné par l'Escrinet, Vesseaux, Vals-les-Bains, Largentière et Les Vans. Il prolonge, vers le Sud-Ouest, le plan incliné qui s'adosse à la zone des Hauts-Plateaux à la manière d'un pupitre, moins large mais à plus forte déclivité dans cette partie que dans celle du nord du département.

Son relief véritablement tourmenté, déchiré, cassuré, raviné, reflète la violence des anciens mouvements du sol, par la multitude de ses crêtes tranchantes, de ses dépressions, de ses failles, de ses gorges et de ses ravins qui se succèdent sans laisser le moindre espace non affecté par ce désarroi général.

A ces modifications subies par l'écorce terrestre, s'ajoutent celles produites par les éruptions volcaniques dont les cônes de déjection, les cratères et les coulées, comblant, par endroits, les bas-fonds ou formant, sur les pentes, des revêtements basaltiques à extrémités taillées à pic, contribuent à donner à l'ensemble du Massif un caractère particulier.

Vue dans son ensemble, cette région apparaît sous la forme d'un hémicycle dessiné par le Tanargue et la crête Mézenc-Coiron dont la ligne de faîte arrête les nuages du Midi et les résout en pluies qui, tombant sur les flancs des côteaux, ravinent le terrain et entraînent même des blocs de roches jusque dans les vallées, livrant passage à des cours d'eau capricieux, tantôt réduits à de faibles ruisseaux, tantôt au contraire larges et impétueux.

Ainsi se présentent la Volane, la Bourge, le Lignon, la Beaume et la Borne qui vont grossir l'Ardèche et le Chassezac.

Un semblable faciès hérissé d'arêtes vives, séparées presque toujours par d'étroits couloirs, doit présenter des conditions climatiques très différentes en ses divers points. La température, relativement peu variable, dépend surtout de l'altitude de la situation et de l'exposition du lieu considéré ; tandis que sur les sommets ou à l'exposition Nord Ouest, elle sera basse, tout au moins pendant la saison d'hiver, à la partie inférieure des vallées, sur les versants faisant face au soleil levant, abrités des vents dominants venant du Nord-ouest, le froid sera peu à craindre. Malheureusement, les pluies sont mal réparties entre les saisons ; les précipitations atmosphériques, ordinairement abondantes au début de l'automne et du printemps, sont très rares pendant le reste de l'année. Sauf dans les épais dépôts volcaniques qui ont comblé certaines dépressions, le sol se dessèche d'autant plus rapidement qu'il est très léger, siliceux sableux, graveleux, peu profond et en pente ; de sorte que l'eau des pluies le traverse sans y séjourner, arrive au rocher imperméable, le long duquel elle glisse pour suinter plus bas à la surface.

La production agricole devait subir l'influence des conditions naturelles de chaque milieu particulier et se différencier en s'adaptant à celui-ci.

Chaîne des Cévenues (Vallée du Cradoux) (S. I. V. Cliché MALLET).

Vers le haut des vallées, au sommet des versants, le sol ne porte qu'une pauvre végétation presque exclusivement composée de genêts rabougris qui cachent mal le rocher mis à nu par la hache, le feu et l'eau. Au-dessous de

700 à 800 mètres les châtaigniers formaient autrefois, d'un bout à l'autre de la contrée, un large rideau de verdure, déchiré seulement par endroits où poussaient principalement le seigle et la pomme de terre, autour de hameaux accrochés aux pentes et habités par une population aussi laborieuse que so-

Type de maison de la montagne
près Sainte-Eulalie (E. REYNIER. Pays de Vivarais).

bre, se nourrissant de pain bis, de lard, de châtaignes et de quelques légumes. Non satisfaite de travailler une terre ingrate, qui la récompensait mal de ses efforts, elle fournissait tous les ans au Midi de nombreuses équipes de vendangeurs. Malheureusement, les jeunes gens qui s'échappaient ainsi périodiquement de leur foyer ont fini par ne plus y revenir, préférant occuper un emploi ailleurs, soit dans la culture, soit en ville et, l'exemple aidant, l'émigration est allée sans cesse en s'accentuant.

De son côté, l'arbre nourricier atteint par la terrible maladie de l'Encre a, lui aussi, disparu sur des milliers d'hectares, particulièrement aux environs de Largentière et d'Aubenas, cédant la place à certaines essences forestières, comme le pin maritime, ou laissant le terrain complètement nu.

La cognée a participé à ce déboisement et on peut se rendre compte de l'œuvre qu'elle accomplit par les quantités de bois de châtaigniers traitées aux usines d'extraits tannants de Lalevade d'Ardèche, de Joyeuse, de St-Sauveur de Montagut et de Sarras.

Les tentatives de replantation, qu'on observe parfois, aboutissent rarement à un résultat satisfaisant, les jeunes pousses étant sans cesse retranchées par la dent des chèvres qui restent encore les animaux domestiques les plus appréciés du paysan cévenol.

Cependant, en quelques points où la couche végétale, provenant de dépôts volcaniques, offre une constitution, une épaisseur et une disposition favorables, la culture devient prospère, ainsi qu'en témoigne la coquette localité de Thueyts, sorte de nid de verdure, abrité des vents, se prêtant admirablement à la production des fruits, (pommes, cerises, prunes, noix,)

des plantes sarclées, des légumes, des céréales et des fourrages. Egalement
fertile et située au bas de la montagne, la plaine de Montpezat, porte de bonnes
récoltes de fourrages, de plantes sarclées et de fruits. Il en est de même de
Jaujac où on se livre avec profit à l'éducation des vers à soie, à l'élevage du
bétail, à la culture des prairies, des céréales, des plantes sarclées et des

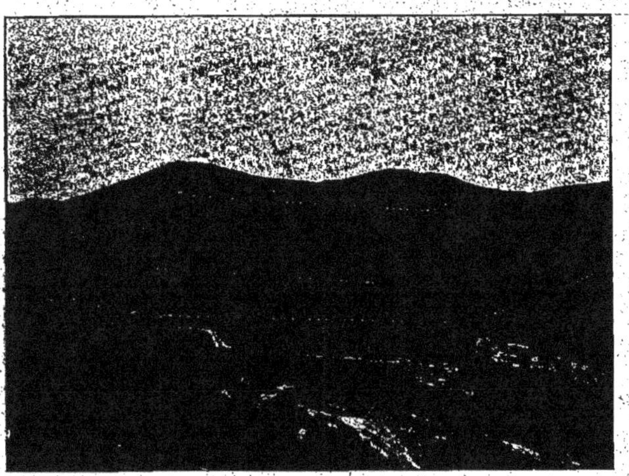

Gravenne de Montpezat. (S. I. V. Cl. Audigier)

vergers. L'usage des engrais pénètre lentement dans la moyenne Ardèche,
en raison de l'insuffisance des voies de communication qui rend les transports difficiles et onéreux. Il en est de même de l'emploi des machines

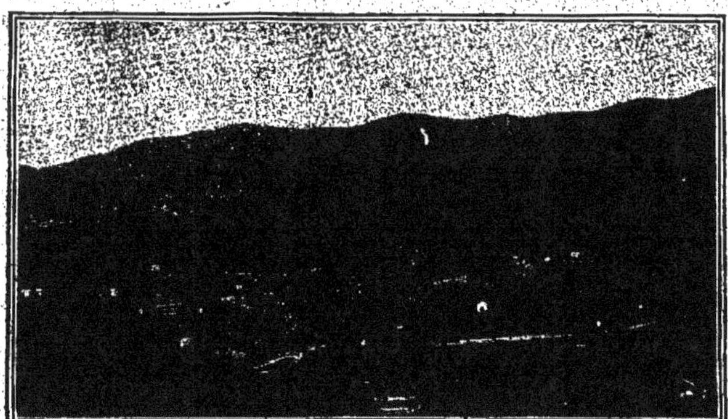

Volcan de Jaujac. (S. I. V. Cl. P. Jacquin)

encore très peu connues et qu'il est mal aisé de faire intervenir dans l'exploitation de la plupart des fermes, mal situées, à terrain irrégulier et
privées de chemins carrossables.

Le **Bas-Vivarais** s'étend au sud-ouest du Coiron sur toutes les formations de l'ère secondaire qui débute par les grès triasiques de St-Julien du Serres, Lachapelle s/ Aubenas, Lablachère et finit par l'Urgonien des plateaux arides de Vallon, à Bourg St-Andéol. Dans ce vaste périmètre, le tertiaire figure pour une faible part, aux environs de Bessas, et le quaternaire se montre seulement le long de l'Ardèche, dans la plaine de Vallon.

Le plus grand contraste existe entre les terres provenant de ces diverses périodes ; tantôt gréseuses, perméables, assez profondes, reposant sur un lit d'argile, tantôt calcaires, superficielles, arides, tantôt argilo-calcaires, compactes, fortes, difficiles à travailler, tantôt enfin limoneuses, épaisses et bien constituées elles se prêtent de façon très diverses à la culture.

Dans les riches alluvions de Vallon on voit, à côté de la vigne conduite en gobelets, les prairies artificielles et les céréales. Les argiles valanginiennes et les calcaires marneux du Berriasien conviennent particulièrement aux céréales et à la luzerne dont la graine constitue, depuis quelques années, une importante source de revenus dans toute la région de St-Jean le Centenier, Villeneuve-de-Berg, Lussas, Valvignères et Berrias.

Vallée de l'Ardèche. Vue prise d'Aubenas. (S. I. V.)

La vigne et le mûrier, qui figurent d'ailleurs à peu près dans toutes les exploitations de la Basse-Ardèche, deviennent les cultures dominantes et parfois exclusives dans la longue dépression de l'oxfordien et du callovien, passant au Sud-Est des Vans, de Joyeuse, de Lachapelle-sous-Aubenas, de Vesseaux et se prolongeant, au delà de l'Escrinet, par Privas et l'Ouvèze jusqu'à Rompon. L'olivier apparaît même sur ces marnes feuilletées aux endroits les mieux abrités par les collines de l'infrajurassique. La zône des Gras comprend une série de plateaux calcaires du Séquanien et du Kimeridgien se faisant suite entre le sud des Vans et la Voulte ; elle est séparée des

étages voisins, plus tendres, par des escarpements à pic surplombant des vallées creusées par l'érosion. Ces terrains ne portent que de rares chênes
noueux, du buis, du thym et autres espèces peu exigeantes ; la culture y est

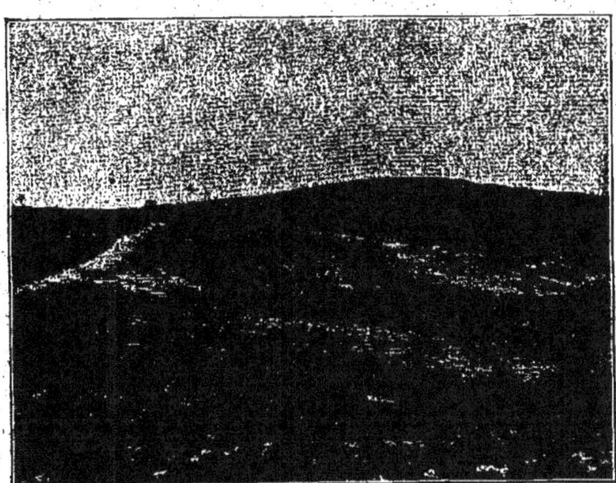

Vue sur le Gras à l'Ouest de Lussas.
(E. Reynier. Pays de Vivarais).

réduite à de petites parcelles de terre rouge, très espacées et éloignées de
toute habitation.

Sur les calcaires durs du Tithonique, encombrés par de nombreux ro-

Dans le bois de Païolive
(S. I. V. Cl. Artige).

chers aux silhouettes fantastiques qui ont rendu célèbre le bois de Païolive,
la végétation diffère peu de celle des Gras ; elle se compose surtout d'arbus-

tes et de chênes blancs, à taille peu élevée, utilisés seulement pour le chauffage.

Encore plus arides et plus désolées, les crêtes calcaires du Hauterivien donnent des landes et de maigres taillis de chênes-verts sur une vaste étendue désertique comprenant seulement les villages de St-Maurice d'Ibie, de St-Andéol de Berg dont la population va sans cesse en diminuant.

La forêt de Bourg St-Andéol, dont l'aspect rappelle celui du maquis Corse, couvre près de 7000 Ha de mauvais terrain provenant de la décomposition encore peu avancée des calcaires de l'Urgonien qui forment les plateaux de St-Remèze et portent, sur les pentes, des amandiers, des vignes, des mûriers et des plantes odoriférantes. Enfin, il convient de rattacher au Bas-Vivarais, la région de Privas et de Chomérac, à sol de même origine, à climat pareillement chaud et sec.

Dans le voisinage du Coiron, dont la falaise se prolonge en pente douce vers St-Lager-Bressac et St-Vincent de Barrès les éboulis volcaniques, mélangés aux marnes valanginiennes du néocomien, donnent des terres d'une remarquable fertilité, particulièrement favorables à la culture des céréales et des prairies artificielles; on y trouve également de beaux mûriers, de la vigne et des arbres fruitiers.

Il ressort de ce simple aperçu de la région calcaire de l'Ardèche qu'elle offre des conditions très différentes à la culture. Coupée par d'imposantes masses rocheuses, elle se montre stérile où ne nourrit qu'une végétation sans valeur sur sa plus grande partie. La couche végétale est très irrégulièrement répartie, elle forme des bandes plus ou moins larges suivant les dépressions ou le long des cours d'eau, ou encore se trouve enclavée dans des calcaires durs.

C'est le pays des garrigues, des landes, des clairs taillis et de la pierre à chaux, mais aussi celui des terres fertiles de Vallon, de Berrias, de Lussas, de Chomérac et de St Lager-Bressac. Cependant le climat est partout sec et chaud pendant la canicule, les pluies n'ont lieu généralement qu'en automne, période durant laquelle on a souvent à redouter les inondations, en raison des grandes quantités d'eau qui descendent des Cévennes ou des plateaux arides des bords du Rhône et se réunissent pour ne former qu'un tout petit nombre de cours d'eau (Chassezac, Ardèche, Escoutay) qui grossissent démesurément, sortent de leur lit et emportent les récoltes encore sur pied.

Les espèces ligneuses ont, dans ces conditions, un développement mieux assuré que les plantes herbacées ; aussi, doit-on considérer les cultures arbustives comme capables de donner ici les meilleurs résultats.

La vigne surtout a la faveur de la plupart des praticiens qui ont tendance à lui consacrer une place toujours plus considérable ; cependant le mûrier n'est pas moins intéressant ; il a joué un rôle très important dans le passé, aux heures de crise viticole, et il n'est pas prouvé que dans l'avenir on ne soit obligé de recourir à lui pour surmonter des difficultés culturales ou économiques.

La production des fruits, des prunes surtout, a pris un certain dévelopment, depuis la guerre, dans la région de Largentière, de Laurac et de Chassiers où on pourrait l'étendre et surtout la perfectionner.

Dans tout le sud du département, les fermes sont groupées en villages ou hameaux plus ou moins espacés selon la plus ou moins grande abondance des sources et le degré de fécondité du sol.

Falaise et Village de Voguë (S. I. V. Cl. Boulanger).

La propriété est très morcelée et appartient à l'exploitant, autrefois peu fortuné, ne subvenant aux besoins de sa famille qu'à force de travail et d'économie, aujourd'hui beaucoup mieux outillé et plus aisé.

Viviers et le Rhône (S. I. V. Cl. Ménard).

La vallée du Rhône qui limite le département à l'est, a une configuration très irrégulière ; rétrécie et même étranglée en certains points où la paroi ro-

cheuse s'avance jusque sur la rive du fleuve, elle s'élargit, par endroits, en s'évasant pour donner les plaines de Bourg St Andéol, de Baix, de Tournon et de Champagne. D'ailleurs les rivières de l'Ardèche, de l'Erieux, du Doux et de la Cance sont autant d'ouvertures par lesquelles la dépression se prolonge entre les plateaux voisins.

La falaise elle-même présente des aspects variés, à peine marquée à son extrémité sud, elle s'élève en forme de muraille calcaire fournissant la pierre à chaux à Viviers, au Teil et à Cruas où on observe encore les vestiges de vieux châteaux féodaux, perchés comme des nids d'aigles, et d'où l'on pouvait aisément épier les mouvements des mariniers ; elle devient ensuite granitique au nord de Lavoulte (sauf à Crussols) et se transforme en coteaux couverts de riches cultures, principalement à St Péray, à Cornas et à Tournon.

Les alluvions anciennes et modernes, reposant le plus souvent sur des lits de gravier, mais surmontant aussi parfois une couche argileuse, compacte, ont une grande épaisseur sur presque toute cette bande de terrain favorable à l'ensemble des cultures. Elles renferment toutefois de faibles proportions de chaux et si, par l'application de fumures judicieuses, on ne leur restituait pas les quantités de cet élément prélevées, tous les ans, par les plantes, il y aurait à craindre une décalcification progressive de la couche arable et une diminution de sa fertilité.

St-Martin d'Ardèche. (S. I. V. Cl. Vincent)

D'autre part, les différences de température entre le Massif Central et la Côte méditerranéenne déterminent fréquemment des courants atmosphériques violents qui produisent des refroidissements brusques, dessèchent le sol, secouent fortement les végétaux et occasionnent l'égrainage de certaines récoltes.

Les terrains bas sont spécialement consacrés aux plantations arbustives; mais on les destine aussi aux emblavures de céréales, de cultures industrielles et à la production des fourrages artificiels. A St Martin, St-Just et St-Marcel d'Ardèche, la betterave à sucre, le sorgho à balais et le fenouil trouvent place à côté du froment, de la vigne et de la luzerne ; les plantes sar-

clées et le blé sont également en honneur à Rochemaure, à Cruas et à Baix ;
tandis qu'au dessus de Lavoulte, les vignobles sont établis sur des coteaux

Ruines de Rochebonne. Vallée de l'Eyrieux (S. I. V. Cl. Antige).

granitiques arrondis et remarquablement exposés qui fournissent les crus
réputés de St-Péray et de Cornas sans parler des excellents vins de consommation courante connus sous le nom des côtes du Rhône.

Depuis quelques années, dans les sortes d'enfoncements que la vallée du Rhône présente principalement à Beauchastel, à St Péray, à Tournon, à St Désirat, et à Champagne, la production de la pêche et de la cerise a pris un développement tout à fait imprévu et tend à gagner les plateaux de Serrières, de Thorrenc, de Quintenas, de Vernosc, et de Davézieux.

Dans ces localités, et particulièrement de chaque côté de l'Erieux, en aval des Ollières, les conditions naturelles favorisent remarquablement l'exploitation des vergers. Nulle part ailleurs, le sol et le climat ne sont plus propices au développement des espèces fruitières qu'on y propage ; les racines des arbres tro uvent toujours à leur disposition des réserves d'aliments

Saint-Péray — Ruines de Crussol (S. I. V. Cl. PEYROUSE)

considérables que les agriculteurs ont bien soin de reconstituer chaque année par l'apport d'abondantes fumures et au moment de la floraison on a rarement à craindre les gelées printanières qui provoquent la coulure. Quand vient l'époque de la maturation des fruits, la sécheresse peut se faire sentir et nuire au rendement ; mais, de plus en plus, les arboriculteurs qui, ne négligent rien pour assurer le succès de leur entreprise, s'efforcent de parer à l'insuffisance des pluies par l'arrosage des terrains dont le niveau leur permet de tirer partie des cours d'eau.

Enfin, la proximité de la voie ferrée facilite l'expédition des fruits tout en réduisant au minimum les frais de transport.

Cette situation privilégiée a été admirablement comprise par les intéressés qui n'hésitent pas à recourir à toutes les mesures de nature à protéger et à accroître leurs ressources. L'aisance ainsi acquise par l'ensemble des exploitants les incite à réaliser d'utiles transformations, non seulement dans leur mode de culture, mais encore dans leur genre de vie ; les bâti ments de la ferme sont mieux aménagés, les maisons deviennent plus coquettes et les habitants jouissent d'un bien être qu'on ne retrouve dans aucune autre partie de l'Ardèche ; aussi, dans la zône Rhodanienne la dépopulation est-elle peu accusée et encore moins à craindre pour l'avenir. Tout au plus si les usines,dont le nombre va croissant,continueront à disputer la main-d'œuvre à la terre, d'ailleurs très morcelée en petits domaines, appartenant généralement à ceux qui les font valoir, et il est à espérer que les descendants de ces propriétaires privilégiés sauront apprécier l'indépendance et les agréments de leur profession qu'ils auraient grand tort d'abandonner pour s'exposer aux risques du hasard et aux caprices de la fortune.

V. RICHARD

POPULATION VIVAROISE

Confiné dans ses montagnes, vivant dans des agglomérations isolées sur des côteaux ou au fond des vallées mal desservies par des chemins défectueux, n'entretenant que de rares relations en dehors de sa localité, sortant peu, voyageant encore moins, le montagnard ardéchois est resté,jusque vers le milieu du XIXme siècle, attaché à son sol dont il se contentait des faibles produits obtenus en échange d'un âpre travail, presque ininterrompu durant son existence placide et sobre. Mais, les attraits de la ville ont fini par pénétrer jusque dans ces campagnes reculées, surtout depuis la guerre de 1914, et l'exode rural va en s'accélérant, ainsi qu'il est aisé de s'en rendre compte par l'examen des chiffres qui font suite et qui montrent que si toutes les régions de l'Ardèche participent à ce mouvement de la population vers les cités, les cantons les plus pauvres sont les plus désertés.

POPULATION TOTALE DU DÉPARTEMENT
A DIVERSES EPOQUES

Années de recensement.	*Nombre d'habitants.*
1861	388.529
1911	331.801
1921	294.308
1926	289.263

TABLEAU DE LA POPULATION TOTALE DE L'ARDÈCHE PAR CANTON

d'après les recensements de 1911-1921-1926

DÉSIGNATION		POPULATION TOTALE			
des arrondissements	des cantons	Année 1911	Année 1921	Année 1926	Diminution depuis 1911
LARGENTIÈRE	Burzet	5.251	4.343	4.070	22 %
	Coucouron	5.911	5.302	4.852	18 %
	Joyeuse	11.919	10.388	10.019	16 %
	Largentière	9.633	8.024	7.806	19 %
	Montpezat	8.349	7.217	6.740	20 %
	St-Etienne-de-Lugdarès	3.775	3.346	3.105	18 %
	Thueyts	13.638	12.034	11.585	13 %
	Valgorge	4.032	3.296	2.992	26 %
	Vallon	8.433	7.004	6.815	20 %
	Les Vans	13.031	10.899	10.534	20 %
	Totaux	84.022	71.853	68.518	
PRIVAS	Antraïgues	8.339	7.113	8.397	24 %
	Aubenas	22.001	19.623	20.648	7 %
	Bourg-Saint-Andéol	9.795	8.992	9.064	8 %
	Chomérac	7.606	7.255	7.420	3 %
	Privas	17.402	14.785	14.987	14 %
	Rochemaure	5.815	5.130	5.111	23 %
	St-Pierreville	9.286	7.919	7.744	17 %
	Villeneuve-de-Berg	10.033	8.507	8.206	19 %
	Lavoulte-sur-Rhône	9.870	9.411	10.369	
	Viviers	12.094	12.181	13.067	augmentation
	Totaux	112.241	100.916	102.922	
TOURNON	Annonay	27.790	24.567	24.057	12 %
	Le Cheylard	12.496	10.858	10.314	18 %
	Lamastre	14.412	12.655	12.501	14 %
	St-Agrève	10.069	8.711	8.028	21 %
	St-Félicien	9.160	7.478	7.223	22 %
	St-Martin-de-Valamas	11.377	10.388	9.688	15 %
	St-Péray	9.046	8.627	8.632	5 %
	Satillieu	9.329	8.372	8.143	13 %
	Serrières	7.652	6.993	6.905	10 %
	Tournon	14.989	14.764	14.619	2 %
	Vernoux	9.218	8.126	7.703	17 %
	Totaux	135.538	121.539	117.823	

DEUXIÈME PARTIE

ÉCONOMIE RURALE

ÉTAT DE LA PROPRIÉTÉ ET MODE D'EXPLOITATION DU SOL

L'enquête de 1892, la dernière qui ait été faite sur la répartition du territoire agricole de la France, a donné pour le département de l'Ardèche les résultats suivants :

CATÉGORIES DE PROPRIÉTAIRES	Terres labourables	Prairies et Herbages	Vignes	Jardins	Bois	Landes	TOTAL
Etat............	332	330	25	15	8.382	2.239	11.323
Département......	9	4	4	»	»	2	19
Communes........	1.559	1.373	12	28	14 560	6.984	24.516
Etablissements Hospitaliers....	714	695	12	7	158	1.408	2.997
Particuliers.......	194.745	58.753	14.829	1.924	78.480	133.077	48.807
Tous autres propriétaires.......	991	1.105	55	26	835	846	3.858
	198.350	62.250	14.940	2.000	102.415	144.556	524.520

Le domaine de l'Etat, qui comprend surtout des forêts et des landes, ne représente que 2°/₍ de l'ensemble des biens fonciers. Il n'a donc pas une très grande importance surtout étant donné l'étendue des terrains ingrats qui ne peuvent porter qu'une végétation ligneuse et dont le reboisement devrait être confié à l'administration des eaux et forêts.

Il n'y a pas lieu d'arrêter notre attention sur les propriétés du département qui sont insignifiantes ; celles des communes offrent beaucoup plus d'intérêt au double point de vue de la surface et de la qualité du sol. Elles comprennent, outre des landes et des bois exploités en taillis ou en futaies, des prairies, surtout des pâturages, des terres labourables, de la vigne et autres cultures fournissant des revenus assez élevés. Cependant, l'exploitation des biens communaux échappe souvent à toute amélioration ; les pâturages se trouvent parfois surchargés d'animaux, les prairies reçoivent rarement les fumures et les soins qu'elles exigeraient pour maintenir ou accroître leur production. Par contre, les bois soumis au régime forestier donnent de meilleurs résultats et procurent à certaines municipalités d'importances ressources.

Mais c'est aux particuliers qu'appartiennent, présqu'en totalité, les terres du département. Les propriétés individuelles représentent plus de 93 % du patrimoine agricole du Vivarais. Leur nombre et leur étendue varient continuellement.

En 1892, elles se répartissaient de la manière suivante :

CATÉGORIES	Nombre	Etendue	Etendue totale
Très petites propriétés ...	27291	moins d'un Ha	13600
Petites — ...	39812	de 1 à 10 Ha	170100
Moyennes — ...	8640	de 10 à 40 Ha	162500
Grandes — ...	1148	au dessus de 40 Ha	166900

Les biens de moins d'un hectare appartenaient généralement à des ouvriers agricoles qui fournissaient, à la moyenne et à la grande culture, la plus grande partie de la main d'œuvre dont elles avaient besoin. Malheureusement, cette catégorie de travailleurs ruraux a presque complètement disparu de la campagne où elle n'a même pas conservé les moindres intérêts et la plupart des parcelles de terrains qu'elle possédait ont été incorporées à d'autres héritages plus importants.

Le recensement de 1921 accuse 36249 exploitations rurales dont : (1)

21366 n'occupant aucun salarié (petite culture)

14791 employant de 1 et 5 ouvriers (moyenne culture)

92 employant de 6 à 10 ouvriers (grande culture)

Il convient de remarquer que beaucoup d'agriculteurs font valoir, en même temps que leur propre bien, des parcelles de terrain prises en location ; de sorte que, le nombre d'entreprises rurales ne correspond pas exactement à celui des propriétés.

Il n'en est pas moins vrai que l'Ardèche est un pays de petite et de moyenne culture, où le sol morcelé est réparti entre beaucoup de possesseurs, autrefois peu fortunés, aujourd'hui plus aisés, mais toujours attachés à lui et lui consacrant tous leurs efforts.

---

(1) En 1911 il y avait 45.853 propriétaires imposés.

La dénomination de petite, de moyenne ou de grande propriété correspond à des superficies très différentes selon les régions :

Désignation des propriétés	Contenance de l'exploitation suivant la région considérée		
	Vallée du Rhône	Zone moyenne	Hauts-plateaux
Petite propriété	Moins de 5 Ha	Moins de 10 Ha	Moins de 20 Ha
Moyenne propriété.........	de 5 à 20 Ha	10 à 30 Ha	20 à 50 Ha
Grande propriété.........	plus de 20 Ha	plus de 30 Ha	plus de 50 Ha

Déjà, avant la guerre de 1914, on avait signalé un mouvement de concentration de la propriété dû à la dépopulation de la Moyenne-Ardèche et de la Montagne. Depuis la fin des hostilités, l'exode rural s'est accentué et, en quittant la campagne, ceux qui possédaient un lopin de terre, l'ont vendu à leurs voisins dont les domaines se sont accrus, sans cependant changer de catégorie, dans la plupart des cas ; si bien que, l'étendue totale de chaque groupe d'exploitations est restée sensiblement la même, seul le nombre de propriétaires a diminué.

D'autre part, beaucoup d'agriculteurs ont fait l'acquisition du bien qu'ils tenaient à ferme et il s'est produit ainsi des modifications marquées dans l'exploitation du sol. En effet, la proportion de propriétaires cultivant eux-mêmes leur patrimoine va sans cesse en augmentant comme il est aisé de s'en rendre compte par la comparaison des chiffres du tableau qui suit, se rapportant aux divers modes de faire-valoir :

	1892		1921	
DIVERS MODES DE FAIRE-VALOIR	Nombre total d'exploitations	Proportion pour °/₀	Nombre total d'exploitations	Proportion pour °/₀
Faire-valoir direct..............	58.028	82 %	31.575	88 %
Fermage.....................	9.837	13,8 %	4.295	11,1 %
Métayage	3.014	4,2 %	317	0.87 %

L'état de division du sol a, lui aussi, subi des modifications et on constate partout une tendance à l'agrandissement des parcelles, sans que cependant on puisse donner des précisions sur leur nombre et leur étendue moyenne qui varie beaucoup d'ailleurs avec la qualité du sol et sa situation.

Contrairement à ce qui a eu lieu dans le reste de la France, la valeur vénale de la terre en Vivarais est allée en diminuant pendant la dernière moitié du XIXᵉ siècle.

Le tableau qui suit indique la valeur du sol consacré aux diverses catégories de cultures en 1851-1879-1908.

VALEUR VÉNALE MOYENNE A L'HECTARE

Années	Terres labourables	Prairies	Vignes	Bois	Landes	Ensemble des cultures
	Francs	Francs	Francs	Francs	Francs	Francs
1851	1984	2 604	2.757	498	164	2.123
1879	1967	2 728	1.730	478	157	1.070
1908	1536	1 798	2.218	394	157	813

Cette dévalorisation du terrain doit être attribuée à l'abandon de celui-ci par une partie de la population paysanne qui, voulant s'en débarrasser, le cédait à vil prix aux rares acheteurs.

L'exode vers les villes a eu encore pour conséquence de priver l'agriculture d'une partie de la main-d'œuvre dont elle disposait auparavant ; aussi, les champs sont-ils moins bien travaillés ; on n'entretient plus, avec le même soin, les murs de soutènement ; les terrasses s'écroulent ou sont emportées sur les penchants abrupts par les eaux de pluie ; une végétation naturelle chétive gagne progressivement les pentes arides qui portaient autrefois de maigres récoltes. Ailleurs, on oublie de défricher, en temps voulu, les trèfles ou les luzernes dont la flore se modifie et qui se transforment insensiblement en prairies naturelles, exigeant moins de travail et imposant de plus faibles dépenses que les terres labourables ; la place réservée aux diverses cultures se modifie ainsi à la longue, comme il est indiqué ci-après : (1)

Catégories de cultures	Époques considérées			Différence entre 1851 et 1913	
	1851	1872	1913	en plus	en moins
	Hect.	Hect.	Hect.	Hect.	Hect.
Terres labourables	130 460	140.755	125.238		5.222
Prairies	42.007	43 275	54 464	12 457	
Vignes................	29.898	14.966	14 309		15.589
Vergers	65.177	63.758	43.281		21.896
Bois	97 580	97.782	87 563		10.017
Landes et pâturages......	161.323	164.471	195.072	33.749	

Depuis quelques années, le sol attire les capitaux et reprend de la valeur, — comme d'ailleurs tous les autres facteurs de la richesse nationale — mais d'une manière très inégale selon qu'il s'agit de terres fertiles, placées à

_____

(1) Evaluation de la valeur des propriétés non bâties par le Ministère des Finances, en 1913.

proximité de voies de communication convenables, ou au contraire de surfaces escarpées, d'accès difficile.

La nature des cultures influe également : les plantations d'arbres fruitiers, de pêchers surtout, acquièrent une plus-value considérable ; tandis que pour les pâturages, et même les prairies naturelles, l'élévation des prix est relativement moindre.

VALEUR VÉNALE D'UN HECTARE DE TERRAIN SUIVANT LES RÉGIONS (1)

	Vallée du Rhône		Moy.-Ardèche		Montagne	
	1908	1926	1908	1926	1908	1926
	Francs	Francs	Francs	Francs	Francs	Francs
Terres arables	1.500	3.000	1.200	6.500	900	1.800
Prairies naturelles..........	2.750		1.600	5.500	1.500	4.000
Vignes { à vins ordinaires.	3.500		3.000	8.500		
à vins fins........	8.000	50.000				
Cultures fruitières	4.500	50.000	1.800			
Châtaigniers			1.400	3.000		
Mûriers	1.800	4.500	2.200	4.000		
Landes..................	400	550	450	450	130	250

Si, cependant, on ramène le franc papier à sa valeur or, on est obligé de reconnaître que le prix du bien foncier dans l'Ardèche n'a pas augmenté. Il est au contraire inférieur à celui de 1908 pour toutes les catégories de terres, celle portant des arbres fruitiers exceptée.

Le revenu du sol, exprimé par le fermage, a eu sensiblement la même tendance que la valeur vénale ; toutefois, on constate peu de changements de 1851 à 1879, tandis qu'il se produit un fléchissement très marqué dans la suite.

Nous donnons, dans le tableau qui suit, la valeur locative d'un hectare de terre — ayant diverses affectations — aux époques sus-indiquées (2).

Années	Terres labourables	Prés	Vignes	Bois	Landes	Ensemble des cultures
	Francs	Francs	Francs	Francs	Francs	Francs
1851	66	94	82	17	6	37
1877	63	105	89	17	6	37
1918	45	55	66	10	4	24

Depuis 1913 les fermages ont subi une hausse, mais beaucoup moins sensible que celle du capital foncier et du cours des denrées de toute na-

---

(1) Ces chiffres ne représentent que des moyennes, le prix du sol variant, dans la même localité, selon que la vente des domaines a lieu en bloc ou par parcelles séparées, que les terres sont plus ou moins éloignées des habitations, d'un chemin carrossable etc.

(2) Evaluation des propriétés non bâties par le Ministère des Finances en 1913.

ture. En effet, tandis que les prix d'avant-guerre, pour l'ensemble des marchandises et des produits agricoles, se trouvent multipliés, en moyenne, par cinq, la valeur locative des terres, en général, n'a pas été doublée, ce qui explique les nombreuses ventes de domaines, des propriétaires non exploitants à leurs fermiers (1).

———

MOYENS DE PRODUCTION

LE CAPITAL D'EXPLOITATION

Il n'est pas exagéré de dire que, durant des siècles, le manque de capitaux fut le principal obstacle au développement du progrès en agriculture.

Les habitants des campagnes employaient volontiers la totalité de leur avoir à l'achat du bien foncier qu'ils convoitaient, et avaient ensuite recours à l'emprunt pour le faire valoir ; mais comme ils étaient ainsi portés à réduire les dépenses, la terre rapportait peu et ne leur assurait que de faibles revenus, souvent insuffisants pour payer les intérêts de la dette contractée ; de sorte qu'au bout d'un temps plus ou moins long, ils se trouvaient à la merci de leurs créanciers.

Le crédit agricole, institué par la loi de 1894, n'a pas été assez mis à profit dans le département ; aussi, les avances consenties à la culture sont-elles restées très modiques et, sans remonter à l'époque où le paysan effectuait lui-même, à l'aide d'outils à bras, la presque totalité des travaux des champs. et n'entretenait qu'un maigre troupeau, destiné surtout à produire du fumier, (le seul engrais utilisé à la fertilisation des terres) encore au commencement du siècle, il suffisait de disposer de 15.000 frs pour être en mesure d'exploiter, au Coiron, une propriété de 100 hectares comprenant : céréales, plantes sarclées, prairies et élevage. Aujourd'hui, pour la même entreprise, il est nécessaire d'engager un capital d'au moins 200.000 francs.

Dans la région de Villeneuve-de-Berg, une ferme de 12 hectares, représentant le type de la moyenne culture, où se trouvent réunies : céréales, prairies artificielles et naturelles, plantes sarclées et vignes, met en œuvre un capital de 30.000 francs.

Enfin, dans les vallées du Rhône et de l'Erieux une entreprise de 4 hectares, consacrée à la culture de la vigne, des arbres fruitiers et des primeurs, exige une mise de fonds de 20.000 frs, environ ; de sorte que le capital immobilisé par Ha peut s'évaluer comme il est indiqué dans le tableau de la page 41.

En comparant ces chiffres, à ceux qui se rapportent à la valeur vénale du sol, on peut constater qu'en dehors de la zone rhodaniennne le capital d'exploitation se rapproche du prix d'achat de la propriété foncière ; et cette tendance, due à diverses causes, ne fera que s'accentuer à mesure que les moyens d'action du cultivateur se perfectionneront, que les ressources de

———

(1) La loi du 9 juin 1927 autorise la révision des baux à ferme.

la science et de l'industrie interviendront plus largement dans la production agricole.

	Plateau du COIRON	Basse -Ardèche	Vallée du Rhône
	Ferme de 100 Ha, dont 75 en prairies et pâturages.	Ferme de 12 Ha dont 8 en céréales, 2 en vignes, et 2 en prairies artificielles.	Ferme de 6 Ha, consacrés à la culture fruitière et à la vigne.
Avances faites aux cultures, semences, main-d'œuvre, frais généraux, etc...... — Cheptel mort.....	400	1.500	2.000
— vif......	1.200	800	1.000
— circulant et de réserve....	400	500	2.000 (1)
Total.......	2.000	2.800	5.000

Dans cette œuvre commune de l'homme et de la nature, jusqu'à présent, le premier facteur a joué le rôle principal tandis que, de plus en plus, c'est l'action du second qui doit prédominer.

LA MAIN-D'ŒUVRE AGRICOLE

En raison des difficultés que présente la propagation du machinisme dans l'Ardèche, la prospérité de l'agriculture y dépend, peut-être plus qu'ailleurs, du nombre des travailleurs ruraux.

A ce point de vue, les recensements de 1906 et de 1921 fournissent des chiffres intéressants, qu'il est utile de comparer entre eux :

	1906	1921
Population active agricole....	108.582	102.920
Chefs d'entreprises rurales...	71.674	70.674
Salariés......................	23.905	22.886

La diminution qui se manifeste ainsi, sur les diverses catégories d'habitants des campagnes occupées à l'exploitation du sol, est notablement inférieure à celle subie par les effectifs masculins qui passent, durant la période 1906-1921, de 72.667 à 63.464, marquant une perte de 9.203 unités; tandis que la population agricole active totale décroît seulement de 5.662 personnes, pendant le même laps de temps.

La masse des salariés paraît avoir peu varié, ce qui laisserait supposer que la main-d'œuvre ne quitte pas la terre et qu'on n'a pas à craindre le manque de bras, alors qu'en réalité l'agriculture ardéchoise souffre d'une

---

(1) Dans la vallée du Rhône la part faite aux engrais est relativement très élevée et atteint en moyenne 1200 frs par hectare.

insuffisance croissante de personnel, due à la disparition des tout petits cultivateurs qui prêtaient main forte à leurs voisins, pendant la période des grands travaux.

En effet, à la fin de 1912, les travailleurs à gages se répartissaient ainsi:

RÉGIONS	Ouvriers agricoles	Journaliers propriétaires	Domestiques et servantes de ferme
Vallée du Rhône..........	500	2.500	500
Zone moyenne.............	6.000	8.000	4.000
Hauts-Plateaux...........	6.000	3.500	6.000
	12.500	14.000	10.500

Ainsi, les journaliers petits propriétaires formaient plus du tiers de l'ensemble des salariés ; or, à cette époque, on signalait déjà leur tendance à quitter les régions froides, où ils vivaient difficilement pendant la mauvaise saison. Depuis lors, leur émigration s'est considérablement accentuée dans la zone moyenne et dans la vallée du Rhône où on n'en trouve presque plus (1). Les servantes de ferme deviennent également de plus en plus rares, les usiniers allant chercher, en camion-automobile, les jeunes filles, jusque dans les localités les plus reculées.

Il y avait encore, en 1914, de 3000 à 4000 *saisonniers*, descendant des montagnes de la Lozère, de la Haute-Loire et de l'Ardèche pour faucher les foins dans la région d'élevage. Certains de ces ouvriers nomades allaient même, en juin, faire l'écorçage des chênes dans le Bas-Vivarais, de là sur le bord de la Méditerranée, où ils retiraient le sel des marais salants et ensuite dans le midi, pour effectuer les vendanges. Vers la fin de septembre, ils revenaient dans l'Ardèche, pour procéder à la récolte des châtaignes, et, enfin, rentraient chez eux au commencement de l'hiver.

Les équipes de saisonniers n'existent pour ainsi dire plus ; on trouve seulement encore quelques faucheurs qui se placent dans les grands domaines des Hauts-Plateaux à des prix excessivement élevés.

La désertion du sol par la classe laborieuse doit être attribuée, non seulement à l'attrait des villes, mais encore aux conditions défavorables dans lesquelles se trouvent les ouvriers agricoles. Astreints à un travail pénible, obligés, le plus souvent, de transporter le fumier et les récoltes sur leur dos, quelquefois à de grandes distances par de mauvais chemins — à forte pente, se transformant en torrents, pendant la période des pluies — ils étaient, autrefois, parcimonieusement nourris, leurs repas se composant pres-

---

(1) La proportion des très petits propriétaires journaliers qui, en 1912, vendaient leur bien et désertaient la campagne, a été évaluée à 5 % dans la vallée du Rhône, à 10 % dans la zone moyenne et à 15 % sur les Hauts-Plateaux.

que exclusivement de châtaignes et de laitage ou d'un morceau de lard et de pain bis. Actuellement la nourriture du personnel de la ferme s'est considérablement améliorée, mais le logement laisse encore beaucoup à désirer et contribue, pour une large part, à éloigner de la terre les jeunes gens qui vont dans les usines ou cherchent à devenir employés de chemin de fer, facteurs, gendarmes, cantonniers etc...

L'agrandissement des domaines oblige, d'autre part, les exploitants à faire appel à un plus grand nombre de collaborateurs salariés ; de sorte que, dans les endroits à culture extensive ou mal situés, le travail tend à absorber la plus grosse part du produit des récoltes. Le tableau qui suit relate les gains journaliers moyens d'après l'enquête sur les salaires, à laquelle il a été procédé en 1912, et l'arrêté pris par le Préfet de l'Ardèche en 1926, conformément aux prescriptions de la loi du 15 décembre 1922 sur les accidents du travail agricole.

	Salaires journaliers moyens	
	1912	1926
Hommes	3,75	19,23
Femmes	2,50	13,84
Enfants	2	12

Ce ne sont là que des moyennes qui subissent de nombreuses variations, selon l'époque et le lieu considérés. Autrefois, les ouvriers étaient un peu moins payés en pays de montagne qu'aux environs des agglomérations des vallées ; aujourd'hui c'est l'inverse qui se produit et, sur le plateau de Coucouron, par exemple, les faucheurs demandent 30 frs par jour plus le logement et la nourriture, tandis qu'ils se contentent de 20 à 23 frs aux alentours de Tournon ou d'Annonay.

A peu près dans toute l'Ardèche on donne aux domestiques, entretenus à la ferme, de 200 à 250 frs par mois, soit environ 8 fr. par jour ; aux journaliers 20 frs, plus deux litres de vin en été, et 16 francs plus un litre de vin en hiver.

D'une manière générale, le prix de la journée de travail a sextuplé depuis 1912, ce qui n'est pas excessif par rapport à l'élévation du coût de la vie ; cependant, on constate une tendance des agriculteurs à réduire le personnel à gages, à le supprimer même dans beaucoup de cas, le plus souvent, en transformant le système de culture précédemment suivi, en restreignant la superficie des terres labourables, des cultures sarclées, pour donner un plus large développement aux prairies naturelles, aux pâturages et à l'élevage.

C'est particulièrement dans la zone moyenne qu'on observe ces modifications. Dans les vallées à terrain fertile et sur les plateaux à basse altitude on s'efforce, heureusement, de parer à la pénurie de main-d'œuvre en perfectionnant le matériel d'exploitation.

V. Richard.

L'OUTILLAGE AGRICOLE

On ne peut espérer voir le machinisme prendre, en Vivarais, la même extension que dans la plupart des autres contrées de la France.

Cependant, le matériel d'exploitation a subi de notables perfectionnements au cours des vingt dernières années, à mesure que devenait plus sensible la défaillance de la main-d'œuvre agricole.

C'est afin de parer à l'insuffisance de celle-ci qu'ordinairement les agriculteurs développent leur outillage en ayant recours aux appareils permettant de soustraire rapidement les récoltes aux intempéries, tandis qu'ils accordent une moindre attention à ceux qui servent surtout à mieux effectuer les opérations culturales et ont une heureuse influence sur les rendements ; aussi, l'usage des instruments aratoires modernes est-il lent à se propager ; jusqu'à ces dernières années on n'utilisait, pour la préparation du sol, que l'ancien araire, la herse triangulaire, rigide, à cadre en bois, et le rouleau, également en bois ou en pierre. Dès sa création, l'Office agricole a mis gratuitement à la disposition des agriculteurs de plusieurs communes, des brabants, dont les avantages ont été si bien reconnus qu'en l'espace de 5 ans ils ont pénétré jusque dans la partie montagneuse du département. Les rouleaux métalliques se multiplient également et le rouleau croskill se trouve déjà dans quelques exploitations. Mais les cultivateurs, scarificateurs et extirpateurs qui pourraient rendre de si grands services, pour l'appropriation des terres, sont encore très rares et la houe à cheval n'est connue que dans les localités où on se livre à la culture des betteraves à sucre. C'est également là qu'on a commencé à employer les semoirs en lignes encore peu appréciés des praticiens qui leur reprochent d'exiger une trop complète préparation du terrain. Cependant, ceux qui les ont utilisés se rendent nettement compte des profits qu'ils procurent et, grâce aux subventions attribuées pour leur acquisition, on peut espérer qu'ils ne tarderont pas à figurer dans tous les domaines où les céréales occupent une place un peu importante (1). Il est, toutefois, curieux de constater que, tandis qu'il est très difficile de faire adopter des instruments dont l'usage s'est vulgarisé depuis déjà longtemps dans les régions voisines, les tracteurs mécaniques obtiennent aisément la faveur des chefs d'entreprises un peu importantes et qu'il en fonctionne actuellement plusieurs dizaines dans la vallée du Rhône ou sur le plateau du Coiron.

Les machines de récolte ont fait leur apparition dans l'Ardèche vers 1880 ; mais ce n'est que pendant la dernière période décennale qu'elles se sont imposées à la grande majorité des cultivateurs. La propagation des moissonneuses se poursuit assez rapidement dans le sud du département, tandis que les faucheuses se multiplient surtout dans l'arrondissement de Tournon où par contre, la coupe des céréales a lieu encore presque entièrement à la faux.

---

1) Au concours de Privas, en 1926, il a été vendu 5 semoirs et distributeurs d'engrais.

Des essais de fauchage mécanique ont été tentés, à diverses reprises, à Lachamp-Raphaël et à St Agrève sans donner des résultats décisifs. L'herbe, à ces altitudes élevées est, en effet, courte, très fine et serrée ; de sorte qu'elle obstrue les doigts de la barre de coupe qui glisse sur le fourrage ou ne passe pas assez près de terre. Il suffirait, pensons nous, de modifier les sections en même temps que la vitesse de la lame de scie pour qu'elle fonctionne convenablement.

On pourrait présenter les mêmes observations au sujet du rateau à cheval qui n'est pas suffisamment adapté au pays de montagne où le foin, très ténu, passe entre les dents trop écartées ; et il est regrettable que les constructeurs ne tiennent pas compte de la situation particulière d'une vaste région qui s'étend sur tout le Massif Central et qui leur offrirait un débouché considérable s'ils savaient réaliser la mise au point qui s'impose.

Le matériel d'intérieur de la ferme laisse encore souvent à désirer. On n'assiste plus au foulage des céréales que dans quelques rares localités situées sur les limites du Gard. Le dépiquage au fléau n'est plus qu'un souvenir pour la génération qui passe et le battage à la batteuse se généralise de plus en plus.

On trouve, dans quelque domaines, de petites batteuses à bras ou à moteur, à faible puissance, et destinées seulement au service de l'exploitation. Elles présentent le grand avantage de permettre au propriétaire de battre ses gerbes, lorsqu'il le juge opportun, sans avoir à recourir à de nombreux aides qu'il est chaque jour plus difficile de réunir. Les entrepreneurs de battage montrent, d'autre part, des exigences croissantes qui ont incité les producteurs, dans plusieurs communes, à former des syndicats ou des coopératives de battage. (1)

Ce n'est guère qu'à partir de 1920 que les trieurs se sont répandus dans le département qui en possède actuellement 38, appartenant à diverses collectivités, sans compter ceux des minotiers ou marchands de grain livrant de la semence à la culture. Les divers appareils servant à la préparation des aliments du bétail tels que, coupe-racines, hache-paille, concasseur de tourteaux, applatisseur, cuiseur, etc... très répandus ailleurs, sont ici peu connus, à cause des soins insuffisants, dont les animaux ont été l'objet jusqu'à présent.

En somme, l'outillage agricole est resté rudimentaire par suite, sans doute, de la disposition peu favorable du milieu naturel et des intéressés au développement des moyens mécaniques pour remplacer ou amplifier l'action de l'homme dans l'entreprise rurale, mais aussi du manque de facilité qu'ont eu les cultivateurs pour se rendre compte des possibilités que leur offre l'industrie d'accroître leur production et de rendre leur labeur moins pénible.

---

(1) Il existe actuellement 5 syndicats ou coopératives de battage, à Eclassan, à St Jeure d'Ay, à Arlebosc, à Cheminas, et à St Vincent de Barrès, faisant payer 3frs.50 par quintal métrique de grain, tandis que le prix moyen fixé par les entrepreneurs est de 6 frs.

Eloignés de tout centre important, ils n'ont pu profiter de l'enseignement tiré des expositions qui contribuent si largement à ouvrir la voie au progrès.

Les concours agricoles peuvent et doivent rendre, à ce point de vue, de très grands services. Déjà, à la suite de celui qui a eu lieu à Privas, en 1926, les achats de machines de toutes catégories se sont multipliés dans le département.

V. Richard.

LES AMENDEMENTS ET LES ENGRAIS

Sur plus des trois quarts de son territoire, le département est pauvre en chaux ; et cependant, les amendements calcaires ont été rarement pratiqués, les exploitants se montrant très peu disposés à recourir à d'autres moyens que celui qui leur est offert par certains engrais pour incorporer à la couche végétale l'élément calcique dont ils reconnaissent cependant les bons effets.

Les difficultés de communication et les frais de transport très élevés constituent, actuellement, le principal obstacle à la réalisation de cette amélioration foncière qui pourrait avoir une si heureuse influence sur la prospérité de notre agriculture locale.

Il est reconnu, en effet, que de tous les éléments du sol, la chaux est celui qui joue le rôle principal. Agissant à la fois sur la silice et sur l'argile, elle corrige leurs défauts opposés ; elle mobilise les réserves azotées, phosphatées et potassiques de la couche arable ; sa présence est indispensable pour que les engrais deviennent utilisables et, lorsqu'elle fait défaut, les fumures, les mieux constituées, perdent de leur efficacité. Enfin, certaines espèces, telles que le blé, la luzerne et la plupart des légumineuses, ne se développent pas, ou ne donnent que de médiocres résultats, dans les terrains non calcaires.

Il conviendrait d'apporter la chaux à des doses modérées: de 1200 à 1500 kgrs par hectare, tous les trois ou quatre ans, dans les terrains siliceux de la haute et de la moyenne Ardèche. Le chaulage serait encore plus indiqué dans les formations volcaniques du Coiron, où la présence du fer, en proportion très élevée, fixe énergiquement l'acide phosphorique et ne le cède que très difficilement aux végétaux.

Lorsque cette action aura été mise nettement en évidence, par des essais suffisamment nombreux et répétés, les agriculteurs n'hésiteront pas à utiliser les ressources que leur offrent les carrières de la basse vallée du Rhône pour établir un plus juste équilibre entre les éléments constitutifs de leur sol.

Ce n'est guère que vers 1880 qu'on a commencé dans le département à employer des engrais commerciaux.

Après la destruction des vignobles par le phylloxéra, en maints endroits, on se porta sur la culture des céréales, mais comme le fumier faisait défaut, on commença à se servir de tourteaux de sésame sulfuré, à la dose de 500 à 600 kgrs par hectare.

Bientôt une amélioration très sensible se manifesta dans les rendements ; d'autre part, on accrut l'importance des prairies artificielles, ce qui eut pour conséquence l'augmentation de la production du fumier et une économie de l'élément azoté qui se trouvait fixé par les légumineuses en quantité suffisante pour la récolte suivante.

Vers 1896, apparurent, dans la région, les phosphates qui furent associés aux tourteaux et eurent une action insoupçonnée, sur le blé, en particulier.

Enfin, un peu plus tard, au début du siècle, intervinrent, à leur tour, les substances azotées (nitrate de soude et sulfate d'ammoniaque) qui devaient permettre d'intensifier la production agricole, d'étendre et d'élever au plus haut degré de prospérité les cultures fruitières et maraîchères.

Jusqu'en 1914, la consommation du nitrate de soude dépassa de beaucoup celle de tous les autres engrais azotés ; mais, depuis la guerre, l'utilisation du sulfate d'ammoniaque a pris une grande extension, surtout dans le sud du département, où on considère qu'il agit mieux que son concurrent, en période de sécheresse.

C'est ainsi que la Société ardéchoise a réparti entre les syndicats affiliés les quantités de cet engrais indiquées ci-après :

30 tonnes en 1920,
45 — en 1921,
60 — en 1922
120 — en 1923.

Depuis 1924, beaucoup de groupements locaux ont fait eux-mêmes leurs commandes ; de sorte qu'il n'est guère possible de continuer à suivre la marche de cette progression.

L'incorporation des sels potassiques à la couche arable n'a réellement commencé qu'après le retour de l'Alsace-Lorraine à la France.

Pendant les premières années on a fait un usage inconsidéré de la sylvinite qui n'a pas toujours produit les effets attendus et dont la consommation est allée en diminuant dans la suite.

Plus heureuse, a été l'utilisation des sels potassiques purs ; aussi, suit-elle un développement constant. On peut même espérer qu'elle s'accentuera encore, lorsque la série d'expériences, entreprises ces dernières années, aura déterminé les conditions dans lesquelles chacun de ces engrais donne son action maxima.

D'après les demandes de subventions pour l'emploi des engrais azotés synthétiques prévues par la loi du 24 décembre 1924, et l'enquête à laquelle nous avons procédé, en 1926, il résulte que la consommation des matières fertilisantes minérales, dans le département, en 1925, a été la suivante :

Engrais azotés	Sulfate d'ammoniaque.......	250 tonnes.
	Nitrate de soude............	80 tonnes
	Nitrate de chaux............	3 tonnes.
	Cyanamide.................	2 tonnes.
Engrais phosphatés	Superphosphates............	2000 tonnes.
	Scories....................	800 tonnes.

		Sylvinite	200 tonnes.
Engrais potas-siques.	{	Chlorure de potassium......	47 tonnes.
		Sulfate de potasse	25 tonnes.

En tenant compte de la composition de ces divers produits, on arrive à une proportion de 6 d'acide phosphorique pour 1 d'azote et 1 de potasse, ce qui indique une tendance marquée des agriculteurs à pratiquer surtout des phosphatages.

On a même parfois abusé de l'emploi des superphosphatés seuls, dans la région calcaire de Villeneuve-de-Berg, sur les céréales et les prairies artificielles qui donnèrent, tout d'abord, un surcroît de récolte appréciable, mais bientôt manifestèrent un manque de vigueur et une insensibilité complète à l'apport d'acide phosphorique, les ressources en potasse se trouvant épuisées.

Par contre, dans la vallée du Rhône, sur les cultures fruitières et maraîchères, c'est le sulfate d'ammoniaque qui jouit de la plus grande faveur. Les doses de cet engrais, adoptées par certains agriculteurs, paraissent vraiment exagérées (3 kgrs par pied) et si elles n'ont aucune action nuisible sur la végétation il n'en résulte pas moins des pertes très élevées d'azote et une décalcification du sol qui peut avoir de graves conséquences dans l'avenir.

Dans toute la partie non calcaire, les scories, trop peu connues pendant longtemps, sont de plus en plus appréciées des cultivateurs qui les répandent principalement sur leurs prairies naturelles, à raison de 500 à 600 kgrs par hectare.

Sur prairies en coteaux secs et sur vignes, beaucoup de praticiens ont constaté la supériorité des superphosphates d'os. Cette opinion que nous avons eu l'occasion d'entendre émettre dans d'autres départements, mérite de retenir l'attention.

Les tanneries d'Annonay livrent à la culture des quantités importantes de déchets réservés ordinairement à la vigne.

En général, dans les fermes de la Haute-Ardèche, les plantes sarclées, qui viennent en tête de l'assolement, reçoivent une forte fumure au fumier de ferme, enfouie par un labour profond précédant les semis ou la plantation, et complétée quelquefois, par des déchets de peau, une petite quantité de phosphates ou d'engrais complet.

La céréale qui leur succède se contente, le plus souvent, du restant de la fumure. Tout au plus si on lui fournit un supplément de 300 à 400 kgrs de phosphates (superphosphate, scorie ou poudre d'os) fréquemment on la fait suivre d'une deuxième céréale (seigle) qui bénéficie d'un apport de 20.000 kgrs, environ, d'engrais d'étable par hectare.

Dans la partie calcaire du Vivarais, la fertilisation du terrain est un peu différente. Ici, le fumier de ferme étant produit en très petites quantités, on doit avoir recours à d'autres matières organiques dont les plus connues sont les tourteaux et le marc de raisin — qu'on voit de moins en moins abandonné sur les lieux de distillation, — les guanos de poisson et la chrysalide des vers-à-soie.

La culture des lugumineuses, principalement de la luzerne pour graine, laisse également dans la terre d'importantes réserves d'humus et d'azote dont tirent partie les plantes qui viennent après. Comme engrais minéraux, on n'utilise couramment que le superphosphate et le sulfate d'ammoniaque qui, selon les praticiens, ne « brûlerait » pas la terre et répondrait le mieux aux besoins des plantes pendant la durée de la végétation.

Il est à supposer que les réserves de potasse de la couche meuble se trouvent, dans la plupart des cas, en grande partie épuisées par la culture des légumineuses déjà ancienne et très exigeante en ce principe. La majorité des cultivateurs, ne sachant pas encore constituer convenablement la fumure minérale de leurs terres suivant les récoltes qu'ils ont en vue, font appel aux mélanges tout préparés.

Ces engrais complets, fabriqués en partie par les syndicats agricoles, présentent une composition un peu différente selon qu'ils sont destinés aux céréales ou à la vigne.

Pour *Céréales*	superphosphates	60	parties
	sylvinite ordinaire	30	—
	sulfate d'ammoniaque	10	—
Pour *Vignes*	superphosphates	40	parties
	sylvinite ordinaire	50	—
	sulfate d'ammoniaque	10	—

Le Syndicat agricole de Privas, par exemple, distribue chaque année environ 80.000 kgrs du premier et 30.000 kgs du deuxième de ces mélanges qui sont répandus à raison de 600 kgrs, en moyenne, par hectare.

Outre que les engrais complets, dont la formule reste constamment la même, ne répondent pas toujours aux besoins de la culture, ils présentent le grave inconvénient de revenir très cher. Il n'est, en effet, un secret pour personne que lorsqu'il se produit une baisse des cours sur une matière fertilisante ou qu'on a passé un marché malheureux, le meilleur moyen de se débarrasser d'une marchandise gênante consiste à la faire entrer dans un mélange dont on a toute facilité pour en fixer le prix.

Les viticulteurs éclairés sont si convaincus de cette vérité, qu'ils achètent toujours les diverses sortes d'engrais séparément et épandent couramment au pied des vignes, tous les 3 ans, un peu de fumier de mouton ou, à défaut, 250 gr. de tourteaux, qu'ils remplacent quelque fois par du guano de poisson, et dans l'intervalle de 2 fumures organiques, ils fournissent à chaque cep environ 100 grammes de superphosphates 100 gr. de sylvinite riche et 50 grammes de sulfate d'ammoniaque.

Somme toute, les diverses catégories d'engrais préconisées se montrent efficaces dans des conditions qui ne sont pas toujours suffisamment déterminées, et leur action individuelle est encore souvent mise à profit par les exploitants qui ne cherchent pas à la compléter ou à en assurer la pérénité en associant les matières assimilables suivant la règle d'une fertilisation rationnelle. Il résulte de cette pratique une discontinuité des effets en même temps qu'une rupture d'équilibre entre les éléments nutritifs du sol.

Cet inconvénient disparaîtra lorsque les agriculteurs auront acquis la conviction que les plantes ont besoin de trouver, dans la fumure, les principes nécessaires à la constitution de leurs divers organes pour donner le maximum de produits sans appauvrir le sol qui les porte.

On ne se contentera plus alors de l'apport, même à doses massives, d'un seul élément qui peut accroître, sans doute, dans certains cas, considérablement la récolte, mais dont l'influence ne tarde pas à devenir nulle, et parfois négative, lorsqu'il y a une modification par trop profonde de la composition du sol.

Il sera maintenu dans les terres siliceuses, légères ou limoneuses, une teneur convenable en chaux par des amendements calcaires ou le choix d'engrais calciques et sur les terrains crétacés on fera un plus grand usage de sels potassiques.

Enfin, il est à noter, qu'en montagne, l'emploi des engrais commerciaux est intimement lié au développement du réseau routier et des moyens de transport.

V. RICHARD

TROISIÈME PARTIE

LA PRODUCTION AGRICOLE

L'étude succincte des régions naturelles du département laisse supposer qu'à des conditions de milieu si variées correspondent de multiples cultures.

A cette conséquence de son faciès, le Vivarais, ajoute celle résultant de l'inclination de ses habitants à réduire leurs dépenses au strict indispensable et à récolter tout ce dont ils ont besoin pour vivre ; de sorte, qu'on ne doit pas s'étonner d'y voir réunies les principales productions agricoles : végétales et animales.

LES PRODUCTIONS VÉGÉTALES

Non seulement les cultures réparties sur l'ensemble du territoire de l'Ardèche sont très nombreuses, mais encore elles restent dispersées dans les situations les plus dissemblables, n'ayant pas, jusqu'à présent, été groupées eu égard à leurs préférences et aux moyens dont on dispose pour les satisfaire.

Cet état de choses a, incontestablement, rendu difficile la réalisation de rendements élevés auxquels on ne peut prétendre que si chaque espèce végétale a la possibilité de se développer librement sans se trouver génée par un manque d'adaptation au sol et au climat où elle est appelée à vivre.

LES CÉRÉALES

Autrefois, l'Ardèche était considérée comme le pays du seigle, du châtaignier et du mulet, vrais symboles de la sobriété et de la rusticité ; mais ici, comme ailleurs, les habitudes sont sujettes au changement, on aspire à plus de bien être, le goût s'affine et le cultivateur restreint progressivement la place consacrée à l'espèce qui lui a fourni pendant des siècles son pain bis.

Les autres céréales perdent également du terrain à cause de leurs exigences et des sacrifices qu'il faudrait consentir pour élever leurs rendements dans la plupart des terrains qui leur étaient réservés et où elles ne trouvaient pas des conditions naturelles assez favorables ; aussi, tandis qu'en 1882 ce groupe de plantes couvrait 93.500 hectares, il n'occupe plus que

$$73800 \text{ Ha en } 1902$$
$$77610 \text{ Ha } — 1912$$
$$59207 \text{ Ha } — 1922$$

La statistique de 1925 indique une superficie emblavée en céréales de 58530 Ha ainsi répartie entre les trois arrondissements :

Largentière.....................	12400 Ha
Privas.....................	18289 —
Tournon.....................	27841 —

La surface destinée à cette production pour 100 habitants est de 20 hectares en Vivarais, tandis que pour la France entière elle atteint 40 hectares, c'est-à-dire le double, sans cependant pouvoir suffire encore aux besoins de la consommation.

Dans le département, on cultive le blé, le seigle, l'avoine, l'orge, le maïs, le sarrasin et le sorgho.

Blé.—Cette céréale nécessitant, pour se développer convenablement, la présence de la chaux dans la couche arable ; sa répartition suit à peu près celle des terrains calcaires.

Elle se plaît surtout dans le crétacé inférieur ou néocomien, comprenant les cantons de Villeneuve-de-Berg et de Chomérac, ainsi que dans les alluvions de Vallon, de Bourg St-Andéol et de la Vallée du Rhône.

Les sols basaltiques du Coiron lui sont également favorables ; elle déborde enfin sur les terrains d'origine cristallophyllienne des plateaux de Vernoux, de Boffre, d'Alboussière, de St Félicien et d'Annonay.

Cependant, à mesure que les conditions économiques imposent plus impérieusement l'obligation d'intensifier la production agricole, l'espace ensemencé en froment diminue et tend à se limiter aux terres de bonne qualité, pouvant fournir des rendements suffisants.

C'est ainsi que les emblavures ont atteint successivement :

$$30.000 \text{ Ha en } 1862.$$
$$28.000 \qquad 1882.$$
$$35.288 \qquad 1892.$$
$$28.792 \qquad 1902.$$
$$27.880 \qquad 1912.$$
$$21.647 \qquad 1922.$$

Depuis cette dernière époque il ne s'est produit que des fluctuations sans importance dûes uniquement aux conditions météorologiques plus ou moins favorables aux semailles.

D'autre part, les rendements sont allés en décroissant comme il est aisé de s'en rendre compte d'après les chiffres qui suivent :

Années	*Rendement à l'hectare.*
1882................	16.25
1892................	15.3
1902................	12 89
1912................	12.
1922	9 50

Cette courbe descendante serait pénible à constater si, heureusement, elle ne s'était relevée nettement au cours de ces dernières années, ainsi que l'indique le tableau ci-après :

Années	*Rendement à l'Hectare*
1923...............	17.05
1924...............	11.30
1925	17.
1926...............	18.

L'amélioration sensible qui se manifeste doit être attribuéeà l'application de méthodes culturales plus rationnelles et, plus spécialement, à la généralisation de l'emploi des engrais et d'une meilleure semence.

Variétés cultivées: Il faut reconnaître qu'il existe un certain mombre de variétés locales remarquablement adaptées au milieu et qui, pour donner les meilleurs résultats qu'il soit possible d'escompter, demanderaient seulement à être sélectionnées.

La Saisette d'Arles représente véritablement le type de blé de la Basse Ardèche, aussi bien des terrains d'alluvions de Bourg St Andéol, que des sols calcaires de Villeneuve de Berg, de Valvignères, et de Berrias.

Elle est surtout appréciée pour sa grande précocité,qui la met à l'abri de l'échaudage,sa faculté de venir dans les terres pauvres,de faible épaisseur, exposées à la sécheresse et d'y produire des récoltes assez élevées.

Son grain est de première qualité, d'un poids spécifique dépassant presque toujours 80 kgrs et atteignant souvent 84 ou même 85 kgrs, d'un rendement en farine supérieur à celui de la plupart des blés indigènes.

Elle a, par contre, le grave défaut de verser facilement dans les endroits fertiles et de s'égrainer lorsqu'elle est exposée à l'action du vent. Par la sélection pédigrée,la maison Tezier de Valence a obtenu une sorte de Saissette dite « inversable » qui a déjà été essayée mais sur laquelle il est encore trop tôt pour porter une appréciation.

La Tuzelle de Provence est cultivée à peu près dans les même conditions que le blé précédent et, sauf sur les bords du Rhône, ces deux variétés voisinent en se partageant la surface en parties presque égales.

A paille plutôt courte et flexible, la Tuzelle de Provence, ne résiste pas non plus à la verse, mais elle n'est pas sujette à l'échaudage et se montre peu exigeante au point de vue de la qualité du sol ; aussi est-elle très estimée dans la région des « Gras » où ses rendements sont encore assez élevés.

Dans les bonnes terres de Chomérac, de St Lager-Bressac, de St Vincent de Barrès et de Baix, on donne la préférence à des blés plus productifs :

L'*Hybride hâtif inversable* y donne des résultats satisfaisants. La *Tuzelle de Russie ou Toscane* semblait devoir se propager assez rapidement ; malheureueement, en dépit de son bel aspect elle a causé de nombreuses déceptions et tend à être abandonnée.

Le *Blé riz* et *le Blé de fer*, sortes de poulards à grand développement, sont encore répandus et appréciés dans les localités précitées. Ils tallent cependant peu et doivent être semés assez tôt. Leur grain servait autrefois à la fabrication du gruau.

Le *Blé rouge de Bordeaux* domine sur les plateaux siliceux, de Vernoux à Annonay, où il paraît donner les meilleurs résultats.
On ne pratique guère que des ensemencements d'automne à cause du manque d'eau, qui se fait souvent sentir de très bonne heure dans le sol ; aussi, connaît-on très peu de variétés de printemps.

Le *Trémois* remplace quelquefois les emblavures d'automne détruites par les intempéries. Quelques agriculteurs ont également essayé, mais la plupart sans succès, le Manitoba, qui souffre, ordinairement, des chaleurs précoces.

Le changement de semence, considéré depuis déjà longtemps comme une nécessité par les agriculteurs, jouit plus que jamais de la confiance des exploitants qui, malheureusement, ne prennent pas toujours les précautions voulues pour s'assurer des bienfaits de cette opération. Ils prêtent trop souvent une oreille complaisante aux représentants de certaines maisons du Nord qui leur fournissent des variétés ne s'adaptant pas aux conditions naturelles du Vivarais, tout à fait différentes de celles de leur pays d'origine ; de sorte que les nouveaux blés donnent rarement satisfaction.

Améliorations à réaliser. — Il serait désirable qu'on cherchât à perfectionner les variétés locales par la sélection généalogique. Déjà le premier pas a été accompli, dans cette voie, au champ expérimental de Maninet (Drôme) et il y a lieu d'espérer, que par de nouveaux efforts, on parviendra à obtenir des trois principaux types de froment (Tuzelle de Provence, Saissette d'Arles, et Rouge de Bordeaux) des « sortes » convenant aux diverses situations et donnant le maximum de profits.

En même temps que les génétistes cherchent à perfectionner les variétés, les agriculteurs devraient s'attacher, de plus en plus, à employer de la semence de bonne qualité, propre, constituée par des grains gros, sains et lourds, qui donnent les plantes les plus vigoureuses et les plus productives.

L'usage des trieurs, qui tend à se vulgariser, aura, à ce point de vue, les plus heureuses conséquences.

Le traitement des semences devrait être effectué régulièrement et avec soin.

Il faudrait se servir du sulfate de cuivre à raison de 1.5 %. Ne jamais le remplacer par du sulfate de fer qui est sans effet ni l'utiliser à plus forte dose pour ne pas nuire à la levée de la céréale ; avoir bien soin de plonger la semenee dans la solution de sulfate de cuivre, la frotter entre ses mains, pendant quelques instants, et la sortir ensuite pour la replonger dans un lait de chaux avant de la faire sécher et de l'employer.

La préparation du sol mérite également de retenir l'attention. Ce n'est que dans un terrain débarrassé des mauvaises herbes et profondément ameubli que les semis se trouvent en mesure de se développer normalement et de fournir d'abondantes récoltes.

Les fumures laissent encore trop à désirer ; elles sont, le plus souvent, incomplètes et n'apportent qu'un élément azoté ou phosphaté qui ne peut produire tout son effet, la végétation se trouvant en quelque sorte réglée par les principes dont la terre arable est le moins pourvue.

En de nombreux endroits, les phosphatages répétés, sans apport de potasse et de substances azotées, ont abouti à une diminution sensible des rendements.

Un juste équilibre des diverses matières fertilisantes appliquées au froment s'impose et doit être déterminé expérimentalement. Les chaulages, dans le nord, et l'emploi des sels potassiques, dans les terres calcaires du sud du département, sont plus spécialement à recommander.

L'usage du semoir permettrait de réduire la quantité de semence nécessaire, assurerait une levée plus régulière, atténuerait les attaques des maladies cryptogamiques, augmenterait la résistance du blé à la verse et accroîtrait ses rendements.

L'enherbement des emblavures au printemps cause, dans la majorité des cas, de grands préjudices à la récolte en disputant la nourriture et l'humidité de la couche arable à la céréale dont la croissance se trouve entravée. Quelques agriculteurs ont essayé, timidement, les pulvérisations d'acide sulfurique ; les démonstrations faites à ce sujet au Domaine du Pradel, appartenant à l'Office agricole, sont convaincantes. Il s'agirait de faire entrer ce procédé de destruction de mauvaises herbes dans la pratique courante.

Seigle. — Pendant longtemps, cette céréale prit la plus large part des terres labourables de la région granitique de l'Ardèche où le rocher, très dur, tantôt affleure à la surface, tantôt est recouvert d'une mince couche de terre siliceuse.

Cependant, son aire de production va sans cesse en diminuant comme celle du blé, en lui restant toutefois légèrement supérieure.

De 45.250 Ha en 1892, elle passe successivement à :

    33.900   en 1902,
    34.520   en 1912,
    23 398   en 1922.

Cette culture se répartit ainsi entre les trois arrondissements :

    Largentière.......................... 3 976 Ha.
    Privas................................ 3 271 Ha.
    Tournon............................. 16.151 Ha.

Ses rendements sont, eux aussi, allés en baissant, comme l'indique le tableau qui suit :

Années	Rendement en Hl par Ha.
1892	13.7
1902	11.8
1912	13.
1922	11.

Les récoltes de ces dernières années indiquent, dans leur ensemble, une amélioration sensible.

Années	Rendement en Hl par Ha.
1923	17.
1924	10.
1925	16.2
1926	16.66

Ces heureux résultats, doivent être attribués à une meilleure fertilisation des terres et à l'usage des trieurs, dans un nombre toujours croissant de communes de l'Ardèche.

Il n'existe pour ainsi dire pas de variétés déterminées de seigle, des croisements s'étant produits entre plusieurs d'entre elles, qui ont donné un type commun, se rapprochant du seigle de Schlanstedt par sa taille élevée et ses longs épis un peu arqués.

Il est apprécié par les agriculteurs des régions voisines qui l'emploient fréquemment comme semence.

Avoine. — Considérée comme une plante de secours, toutes les fois que la préparation du sol ne permet pas de faire appel à d'autres céréales, l'avoine jouit d'une faveur constante qui l'a maintenue en bonne place même pendant la guerre.

Ses emblavures, d'une superficie de 8587 Ha en 1892, s'élèvent successivement à :

9372 Ha en 1902.
11130 Ha en 1912.

pour tomber à :

8080 Ha en 1918.

et remonter à :

10750 en 1922.

Elles se trouvent à peu près régulièrement réparties dans tout le département. On leur consacre en effet :

3369 Ha dans l'arrondissement de Largentière.
3896 — de Privas.
3489 — de Tournon.

Dans le Bas-Vivarais, ce sont les avoines d'automne qui ont la préférence. Elles viennent le plus souvent après un défrichement de prairies artificielles. Dans la Haute et la moyenne Ardèche, au contraire, on adopte ordinairement les variétés de printemps.

Selon les localités on cultive :

L'avoine grise d'hiver, l'avoine du Puy sélectionnée, l'avoine de Brie et l'avoine grise de pays, comprenant un mélange des diverses autres variétés.

Ces dernières années, il a été essayé des variétés améliorées : avoine blanche de Ligowo, pluie d'or, de Svalof etc., à déconseiller en beaucoup d'endroits.

Le rendement moyen, indiqué par la statistique agricole, est de 11 quintaux par hectare. Il serait possible de l'augmenter notablement par la sélection, le triage des semences et l'application de fumures rationnelles.

Orge. — Dans le département, l'orge ne tient qu'une faible place. On lui réserve les terres les plus ingrates du Sud et du Massif des Cévennes ; sa culture s'étend sur environ 2500 Ha ainsi répartis :

Arrondissement de Largentière.....	1187 Ha.
—	Privas..........	1134 Ha.
—	Tournon........	225 Ha.

On cultive surtout l'orge chevalier et l'escourgeon ou orge carrée à six rangs.

Elle présente cependant un réel intérêt tant au point de vue de sa résistance à la sécheresse — qui devrait la désigner pour la plupart des terres peu profondes des plateaux calcaires — qu'à celui du débouché que lui offrent les brasseries de la région.

Ses rendements, qui restent encore très faibles, pourraient être accrus par une meilleure culture et le traitement de la semence.

Placée presque toujours dans des conditions défavorables, elle ne reçoit, en effet, le plus souvent, que des fumures insignifiantes ; sa semence n'est jamais triée ni traitée contre les maladies cryptogamiques ; aussi le charbon cause-t-il, en maints endroits, des dégâts considérables.

Maïs. — Ce n'est que depuis le commencement du siècle qu'on cultive le maïs pour son grain.

En 1902, on lui consacrait 416 Ha. Il occupe encore 330 Ha en 1912 et 336 en 1922 ainsi répartis :

Arrondissement de Largentière.......	93 Ha.
—	Privas..........	196 —
—	Tournon........	37 —

Cette culture reste confinée dans la région de Bourg St-Andéol, de Villeneuve-de-Berg et de Joyeuse. Les tentatives faites pour l'étendre vers le Nord de la vallée du Rhône sont restées sans résultats.

On produit surtout le maïs blanc et le maïs jaune de pays, de faible taille, à épis courts, garni de grains petits.

Les maïs blanc et jaune des Landes, essayés en 1922 par MM. Amblard, à St-Jean-le-Centenier, et de Lenoncourt, à St-Marcel d'Ardèche, se montrèrent sensibles à la sécheresse et au charbon.

On obtient ordinairement, en moyenne, 13 hl de grain à l'Ha, ce qui est à peine suffisant pour couvrir les dépenses de culture.

Sarrasin. — Insuffisamment connu dans le département, le sarrasin pourrait rendre de grands services en fournissant à de nombreux agriculteurs le moyen de débarrasser leurs terres des mauvaises herbes et leur procurant, en même temps, des récoltes assez élevées.

Très rustique, il se contente des sols les plus médiocres et les moins bien préparés. On le fait venir en culture dérobée après une autre céréale et il donne, dans ces conditions, en moyenne, 8 hectolitres de grain par hectare.

Sorgho. — Cette plante est sujette à des changements brusques de fortune qui se traduisent par une expansion rapide ou une suppression parfois radicale de sa culture.

C'est ainsi qu'on la trouve sur   38 Ha en 1892.
                                  287 — 1902.
                                  348 — 1912.
                                  123 — 1922.

Les prix élevés atteints par sa paille, en 1923, faisaient prévoir pour cette céréale un avenir prospère, mais, hélas ! de si belles espérances devaient être détruites par les perturbations que subissent sans cesse les conditions économiques ; et, en 1926, la vente de la récolte, déjà réduite, s'est effectuée difficilement. Seul, le canton de Bourg St-Andéol se livre à la production du sorgho qui voisine avec la betterave à sucre, le fenouil et diverses autres plantes industrielles.

On obtient ordinairement par Ha 1500 kgrs de grain, servant à l'alimentation des volailles ou des agneaux, et 1300 kgrs de panicules livrés au commerce.

LES PLANTES SARCLÉES ET INDUSTRIELLES

Pommes de terre — En raison de son origine géologique et de son climat, le Vivarais, sur sa plus grande partie, offre des conditions favorables à la plante propagée par Parmentier, vers 1775, et qu'Olivier de Serres, 160 ans plus tôt, désignait sous le nom de « Cartouffle » en la signalant à ses contemporains comme une nouvelle espèce, importée depuis peu de Suisse, et donnant « des fruits d'une saveur comparable à celle de la truffe ».

La pomme de terre se répandit rapidement dans l'Ardèche et y joua de suite un rôle de premier ordre. Toutefois, aucune donnée ne permet de montrer, d'une façon précise, le rythme de sa progression jusque vers la fin du

19ᵐᵉ siècle. Les surfaces qui lui ont été consacrées et les récoltes obtenues depuis lors se trouvent indiquées dans le tableau suivant :

Années considérées	Surface plantée en pommes de terre	Récolte obtenue en quintaux métriques	Rendement moyens par Hectare
1882	38.706	2.956.718	103
1892	28.402	3.095.983	109
1902	28.561	2.332.494	81,66
1912	29.320	2.932.000	100
1922	20.887	1.043.850	50
1926	19.430	777.200	40

Ainsi, par rapport à 1912, la place réservée à cette culture se trouve réduite de 1/3 et les rendements obtenus ont baissé de plus de moitié.

Cependant, toutes les régions agricoles du département n'accusent pas la même diminution et, en ce qui concerne l'étendue des plantations, on observe entre les arrondissements des différences assez sensibles que nous croyons devoir faire ressortir ici :

Arrondissements	Etendues plantées en pommes de terre en		Diminution
	1912	1922	
Largentière	5.975	4.282	30 %
Privas	7.627	5.572	27 %
Tournon	15.435	11.023	29 %

C'est donc sur les formations calcaires, les moins propices, que la pomme de terre perd le plus de terrain.

Atteinte par de multiples maladies, pour la plupart transmissibles par la semence ou par le sol, et qui causent sa dégénérescence, elle succombe d'autant plus vite aux effets de la sécheresse, lorsqu'elle sévit au cours de sa végétation. Et c'est afin d'éviter le préjudice auquel l'expose la période d'été que, dans toute la zone méridionale, on pratique la culture tardive.

Au commencement de juin les agriculteurs se procurent de la semence venant de la montagne, où elle a été conservée en silos. Pendant 15 jours à trois semaines, les tubercules sont placés dans des pièces éclairées, afin de les soumettre à l'influence du nouveau milieu avant de les confier au sol.

Ordinairement, la levée a lieu très lentement et la végétation reste languissante jusqu'à la mi-août, époque habituelle des premières pluies à la suite desquelles le développement des jeunes plantes s'accentue rapidement et à l'arrachage, qui a lieu dans la deuxième quinzaine d'octobre, on réalise assez souvent une récolte moyenne, surtout si la préparation du terrain et les travaux d'entretien ont été effectués avec soin.

Il s'est établi ainsi un écoulement vers la plaine de la semence produite dans le Massif du Tanargue où, depuis déjà longtemps, on cultive les mêmes variétés, parmi lesquelles la plus connue est la « *Rose de Montagne* » ou « Loubet » ou encore « Reine des Sables » sorte d'Early rose très savoureuse et presque exclusivement employée aux plantations tardives.

Un peu moins réputée que la précédente, la « *Merveille d'Amérique* » couramment dénommée « Reine rouge» est également très répandue et donne de grands rendements.

Autrefois, on accordait une place considérable à la « *Prussienne* », venue d'Allemagne et ressemblant un peu à la « Loubet » bien que plus grossière. Actuellement elle a presque complètement disparu en dépit de sa vigueur et de sa rusticité.

Il existe également dans les Cévennes Vivaroises, *l'Institut de Beauvais* et *l'Early rose* ; mais en faible proportion, tandis que, dans le nord du département, la première de ces deux variétés domine et la seconde était très estimée avant que les diverses maladies de la dégénérescence en aient rendu la réussite très aléatoire.

Contre ce fléau qui menace l'une des principales plantes cultivées, on a recours chaque année à l'introduction de semence provenant de la Bretagne où, par la sélection, on est parvenu à obtenir des récoltes relativement saines.

En dehors du Bas-Vivarais, exposé à la sécheresse, aux endroits bien abrités sur les bords des affluents de l'Ardèche, on fait souvent, ce qu'on appelle, la *plantation pour la reproduction* ; c'est-à-dire que les tubercules de première saison—arrachés au début de Juin et exposés à l'air sous un hangar ou à l'ombre pendant une quinzaine de jours pour les faire verdir— sont mis ensuite dans une parcelle de bon terrain, convenablement préparé, servant de pépinière. On recherche au contraire une production précoce dans la vallée du Rhône et aux environs des cités importantes ; tandis que, sur le versant des Boutières et aux environs d'Annonay, la plantation s'effectue à la fin d'avril ou au commencement de mai.

Le sol destiné à la culture de la pomme de terre est préparé de diverses façons. Le plus souvent, après une céréale, on donne un labour dans le courant de l'hiver, ensuite on enfouit le fumier au moment de la plantation qui a lieu à la charrue ou à la pioche. Il arrive aussi qu'on plante sur le « dur » en ouvrant des tranchées au fond desquelles ou fait tomber la croûte superficielle du guéret resté jusqu'alors intact ; par dessus, sont disposés, d'abord l'engrais d'étable, puis les tubercules ; le tout est recouvert par la bande suivante.

Le fumier constitue généralement l'unique engrais fourni à la pomme de terre, à moins qu'il ne fasse défaut et, dans ce cas, il est remplacé par des ourteaux. On lui associe parfois un peu d'engrais complet.

Nous avons déjà eu occasion de dire qu'il est enfoui au dernier moment et il convient d'ajouter que son état de décomposition est rarement avancé ; de sorte qu'un temps assez long se passe avant qu'il ne puisse contribuer à la nourriture des plantes qui restent souffreteuses, jaunes, prennent du re_ tard dans leur développement et, dans la suite, sont atteintes par la séche-resse estivale avant leur complète évolution.

Les engrais chimiques sont encore très peu employés ; cependant, leur action a été nettement démontrée au Centre expérimental d'Alboussière et par les nombreux essais effectués durant ces dernières années.

RÉSULTATS DES ESSAIS DE FUMURES MINÉRALES SUR POMMES DE TERRE

LOCALITÉS	NOM des expérimentateurs	Nature du terrain	RÉCOLTE OBTENUE		
			Parcelle témoin	Parcelle ayant reçu des sels potassiques	Parcelle ayant reçu des engrais azotés, phos-phatés, po-tassiques.
Mirabel.....	Mounier	Argilo-calcaire .	1.200 k.		1.300 kgs
Aubenas ...	Amarnier.........	siliceux .	560		630
Les Vans ..	Sauvant.........	siliceux .			1/3 d'aug.
St-Sernin..	Marnas	sableux..	600		700 kgs
Vocance...	Béal............	siliceux .	430		750 »
Aubenas...	Plan......... ...	léger....	530		680 »
Annonay ..	sept expérimenta-teurs	siliceux .		augmentat. de 2145 kg. par Ha.	

Au cours de sa végétation, la pomme de terre reçoit des soins culturaux attentifs. Il est procédé à de multiples binages et sarclages avec des outils à main. Sur les cîmes et les pentes rapides les ꞇplantations, disposées en gradins étroits sont très denses. Ailleurs on dispose les pieds en lignes suf-fisamment espacées pour permettre le passage des instruments à traction ani-male beaucoup plus expéditifs.

Le sulfatage est presque partout négligé et cette année, encore, le mildiou a causé des dégâts considérables.

Dans la plupart des exploitations, l'arrachage se pratique à la pioche ou au « béchard » ; cependant, la main d'œuvre devenant de plus en plus rare et dispendieuse, on voit croître chaque année le nombre de praticiens ayant recours à la charrue et même à l'arracheuse mécanique.

C'est peut-être au point de vue de la conservation de la récolte que l'Ar-dèche marque, en maints endroits tout au moins, une supériorité sur beau-coup d'autres régions.

L'ensilage est couramment pratiqué dans la moyenne Ardèche et l'em-ploi des cagettes, dont Alboussière a donné l'exemple, tend à se propager.

Améliorations à réaliser. L'abaissement des rendements constaté plus haut, peut être attribué à de multiples causes, parmi lesquelles, la mau-

vaise qualité des plançons, l'épuisement du sol en certains principes, et l'insuffisance d'humidité sont les plus importantes à considérer.

Pour éviter les effets de la dégénérescence on s'est astreint au renou-
vellement de la semence en la faisant venir d'une région favorisée par les
conditions naturelles du milieu et dont les habitants se sont spécialisés dans
la fourniture de pommes de terre, presque indemnes de maladies, aux diverses
autres contrées de la France.

Malheureusement, les dépenses qu'impose ce procédé sont considérables et ne peuvent pas toujours être récupérées par le surcroît de la récolte ;
aussi, pour les éviter, dans beaucoup de départements, pratique-t-on depuis
plusieurs années la sélection en masse qui donne des résultats très satisfaisants. Pourquoi ne pas suivre cet exemple, d'autant que les premiers essais
effectués dans ce sens à Alboussière sont des plus encourageants !

Chaque propriétaire aurait tôt fait de marquer, au cours de la belle saison, les pieds les plus beaux, les plus verts, ne présentant aucune tache sur
leurs feuilles et, au moment de l'arrachage, de mettre leurs tubercules à
part, dans des cagettes, de manière à pouvoir les surveiller pendant l'hiver
et les faire germer à la lumière avant la mise en terre.

En poursuivant sans cesse ce choix des touffes-mères, on arriverait sûrement à se passer des achats en Bretagne ou tout au moins à les espacer considérablement.

En outre, on ne serait pas exposé à introduire d'autres affections, telles
que la galle noire, encore inconnues, ici, et qui ont déjà fait leur apparition
sur notre territoire.

D'ailleurs, c'est un fait incontestable que plusieurs localités des Cévennes et des Hauts-Plateaux qui fournissent les récoltes les plus abondantes et surtout les plus régulières, vivent sur leurs propres ressources et n'achètent jamais de tubercules à l'extérieur. Ce sont elles, au
contraire, qui approvisionnent les marchés d'Aubenas et du sud du département.

Elles pourraient jouer un rôle plus considérable encore en réalisant les
améliorations indiquées.

Il est admis, d'après de nombreuses expériences, que, par une fumure bien
comprise, on peut atténuer, dans une très large mesure, les conséquences de
la dégénérescence. Les matières azotées solubles (sulfate d'ammoniaque ou
nitrate de soude) ont des effets particulièrement marqués. La potasse, elle
aussi, agit très efficacement dans la plupart des terres épuisées en cet élément par une longue culture, sans qu'on ait jamais songé à réparer leurs pertes. L'acide phosphorique favorise la maturation et augmente la qualité des
produits ; de sorte que, les apports d'engrais d'étable devraient être toujours
complétés au moyen d'un mélange comprenant par hectare :

Sulfate d'ammoniaque ou nitrate de soude	200 kgrs.
Sulfate de potasse	200 kgrs.
Superphosphate	400 kgrs.

Le sulfate de potasse peut-être remplacé par le chlorure de potassium dans les terres perméables, renfermant de la chaux, et le superphosphate, par les scories, dans les sols siliceux.

Enfin, on ne saurait trop recommander d'enfouir le fumier et les engrais chimiques, à *l'exception des nitrates*, au premier labour, c'est-à-dire en automne ou en hiver, afin de leur donner le temps de s'incorporer intimement à la couche arable et de passer sous une forme assimilable.

En vue de combattre la sécheresse, il y aurait intérêt à déchaumer après la moisson, puis à exécuter un labour profond d'au moins 30 centimètres, assez tôt pour que, pendant la période des pluies, la couche meuble puisse s'imbiber et retenir une grande quantité d'humidité qui alimenterait les racines pendant la saison des grandes chaleurs.

L'évaporation à la surface pourrait être, d'autre part, diminuée par des binages plus fréquents en espaçant les lignes de pommes de terre à 60 centimètres et en faisant usage de houes à cheval encore trop peu connues.

V. RICHARD.

CENTRE EXPÉRIMENTAL DE CULTURES
SARCLÉES D'ALBOUSSIÈRE

En 1922, à la suite d'un voyage d'études en Bretagne, M. Ducomet, l'éminent professeur de l'Ecole Nationale d'agriculture de Grignon, disait, dans le discours qu'il prononça à Baramé, au banquet qui clôtura cette intéressante randonnée : « la culture de la pomme de terre n'est pas désespérée, mais elle est sérieusement en danger ».

Le monde agricole, que cette culture intéresse, s'émut ; et, dans toutes les régions où elle est en honneur, les Offices agricoles, soit départementaux, soit régionaux, firent un louable effort pour tâcher d'enrayer le mal. Celui du Midi décida la création, à Alboussière, d'un centre expérimental de cultures sarclées ayant pour objet :

1°. — D'étudier diverses variétés de pommes de terre en vue de distinguer celles pouvant donner les meilleurs résultats dans la contrée.

2°. — De pratiquer la sélection généalogique et en masse, afin de parvenir, si possible, à produire une semence saine.

3°. — De déterminer la meilleure manière de conserver les tubercules destinés à la plantation.

4°. — De constater si, par des fumures et une préparation du sol appropriées, on ne peut espérer atténuer les effets de la dégénérescence.

Pour réaliser ce programme, on commença, en 1921, par réunir 15 variétés dont 7 canadiennes, 5 françaises, 3 hollandaises, 3 anglaises et une danoise. D'autres vinrent, dans la suite, grossir cette collection ; malheureusement, beaucoup montrèrent bientôt des signes non équivoques de dépérissement et durent être abandonneés.

On pratiqua en même temps la sélection suivant les données de la génétique, en plantant isolément, sur des lignes espacées de 3 mètres, les tubercu-

les provenant de touffes d'apparence saines et supprimant, en cours de végétation, les groupes présentant les symptômes de la dégénérescence.

Sélection généalogique des pommes de terre. Plantation en lignes espacées de 3 mètres.

Il était procédé, en outre, à l'introduction de pommes de terre provenant de champs contrôlés de Bretagne afin de savoir si par une culture bien
comprise on ne parviendrait pas à prolonger les bons effets du changement
de semence.

D'autre part, le mode ordinaire de conservation de la récolte subissait
des modifications, le Directeur, adoptant l'emploi des cagettes à l'intérieur
desquelles sont placés, de suite après l'arrachage, sur une seule rangée, les
tubercules destinés à la plantation. Ce procédé permet de soumettre les plançons, pendant quelques semaines avant leur mise en terre, à une lumière
convenable pour faire verdir les germes.

Enfin, des essais de fumures avaient également lieu dans le but de montrer l'influence de chacun des principes nutritifs sur l'état sanitaire de la
plante et sur sa production.

Résultats constatés. — Les recherches portant sur les variétés auto-
risent à conclure que si dans les situations exposées à la sécheresse certaines pommes de terre précoces, telles que la Royale blanche et l'Early rose,
peuvent rendre de grands services, par contre pour la grande culture, et sous
le climat suffisament humide du nord du département, l'Institut de Beauvais, s'avère nettement supérieure à toutes ses concurrentes.

Les maladies de la dégénérescence ont sévi à plusieurs reprises avec
une telle intensité qu'il a été impossible de continuer à pratiquer la sélection
individuelle sur la plupart des autres variétés et qu'on a du se résoudre à
en abandonner la culture.

Par contre on est parvenu avec l'Institut de Beauvais, originaire de Bretagne, à obtenir de la semence de première qualité qui a été demandée au cours de ces dernières années, en quantité très importante, par les groupements de plusieurs départements méridionaux et particulièrement par le syndicat agricole vauclusien.

Le procédé de conservation des tubercules en cagettes a donné des résultats remarquables et mérite d'être propagé. Il permet d'éviter la pourriture ou tout autre accident nuisible à la bonne germination. On lui doit également de pouvoir faire développer au printemps des yeux vigoureux qui ne sont pas arrachés au moment de la plantation.

Conservation des pommes de terre en cagettes.

En ce qui concerne les matières fertilisantes, il est suffisamment démontré qu'elles constituent un moyen efficace contre l'action débilitante des maladies héréditaires et les conditions météorologiques défavorables.

Entre autres observations, il convient de signaler celles relatives aux engrais chimiques qui donnent lieu de croire que par l'emploi exclusif de matières minérales, azotées, phosphatées et potassiques, il est possible de diminuer notablement la proportion des pieds atteints de dépérissement.

Dans les terres d'origine granitique d'Alboussière, les engrais verts (vesce, gesce, trèfle incarnat) produisent un effet remarquable et peuvent remplacer avantageusement les déjections animales à la condition, toutefois, que le sol soit suffisamment humide.

Le nitrate de soude localisé sur les lignes, au moment de la plantation, lorsque l'engrais d'étable fait défaut, s'affirme très efficace.

Enfin, les sels potassiques exercent une heureuse action à la fois sur la végétation et sur la formation des tubercules.

En manière de conclusion, on peut dire que le centre expérimental remplit un rôle dont l'importance est nettement mise en évidence par l'influence qu'il a déjà exercée dans la localité et que trahit la progression qu'ont suivie les expéditions de pommes de terre par la gare d'Alboussière au cours de ces dernières années.

Années	Quantités expédiées.
1922	130 tonnes.
1923	219 tonnes.
1924	241 tonnes.
1925	260 tonnes.

La récolte de 1926 a été à peu près le triple de la précédente et celle de 1927 est encore plus abondante.

De tels résultats doivent inciter les agriculteurs du reste de l'Ardèche à profiter de l'enseignement fourni par le Centre d'Alboussière.

G. FORT   V. RICHARD

Topinambour. — Limitée à 3 hectares, en 1910, la culture du topinambour a suivi, depuis lors, une progression croissante occupant successivement :

20 hectares en 1912
57   —   en 1922
193   —   en 1926

C'est encore l'arrondissement de Tournon qui a accueilli le plus favorablement cette espèce puisqu'il lui réserve 145 hectares.

D'ailleurs, les terres légères et le climat du nord du département lui conviennent très bien et ont permis, jusqu'à présent, d'arriver à des rendements assez élevés.

Si l'on considère que le topinambour se contente de tous les sols—à condition qu'ils ne soient pas absolument secs ou marécageux — qu'il ne reçoit que de faibles fumures et se passe très souvent de soins culturaux ; qu'il est encore indemne de maladies (1) et que ses tubercules, très digestifs, ont une valeur alimentaire supérieure à celle de la pomme de terre, son absence dans la grande majorité des domaines, entretenant du bétail, paraît être une erreur économique.

Il peut, en effet, fournir des ressources fourragères considérables sans imposer des frais appréciables. Il suffit de labourer le sol, qui reçoit, une dose moyenne d'engrais d'étable et d'effectuer la plantation en lignes espacées de 0 m. 70 environ. Avant que les plantes aient pris possession de toute la surface, un binage ou un sarclage est nécessaire, dans la suite, cette opération deviendra inutile.

Les tubercules s'avariant rapidement, l'arrachage doit avoir lieu au fur

---

(1) La rouille sur les feuilles, et la sclérote sur la base de la tige, observées ailleurs sont inconnues dans notre région.

et à mesure des besoins, pendant tout l'hiver,et peut être interrompu par les fortes gelées qui durcissent le sol. On parvient cependant à prolonger la conservation jusqu'à une quinzaine de jours pendant lesquels il est rare qu'on ne puisse pas piocher la terre pour en extraire la récolte appelée à assurer la continuité de l'alimentation des animaux.

Betterave fourragère. — Contrairement à ce qui s'observe dans la plupart des départements français où l'élevage a pris un certain développement, la culture de la betterave en Vivarais est plutôt en régression, ou ne subit que des fluctuations plus ou moins accentuées, sans cependant retrouver la faveur dont elle jouissait il y a une cinquantaine d'années.

Il lui a été consacré, en effet, une superficie de :

                    2455 Hectares en 1882.
                    1230   —   en 1892.
                    1433   —   en 1902.
                    2140   —   en 1912.
                    1962   —   en 1922.
                    2101   —   en 1925.

D'après la dernière statistique, elle se répartissait comme il suit :

                    Arrondissement de Largentière.......... 270 Ha.
                            —   Privas .... 994 —
                            —   Tournon............. 837 —

On ne peut s'empêcher de regretter que dans la Haute-Ardèche où le sol et le climat offrent des conditions convenables à cette plante il lui soit fait une si petite place.

Comme la luzerne et la pomme de terre, la betterave est un facteur de l'amélioration de la culture du blé ; elle lui prépare admirablement le terrain et la dégrève d'une partie des frais qui lui sont ordinairement imputés, tout en procurant une nourriture de première qualité au bétail et plus spécialement aux vaches laitières.

Il est donc souhaitable de lui voir prendre une nouvelle expansion dans toute la région d'élevage où on récolte du froment. Les variétés les plus cultivées appartiennent à la série des demi-sucrières. La *blanche à collet vert*, est la plus répandue. *L'ovoïde des Barres* et la *Jaune géante de Vauriac*, viennent au deuxième rang.

Les rendements obtenus sont très variables. Dans les meilleures conditions ils atteignent 350 quintaux, mais le plus souvent ils ne dépassent pas 250 quintaux par hectare.

De même que pour les autres plantes sarclées, on ne peut espérer réaliser d'abondantes récoltes qu'en assurant à la couche arable des réserves d'eau et d'éléments nutritifs suffisantes.

L'emmagasinement et la conservation de l'humidité, autour des racines, nécessitent des labours profonds, rarement pratiqués dans notre pays où les praticiens s'illusionnent facilement sur l'action de leurs charrues dont le soc ne descend presque jamais au-dessous de 20 centimètres, tandis qu'il devrait aller au moins à 30.

L'enfouissement du fumier de ferme en automne aurait pour effet d'augmenter la spongiosité de la couche meuble et par suite de lui permettre de mieux profiter des pluies hivernales.

D'autre part, on peut répondre aux besoins d'une assimilation très active, surtout dès la levée du semis, par l'application d'engrais complémentaires appropriés.

D'après les résultats de nombreuses analyses chimiques, la betterave absorbe beaucoup plus d'azote et d'acide phosphorique que le blé. Ses exigences en potasse égalent trois fois celles de cette céréale.

C'est pendant la première période de sa vie qu'elle se montre le plus avide d'azote et de potasse ; aussi les nitrates et les sels potassiques, facilement utilisables par les plantules, ont-ils une influence très marquée.

Le superphosphate agit également au début, par la chaux phosphatée et le plâtre qu'il renferme ; de sorte que la fumure qui paraît le mieux convenir dans la grande majorité des cas comprend par hectare :

Fumier de ferme décomposé.....	30.000 kgrs	à enterrer en automne à 18 centimètres de profondeur.
Superphosphate..................	400 kgrs	
Chlorure de potassium...........	250 kgrs	
Nitrate de soude................	200 kgrs	à enfouir au primtemps par un labour moyen.

Le chlorure de potassium peut être remplacé par la sylvinite riche, à raison de 500 kgrs par hectare.

Dans de nombreux essais, l'application des engrais minéraux faisant partie de la formule qui précède nous a donné une augmentation d'un tiers.

Les conditions d'une bonne nutrition étant ainsi remplies, on pourrait encore élever la valeur intrinsèque de la récolte en rapprochant les lignes des semis à 0m40 et ne laissant que 0m30 entre les poquets, de manière à avoir une culture dense et à obtenir des racines plus nombreuses, de grosseur moyenne, donnant une plus grande quantité d'éléments utiles que les grosses betteraves, recherchées par la plupart des exploitants.

V. RICHARD

La betterave à sucre dans la Basse-Ardèche. La culture de la betterave à sucre, dans le département de l'Ardèche, est pratiquée surtout dans les communes du canton de Bourg-St-Andéol riveraines du Rhône et c'est dire par là, la faible importance de cette culture dans le département.

Il n'en est pas moins vrai, que la culture de la betterave à sucre présente pour la Basse-Ardèche une importance capitale et joue, dans notre économie régionale, un rôle croissant, mis chaque année en relief par son extension.

Malgré ses exigences : travaux du sol et engrais, la culture betteravière donne ici les plus heureux résultats ; elle assure un grand état de propreté du sol et permet notamment de lutter contre la folle avoine, si gênante dans la culture des céréales ; elle oblige à des labours profonds, et à l'emploi de doses importantes d'engrais, incomplètement consommées très souvent, ces faits constituant le meilleur des préparatifs à la culture du blé.

Ce n'est pas seulement à cela, que nous devons le développement de cette culture industrielle, c'est aussi et surtout aux bénéfices que laisse actuellement la betterave à sucre ; on peut observer que le prix de la tonne de betterave n'a fait qu'augmenter depuis 1920, passant successivement, de 75 francs en 1921, à 120 frs en 1923 et à 214 francs en 1926 ; d'autre part, la mévente qui sévit sur les pailles de sorgho à balai, fait négliger cette culture ; la betterave reste pour la région, la seule plante sarclée, vraiment rémunératrice et sans aléas quant au prix de vente, puisque l'agriculteur connaît, dès le début de l'année, le prix ferme minimum que lui sera payé sa récolte ; à ce prix payable à la fin des livraisons, s'ajoute une augmentation de 70 centimes par franc de hausse du cours du sucre au dessus du prix de 150 frs ; le cours du sucre étant établi sur la moyenne des 11 (onze) cotes moyennes du sucre n° 3 à la Bourse de Paris pendant les mois d'Août à Juin de l'année suivante.

La culture betteravière occupe les terrains d'alluvions récentes des bords du Rhône et de l'Ardèche de St-Montant à St-Martin, riches en humus, légers, profonds et frais, véritables terrains à betteraves ; elle occupe aussi sur les hauteurs, les terrains riches et profonds de St-Just et de St-Marcel, et la réussite de la culture est trop souvent gênée ici, par la sécheresse de notre climat, qui s'apparente de très près au climat méditerranéen.

La totalité de la récolte est livrée, à la sucrerie d'Orange dépendant de la Société des Raffineries St-Louis, et nous donnons ci-dessous un petit tableau obligeamment communiqué par cette Société, montrant l'importance de cette culture dans notre département et la progression des superficies ensemencées en 1927.

LOCALITÉS	1926		1927 Superficies Prévision
	Superficies	Tonnage	
St-Marcel-d'Ardèche......	135 H.	3.400.000 kgs	160 H.
Reste du département.....	55 H.	1.400.000 kgs	65 H.
Total......	190 H.	4.800.000 kgs	225 H.

Comment pratique-t-on la culture betteravière dans notre région ?

Les procédés culturaux sont le résultat d'une longue expérience, d'une valeur incontestable, si on considère le rendement à l'hectare, variant de 30 à 35 tonnes sur les hauteurs et de 40 à 45 tonnes dans les terrains alluvionnaires des bords du Rhône.

Dans la rotation des cultures, la betterave succède au blé ou à l'avoine, et précède toujours le blé, l'avoine suit, ou le sorgho à balai ; l'assolement triennal, le plus souvent, est celui-ci : betterave, blé, avoine ou sorgho à balai ; la quatrième année voit le retour, hors assolement, des légumineuses, luzerne, dans les terrains bas, sainfoin ou luzerne dans les sols argilo-calcaires ; quelquefois sur le déchaumage de juillet, on sème de la vesce, enfouie en janvier pour permettre le semis des betteraves au printemps.

Sur céréales, la culture de la betterave est précédée d'un déchaumage en août, que suit un labour profond en hiver, en janvier-février, au cours duquel se fait l'enfouissement du fumier de ferme. Pratiqué parfois à la charrue défonceuse, ce labour profond est fait aussi en passant deux fois la charrue dans le même sillon ; dans les terrains à sol graveleux, on se contente de passer une fouilleuse dans le sillon afin de ne pas mélanger le sous-sol à la couche superficielle.

Beaucoup de cultivateurs, apportent au sol 500 à 600 kgs de superphosphates, jetés en surface, mais rarement, la même dose de sylvinite, ou de potasse sous une autre forme, et le nitrate de soude est peu employé.

La graine de betterave est toujours fournie par l'acheteur des racines et payée par le cultivateur à la récolte. La quantité de graines employée à l'hectare varie de 8 à 12 kgs. Le semis se fait peu profondément, au semoir mécanique à double effet, permettant l'épandage d'engrais ; l'espacement optimum des lignes paraît être 60 centimètres. Un roulage suit le semis.

Le semis se fait dès mi-février, pour se terminer avant fin mars ; dès l'apparition des plantes, on donne un binage, puis quand le démariage est possible, on roule et on bine à nouveau. Le démariage, opération délicate dont dépend, pour une part, le rendement, ne laisse que 6 à 8 plants au mètre carré. De mai à juillet se poursuivent les binages, détruisant les mauvaises herbes et ameublissant le sol ; le dernier de ces travaux opère un léger buttage.

La récolte commence dès octobre ; l'arrachage est fait à la bêche, souvent les betteraves sont soulevées par une charrue sans versoir, et arrachées ensuite à la main, en même temps que se pratique le décolletage. Le transport des racines est fait aussitôt ; le pesage des véhicules précède le déchargement en gare et la mise sur wagon ; c'est ici qu'intervient le « rabais », pourcentage variant de 4 à 14 %, destiné à compenser le poids des collets et de la terre adhérente aux racines et qui est déduit du poids total.

La vente au degré saccharimétrique n'est plus en vigueur.

Voilà succinctement résumée, la culture de la betterave à sucre dans la Basse-Ardèche. Cette culture atteint-elle la perfection dans notre région ?

Nous ne le croyons pas ; sans rien enlever aux excellents résultats déjà obtenus on peut envisager, sans données complexes et sans prétentions scientifiques, l'amélioration des méthodes générales de culture, et réaliser l'augmentation des rendements.

Dans notre région, on peut dire, que trop souvent la profondeur des labours est insuffisante et que ces labours sont exécutés trop tardivement. Le rendement dépend du développement radiculaire et des réserves en eau du sol, et le défoncement est nécessaire pour assurer ces réserves et ameublir le terrain. Après le déchaumage de juillet, tout labour profond devrait être pratiqué dès novembre, permettant ainsi l'absorption des eaux et l'effritement des mottes par le gel. Les labours précoces donnent des rendements supérieurs aux labours tardifs. La préparation du sol pour le semis sera faite en février par un nouveau labour, suivi d'un hersage soigné, on emploiera utilement des cultivateurs canadiens, les rouleaux croskill ou les pulvériseurs à disques pour l'ameublement. Il convient d'obtenir une terre meuble, rassise, bien divisée et bien tassée, les vides favorisant la formation des racines fourchues et, de ce fait, des déchets à l'arrachage.

Au chapitre fumures, nous constatons l'emploi insuffisant des engrais chimiques ; les engrais chimiques azotés sont peu employés, nous recommanderons l'emploi de 200 à 300 kgs de nitrate de soude, épandu en surface, mi-partie au semis, mi-partie au démariage. Les superphosphates sont couramment employés, la dose pourra être augmentée avec avantage et portée à 800 et 1000 kgs à l'ha, car l'acide phosphorique hâte le premier développement et augmente, en fin de compte, le rendement. Les engrais potassiques sont trop rarement apportés au sol, la dose de 200 à 300 kgs de sulfate de potasse donnera les meilleurs résultats, car il est prouvé que la potasse est nécessaire à la formation des corps hydro-carbonnés ; la sylvinite riche, à raison de 6 à 800 kgs, pourra remplacer le sulfate de potasse, mais en ayant soin de l'incorporer au sol au cours du défoncement.

Conseillons l'enfouissement profond des engrais phosphatés et potassiques, l'enfouissement à la herse est toujours insuffisant.

Terminons ces quelques lignes sur les engrais, en indiquant que le plâtre, à la dose de 3 à 400 kgs à l'ha, sera employé avec succès ; enfin devant les résultats probants donnés par l'emploi des sels de manganèse, nous recommanderons l'essai de 30 à 40 kgs de chlorure ou de sulfate de manganèse à l'ha. Disons pour résumer que la betterave paie largement son engrais.

Au point de vue semence, si la société des Raffineries du sucre fournit des semences de valeur, ayant subi vraisemblablement la sélection généalogique, elle ne fournit qu'une seule variété pour la région. Il serait nécessaire de sélectionner et de mettre à la disposition des planteurs, des semences adaptées aux terrains qui doivent les recevoir, une variété pour les alluvions des bords du Rhône, frais et riches, une deuxième variété pour les terrains des hauteurs, argilo-calcaires et plus secs, afin de réaliser une adaptation aussi bonne que possible du végétal au milieu naturel de son exploitation ; on peut souhaiter encore, la sélection de variétés rustiques, à racines courtes facilitant l'arrachage.

Insistons sur la nécessité de semer tôt, dès février, afin que le développement de la betterave soit avancé avant la période sèche d'Août, les récoltes avancées en juin-juillet donnent des rendements plus élevés. Le nombre des plants au mètre-carré variera en raison inverse de la fertilité et du degré d'humidité du sol.

Les cultivateurs de la région comprennent la nécessité des binages répétés, brisant la croûte superficielle et empêchant l'évaporation ; l'emploi des herses à grand travail, sarclant plusieurs rangées à la fois, rendrait de grands services. Altises et vers gris qui font d'ailleurs peu de dégats, seront efficacement combattus par l'emploi des arséniates en pulvérisation.

Conseillons enfin, comme pouvant diminuer la main d'œuvre, l'emploi de l'arracheur à fourches bien qu'imparfaitement au point.

A ce rapide exposé d'ensemble de la culture de la betterave à sucre dans la Basse-Ardèche et des améliorations culturales à apporter, ajoutons le besoin pour les planteurs, de se grouper en syndicat pouvant discuter et défendre leurs intérêts, sans hostilité d'ailleurs à l'égard de l'acheteur des racines, car le bon accord et la compréhension de la communauté d'intérêts entre industriels et agriculteurs peut donner les plus féconds résultats.

En résumé, la culture de la betterave à sucre, mérite toute l'attention des agriculteurs, elle améliore les terres, augmente leur productivité et donne d'appréciables bénéfices. Les régions les plus sèches sont celles où l'on cultive le mieux la betterave, et nous ne pouvons qu'encourager les agriculteurs de notre région à étendre la culture betteravière, en faisant un emploi toujours plus grand des engrais et en perfectionnant les procédés culturaux. Leurs efforts seront toujours récompensés.

St.Martin d'Ardèche, le 8 Mai 1927.

Roman

Carotte. — L'aire de production de la carotte depuis 1892, a subi une réduction d'environ 1/3 et n'est plus actuellement que d'une centaine d'hectares. Cela tient à ce que cette plante, dont le développement est lent, demande de nombreuses façons culturales rendues très dispendieuses par le renchérissement de la main d'œuvre. On ne peut que regretter cependant une pareille tendance en raison de la valeur nutritive très élevée de la carotte.

Rave et Navet. — Le sol siliceux sur les 3/4 du territoire ardéchois et les pluies ordinairement fréquentes à la fin de l'été devraient inciter les agriculteurs du Vivarais, et surtout de l'arrondissement de Tournon, à faire, après la moisson, de vastes semis de navets qui ne leur occasionneraient que des frais insignifiants et leur procureraient, en échange, un supplément de fourrage considérable, pouvant convenir également aux animaux d'élevage, aux vaches laitières et aux sujets à l'engraissement.

Or, on ne récolte cette racine que sur 800 hectares dont la production totale ne dépasse guère 12.000 quintaux.

Raifort. — Cette plante, connue déjà d'Olivier de Serres et préconisée depuis par divers auteurs, trouve place à côté de la rave et du navet dont elle se rapproche par ses caractères botaniques, son mode de développement et son rôle alimentaire.

Chou fourrager. — Il présente à peu près la même importance que le navet au point de vue de l'étendue de sa culture. Ses rendements sont légèrement supérieurs. Il pourrait exercer une influence exceptionnelle sur la production du lait dans le nord du département.

V. Richard.

PLANTES AROMATIQUES ET MEDICINALES.

Fenouil. — Signalée pour la première fois dans le département en 1916, la production du fenouil s'est développée rapidement au cours des années qui suivirent et atteignait 700 quintaux en 1923. Depuis, elle tend à baisser en raison des fluctuations subies par le prix qui cesse parfois d'être rémunérateur.

Cette culture est exclusivement pratiquée dans le canton de Bourg St Andéol et plus spécialement dans les communes de St Marcel, de St Just et de St Martin d'Ardèche, à côté de celle du sorgho, du maïs et de la betterave à sucre.

On lui destine de bonnes terres limoneuses, bien ameublies et convenablement fumées.

Le semis a lieu dans le courant du mois de mars, en lignes, espacées de 0 m. 20 les unes des autres.

Pendant la végétation, des sarclages fréquents empêchent l'enherbement et la dessication du sol.

La récolte a lieu vers le commencement d'août. Les ombelles séchées à l'ombre, puis battues, donnent un rendement moyen de 1800 kgrs de graine par Ha .

Thym. — Il est récolté également tous les ans, dans l'Ardèche, environ 300 quintaux de thym dont on extrait, par distillation, une essence aromatique employée en parfumerie et en pharmacie.

Fleurs de montagne,—Les habitants des hauts plateaux qui environnent le Mézenc ont, depuis très longtemps, l'habitude de cueillir, vers la fin du mois de juin, certaines plantes, venant spontanément à ces hautes altitudes, telles que : pensée sauvage, arnica, etc., qui sont séchées à l'ombre et vendues à St. Eulalie, à la foire du 17 juillet dite : « *foire aux violettes* ».

Autrefois, les jeunes filles de la région apportaient sur le marché des corbeilles de fleurs que des herboristes de Lyon ou du Dauphiné achetaient et, leur vente finie, elles livraient leur opulente chevelure, à des trafiquants contre quelques pièces blanches réservées, dit-on, à l'achat de leur trousseau ; de sorte que la montagne se dépouillait de ses plus belles parures au profit de la ville.

Cependant, ces coutumes tendent à disparaître ; le marché de fleurs de St Eulalie perd de son importance et les cheveux des jeunes ardéchoises sont moins appréciés depuis qu'il n'y a plus que des nuques rasées.

V. RICHARD

Lavande. — Il y a plusieurs variétés de lavande ; les plus estimées sont la L. delphinensis et la L. fragrans. C'est la L. delphinensis qui donne l'essence la plus fine. Aussi nos cultures ne comprennent-elles que la L. delphinensis.

La lavande peut se développer sur tous les terrains, mais les terres calcaires et sèches sont celles qui lui conviennent le mieux. Tous les sols calcaires qui bordent le plateau du Coiron conviendraient très bien à cette plante. Dans nos régions, dans notre pays d'Ardèche, la vraie lavande ne pousse pas toute seule, il faut la planter. Sa culture exige peu de main-d'œuvre et laisse d'importants bénéfices. C'est une entreprise intéressante et insuffisamment connue dans le département. Les anciennes vignes en terrain sec, maigre et peu profond, souvent caillouteux, sont des emplacements tout indiqués pour établir cette culture qui est appelée à une prospérité certaine dans peu d'années.

Pour faire une lavanderaie, il faut commencer par labourer le champ, le nettoyer afin de pouvoir planter dès que la végétation est arrêtée, c'est-à-dire au commencement de l'hiver : novembre et décembre. On peut mettre en place jusqu'à fin mars, mais une plantation faite de bonne heure a l'avantage de presque toujours mieux réussir. On obtient les plants par semis ou par bouture dans une pépinière établie en terrain frais, profond et bien fumé. Les plants valent généralement de 4 à 5 fr le cent.

Une lavanderaie, demande chaque année, par exemple en mars, un léger labour et, si on le peut, il est avantageux de fumer au nitrate de soude : 15 gr. par pied suffisent pour doubler la récolte.

Dans les environs d'Aubenas la récolte peut être faite vers le 20 juillet, à l'aide d'une petite faucille, et un ouvrier peut couper jusqu'à 300 kg. de fleurs par jour. Les femmes et les enfants peuvent contribuer à l'opération.

La récolte étant achevée, il faut la distiller soi-même ou la vendre au distillateur de la région qui en paie toujours un prix avantageux. La fleur de lavande se vend aux 100 kg. et suit généralement les mouvements de haussé ou de baisse de l'essence.

Les essences de lavande des environs d'Aubenas sont d'assez bonne qualité si elles sont bien faites, mais le rendement aux 100 kg. de fleurs n'est pas encore déterminé exactement dans cette région où la culture de la lavande est encore à son début. Nous croyons pouvoir dire cependant que l'on peut compter 0 kg. 600 d'essence pour 100 kg. de fleurs en moyenne.

Il y a peu d'années que nous nous occupons d'une façon sérieuse de la culture de la lavande et il ne nous a pas encore été donné de connaître, d'une manière précise, son rendement en fleurs, mais nous inclinons à croire que ce rendement pourra bientôt atteindre 3000 kg. de fleurs par hectare sur nos propres lavanderaies de Vesseaux.

Les appareils à feu nu, à distiller le marc de raisin, ne font que de la mauvaise essence et le récoltant qui veut distiller ses produits fera bien de se procurer un appareil à vapeur fait par un bon fabricant. Avec ces appareils-là on peut faire vite et bien et l'on peut obtenir 10 degrés de plus d'éther qu'avec un appareil plus ordinaire, c'est-à-dire à feu nu. (1)

---

(1) Les degrés d'éther sont pour l'essence de lavande ce que les degrés d'alcool sont pour le vin. De l'avis des meilleurs et savants praticiens, les alambics à vapeur donnant de très bons résultats pour distiller les produits de la vigne font des essences défectueuses dans la distillation des plantes aromatiques, de même que les appareils à vapeur faisant très bien pour les plantes aromatiques donnent des alcools défectueux. Il faut donc des appareils spéciaux pour chaque genre de distillation.

La lavande produit toutes les années, sans exception, mais les prix de vente de l'essence sont variables. A moins qu'ils aient grand'faim, les herbivores ne broutent pas la lavande et l'on n'a pas besoin de clôturer ses lavanderaies pour les protéger contre la dent du troupeau.

Vesseaux, le 18 Mai 1927.

V. MOUNIER.

LA VITICULTURE EN VIVARAIS

La vigne occupe depuis longtemps une place importante en Vivarais, D'aucuns prétendent que certaines variétés auraient une origine locale et existaient déjà, à l'état sauvage, à l'époque des Helviens qui durent se nourrir de leurs fruits.

Au Moyen-âge, l'Ardèche produisait du vin sur la presque totalité de son territoire et la vigne, tout en donnant des produits appréciés jusqu'à des altitudes élevées, constituait la principale ressource agricole dans la Basse Cévenne (environs de Largentière) et le rivage rhodanien. Elle étalait ses pampres sur les pentes du Tanargue jusqu'à Valgorge et Antraïgues. On la trouvait dans les Boutières, à St-Pierreville, à Marcols, à Dornas, à St Martin de Valamas, à St-Jean Roure et même à Chanéac.

Dans son théâtre d'agriculture, Olivier de Serres nous parle longuement de la viticulture et, d'après les conditions qu'il énumère comme etant favorables à cette branche de l'entreprise rurale, il est permis de supposer qu'elle tenait une large place dans sa province.

Enfin, le Docteur Guyot, en 1863, attribuait aux vignobles ardéchois une superficie de 30.000 Ha. et, d'après le même auteur, en 1816 cette culture s'étendait sur 16.000 Ha.

A la suite de l'invasion phylloxérique, beaucoup de plantations anéanties par le terrible insecte n'ont pas été reconstituées, soit que le sol sur lequel on les avait établies fut d'un accès difficile, soit que le rendement qu'on pouvait espérer ne permit pas de solder les dépenses d'exploitation.

Cependant, l'apparition d'hybrides producteurs directs, précoces, exigeant peu de soins culturaux, et la tendance des agriculteurs à produire eux-mêmes leur vin, dès qu'ils le peuvent, ont eu pour conséquence d'étendre vers le sommet des vallées, ou sur les plateaux, l'aire de la vigne qui n'a presque pas cessé de s'accroître comme l'indiquent les chiffres ci-après.

Années considérées.	Superficies plantées.
1882...	10.294 Ha.
1892...	10.042
1902...	16.747
1912...	18.078
1922...	20.680
1926...	20.925

D'après une enquête à laquelle nous avons procédé en 1925, il y avait, à cette époque, dans le département:

2	viticulteurs exploitant de	50 à 100	Ha. de vignes.
5		30 à 50	Ha.
8		20 à 30	Ha.
15		10 à 20	
74		5 à 10	
135		4 à 5	
277		3 à 4	
2.708		2 à 3	
2.510		1 à 2	

En Ardèche, le vignoble est donc très morcelé et réparti entre de nombreux propriétaires dont beaucoup exercent des professions diverses, mais n'en sont pas moins intéressés à récolter le vin nécessaire à leur consommation.

Primitivement, la vigne n'occupait que les côteaux du Vivarais, et l'on ne peut se défendre d'un sentiment d'admiration pour les habitants de ce pays qui ont construit des millions de mètres cubes de maçonnerie, afin de retenir sur des pentes abruptes la terre meuble et la disposer en gradins, souvent étagés de la vallée au sommet de la colline.

Le Docteur Guyot, après avoir rendu hommage à ce gigantesque labeur, regrette qu'il ne soit pas mieux rétribué par des récoltes toujours peu abondantes, en raison de la mauvaise utilisation de l'espace cultivable et de la médiocrité du sol. Il conseille, en conséquence, au vigneron ardéchois de s'attacher à obtenir des raisins de table ou pouvant donner un vin de choix.

Il ne semble pas que cette manière de voir ait prévalu à cause du manque de main d'œuvre, qui se fait sentir depuis déjà de nombreuses années, et aussi des difficultés qu'on aurait eues, peut-être, pour conquérir une place convenable sur les marchés de raisins de table ou de vins fins ; si bien que, en dehors de la région des côtes du Rhône, il s'est produit une sorte de déplacement de la vigne, des collines à sol caillouteux, divisé en terrasses ou « *échamps* » — ne portant très souvent qu'une seule ligne de ceps — vers les vallées plus faciles à travailler et donnant des rendements plus rémunérateurs. On la trouve également dans la partie plate limitrophe du Gard et jusqu'à une altitude de 650 mètres, sur les plateaux d'Annonay confinant à la Loire.

La nature des terrains dans lesquels elle vit n'offre pas moins de diversité que leur configuration. En effet, tandis que la région nord du département, renfermant les crus de Cornas et de St Péray, est d'origine granitique, pauvre en calcaire, la zone située au sud de la ligne allant de Privas aux Vans, par Aubenas et Largentière, appartient aux formations secondaires, riches en chaux. On y trouve cependant des îlots triasiques constitués par des grès et où la vigne voisine avec le châtaignier. Enfin, les nombreuses vallées où les nouvelles plantations s'étendent sur des surfaces considérables sont d'origine tertiaire ou quaternaire, tantôt évasées et fertiles, tantôt étroites, coupées par des masses rocheuses mais presque toujours dépourvues de calcaires.

Il est évident que dans des sols et des situations aussi variées on a été obligé de faire appel à des porte-greffes et à des cépages différents.

Porte-greffes. — Au lendemain de l'invasion phylloxérique, les viticulteurs de ce département, comme ceux d'ailleurs, n'eurent qu'un but : sauver la vigne dont l'existence paraissait irrémédiablement compromise et, dans leur désespoir, ils étaient prêts à accepter tout moyen propre à ressusciter la principale de leurs cultures. Aussi, accueillirent-ils favorablement les premiers porte-greffes appartenant aux espèces américaines ou résultant d'une hybridation de ces espèces entre elles.

Le *Jacquez* eut toutefois leur préférence et fut adopté par la presque unanimité des praticiens qui s'en servirent à la fois comme porte-greffe et comme producteur direct. Plus tard, le *Riparia* et le *Rupestris du Lot* firent leur apparition et remplacèrent en maints endroits le précédent.

Dans le choix de ces porte-greffes, les viticulteurs ne pouvant invoquer les résultats de l'expérience, il y eut souvent une mauvaise adaptation du sujet au sol et dépérissement rapide de la plantation, mais heureusement, des cépages nouveaux obtenus par des hybrideurs célèbres, au premier rang desquels se place M. Couderc, permirent de trouver, pour chaque nature de terrain un plant approprié.

Dans la région de Largentière, à sol plus ou moins calcaire, généralement superficiel, exposé à la sécheresse, on adopte de plus en plus le *Riparia-Rupestris 3309* qui s'est substitué généralement au Jacquez, moins favorable à la fructification et d'une plus faible résistance à la chaux et au phylloxéra. Lorsque la proportion de chaux est très élevée on a recours au *Mourvèdre-Rupestris 1202* et au *41-B*. Dans les vallées, et toutes les fois que le terrain est profond, frais, assez fertile, on préfère le *Riparia Gloire* en raison de ses tendances à pousser à la production.

D'autres porte-greffes tels que les *Riparia-Rupestris 3303* et *3306*, le *Millardet* et *Grasset 101-14*, l'*Aramon-Rupestris-Ganzin* N° 1, le *Rupestris Monticola* ont été essayés sans qu'on ait peut être suffisamment tenu compte de leurs qualités particulières ni des conditions qu'ils doivent trouver dans le sol.

Encépagement : Il y a à distinguer : la région des vins fins des Côtes du Rhône, celle des vins ordinaires de la Basse-Ardèche, où la vigne constitue la principale culture, et enfin celle à altitude relativement élevée comprenant surtout les plateaux du Haut-Vivarais, où le vin est un produit accessoire, consommé en grande partie sur place.

Les cépages choisis varient naturellement selon le but visé par les vignerons et c'est ainsi que dans la vallée de l'Ardèche, jusqu'à Aubenas, l'*Aramon*, l'*Alicante-Bouschet*, le *Cahors* ou *Malbec* et le *Durif* forment la base de l'encépagement. Depuis quelques années, l'Aramon a des tendances à prendre de l'expansion, en raison de ses grands rendements. Le Durif, plant très ancien et le plus répandu dans le département, doit la faveur dont il jouit, de la part des viticulteurs, à sa production assez élevée et à la facilité de conservation de son vin. Enfin, l'Alicante-Bouschet est surtout apprécié à cause de la couleur qu'il communique au mélange.

Dans les cantons des Vans, de Largentière et de Joyeuse, l'Alicante-Bouschet, l'Aramon et le Jacquez sont les plus répandus ; on y trouve, en outre, l'Herbemont, le Clinton, divers hybrides de Couderc (503, 4401, 7120) et de Seibel (1.128, 156, 2.007, 4643, etc..)

La qualité du produit résultant d'une telle association est aisée à concevoir, elle convient particulièrement aux habitants de la montagne qui aiment le vin chargé en couleur, astringent, un peu acide et qui composent la principale clientèle des vignerons du Bas-Vivarais.

Sur la rive droite du Rhône, depuis St Just-d'Ardèche jusqu'à Privas et Lavoulte, on trouve un grand nombre de plants, parmi lesquels dominent les Aramon, Grenache, Alicante-Bouschet, Petit et Henri Bouschet, Carignan, Cabernet, Durif, Syrah, Petit Ribier, ainsi que les producteurs directs anciens, (Clinton surtout) et modernes. Les 1, 128 et 156 de Seibel sont encore très répandus et ne cèdent que lentement le terrain à des hybrides plus récents, comme les 1000, 2007, 4643, 5163, à raisins noirs, et 4986, 5001 à raisins blancs. Le 7120 prend une place de plus en plus grande. On l'associe généralement à l'Aramon, afin d'obtenir un vin plus coloré et plus riche en alcool, livré au commerce et consommé en dehors du département.

Enfin la clairette, ou olivette, se trouve dans toute la région méridionale du Vivarais.

Dans l'arrondissement de Tournon, la vigne donne des produits très différents, suivant sa situation. Sur les plateaux d'Annonay, où elle n'occupe qu'une petite portion du territoire, le Gamay, la Syrah, le Durif, la Mondeuse, sont les variétés françaises dominantes ; mais, de plus en plus, on fait appel aux nouveaux hybrides tels que les Seibel : 1, 2 ; 128, 156, 1000, 2003, 2007, sans toutefois délaisser le Noah, encore très estimé, en raison de la régularité de sa fructification, ni le Jacquez qui occupe également une place importante.

Plus favorisées au point de vue naturel, les Côtes du Rhône produisent les vins fins de *St-Péray* et de *Cornas*, réputés, à juste titre, pour leur bouquet, leur richesse alcoolique et leur bonne conservation.

Le St Péray est obtenu avec deux cépages blancs cultivés surtout dans un îlot calcaire rendu célèbre par le château de Crussol :

1°. — La Roussanne, ou Roussette, plant de 2me époque donnant un vin mœlleux, fin, mais produisant relativement peu.

2°. — La Marsanne, ou Roussette de St Péray, un peu plus tardif et plus fertile, mais donnant un vin moins délicat que le précédent. On lui réserve les côteaux bien exposés pour favoriser sa maturation.

Très souvent on associe les deux variétés afin d'obtenir un rendement convenable et un produit de bonne qualité.

Portant le nom d'une localité voisine de St Péray, le « *Cornas* » est obtenu exclusivement avec la Syrah greffée sur le Riparia Gloire qui s'adapte parfaitement au sol et présente une grande affinité pour le greffon.

Avant la plantation, le terrain est défoncé à environ 0 m 80 de profondeur. Les pieds sont placés à 1 m. les uns des autres 'en tous sens. On leur

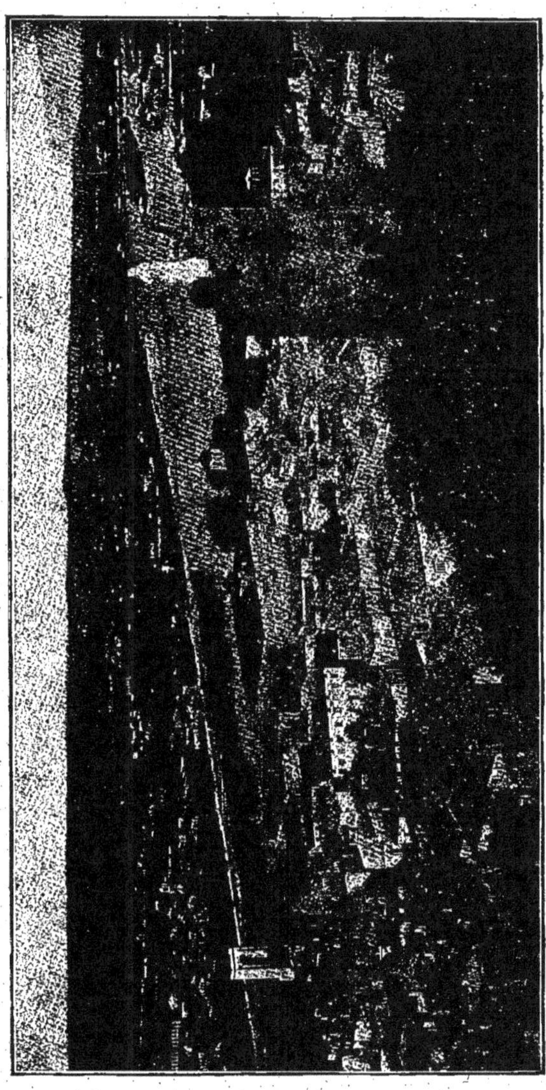

Vue générale de Tournon (Côté sud) (Revue économique et financière)

applique la taille à long bois ou à arçon, en raison de la vigueur que présente la Syrah, dont la fertilité est faible.

Les vignes sont l'objet de soins très attentifs, chaque vigneron mettant son point d'honneur à les avoir plus belles que ses voisins.

On vendange lorsque les raisins sont complètement mûrs et le moût est soumis à la fermentation naturelle, dans des cuves ouvertes, pendant 15 jours environ.

Le vin obtenu titre de 9 à 13° selon les années. D'abord un peu dur, il ne tarde pas à acquérir les vertus qui lui assurent un débouché avantageux.

Plus au nord, sur la rive droite du Rhône, aux limites de la Loire, on fabrique, avec le Viognier, un vin blanc d'une remarquable finesse et d'un bouquet exquis fort appécié des connaisseurs. Il est regrettable que cette production n'ait pas franchi les limites d'un tout petit territoire dans lequel elle est à peu près complèment consommée.

Pour la production de raisins de table, on ne cultive guère que le Chasselas, encore appelé « Aboeillonne » l'Œillade ou passerille, le muscat de Hambourg, la Madeleine Royale et la Clairette. On a tenté, à diverses époques, d'introduire des variétés de table tardives, mais sans succès. Il semblerait cependant que sur les côteaux admirablement disposés pour hâter la maturation des fruits, on put avoir d'autres prétentions que celle d'obtenir des produits ordinaires.

En résumé, l'Ardèche, sans être un département essentiellement viticole, offre à la vigne des situations très variées qui permettent de produire des vins de cru, des bons vins de commerce et des vins ordinaires, réservés à la consommation locale.

Les nouvelles plantations ont des tendances à s'étendre sur les bonnes terres destinées autrefois aux céréales. Il serait cependant sage de la part des viticulteurs de ne pas donner une trop grande expansion à cette culture dont les aléas dans le passé devraient rendre circonspect pour l'avenir.

Ils auraient intérêt à perfectionner leurs procédés de vinification, afin d'obtenir un vin de belle apparence, exempt de mauvais goût constracté pendant la fermentation ou la conservation. L'apparition des caves coopératives fait naître, à ce point de vue, les plus légitimes espérances.　　V. RICHARD.

LE CENTRE D'EXPERIMENTATION VITICOLE DE L'OFFICE REGIONAL DU MIDI A SAINT-MARCEL-D'ARDÈCHE

Notre département, qui tire de la vigne l'un de ses principaux revenus, a eu la bonne fortune d'être compris dans le plan d'organisation de « *Recherches viticoles* » élaboré par l'office régional du Midi.

Ce plan fut mis en application dès 1919 dans le domaine de M. Camille Desserre, viticulteur à St Marcel-d'Ardèche, sur la proposition de M. le Dr Marcel Astier, Président de l'office départemental de l'Ardèche et de M. Boiret, alors Directeur des Services agricoles.

Les essais se sont poursuivis depuis cette époque et se continueront dans l'avenir sous le contrôle de M. Richard, actuellement Directeur des Services agricoles, aidé de M. Desserre qui demeure toujours le collaborateur dévoué des services départementaux et de l'office.

On a voulu, par cette organisation, modèle du genre, explorer dans tous leurs recoins, les divers problèmes de la reconstitution présente et future dont la complexité déconcerte parfois nos exploitants qui n'ont guère de temps à consacrer à des recherches méthodiques parfois décevantes et toujours coûteuses.

Dans ce but, le vignoble d'expériences a été divisé en 12 parcelles dont voici la distribution :

Parcelle I.

23 espèces de porte-greffes avec 110 sujets de chaque espèce (Rupestris du Lot ; — Riparia Gloire ; — Riparia-Rupestris Couderc 3306 ; — Riparia-Rupestris Couderc 3309 ; — 106-8 ; — 420 A ; — 1616 ; — Aramon-Rupestris Ganzin n° 1 ; — Aramon-Rupestris Ganzin n° 9 ; — Mourvèdre-Rupestris 1202 Couderc, — Chasselas-Berlandieri 41-B ; — Bourrisquou-Rupestris 93-5 Couderc ; — 18804 ; — 157-11 ; — 33 E. M. : — Richter n°s 31, 99, 110 et 57 ; — 166-49 ; — 3103 ; — Jacquez ; — Riparia-Rupestris n° 101-14.

Ces porte-greffes supportent les viniféras ci-après : Gamay ; — Alicante-Bouschet ; — Ugni ; — Valdiguier ; — Grand noir ; — Carignan ; — Syrah — Cabernet-Sauvignon ; — Grenache ; — Bonnette ; — Clairette ; — Aramon ; — Cinsaut.

Le sol de cette parcelle est moyennement calcaire (15 à 25 p. 100 suivant les endroits). On y étudie le degré de résistance au calcaire, l'affinité du porte-greffe avec chaque greffon, l'action des engrais et la résistance aux diverses maladies.

Parcelle 1 bis.

Trois porte-greffes (101-14 ; — 1202 ; — 3309) supportant 5 variétés de greffons savoir : Valdiguier ; — Grand noir ; — Aramon ; — Olivet ; — Cabernet-Sauvignon.

Mêmes recherches que dans la parcelle 1.

Parcelle 2.

Comprend 18 variétés d'hybrides *greffés*. Ces hybrides sont : 4.633-S. ; — 162 5. C. ; — 5.061-S. ; 4.995-S. ; — 4.964-S. ; — 7.120-C. ; — 5.163-S ; — 106-46 C. ; — 5.181-S. ; — 2.660-S. ; — 128-S. ; — 4.697-S. ; — 563 ; — 2.007-S ; 1.000-S. ; 1-S. Les porte-greffes sont les mêmes que ceux de la parcelle 1.

Le but des essais est le même que celui poursuivi dans les parcelles 1 et 1 bis.

Parcelle 2 bis.

Six variétés d'hybrides *non greffés*, savoir : 7.106-C. ; 7.120-C. ; — 1.077-S. ; 503 ; — 132-11. C. ; — 1-S.

Ici l'on s'occupera de la résistance au calcaire et à la sécheresse.

Parcelle 2 ter.

Complantée en 7.120 Couderc sur Rupestris du Lot (300 pieds).

Parcelle 3.

Comprend 3.500 pieds et 3 porte-greffes (93-5-C. ; — 3.309-C. ; —

101-14.) supportant 8 variétés d'hybrides : 5.001-S. ; — 106-46-C. ; — 5.061-S. ; — 7.120-C. ; — 4.986-S. ; — 4.643-S. ; — 157-G. ; 4.669-S.

On y suit de près les questions suivantes : affinité et adaptation ; résistance aux maladies ; production intensive et influence sur la qualité, etc.

Le sol renferme 16 p. 100 de calcaire.

Parcelle 4.

1250 pieds de 3309 Couderc supportant plusieurs variétés de Viniferas : Dattier ; — Valdiguier ; — Aramon ; — Alicante ; — Grenache ; — Ugni ; — Clairette ; — Chasselas ; — Roussette ; — Châteauneuf ; — Sémillion ; — Terret blanc. — Le tout en sol fertile à 15 p. 100 de calcaire.

Il s'agit cette fois de mettre notamment en lumière l'influence des diverses méthodes de « *taille* » sur le rendement. On y voit : la taille en gobelet avec échalas de 1 mètre ; la taille Royat cordon unilatéral sur 2 fils ; la taille Guyot sur 3 fils et la taille Guyot double ou taille de quarante sur 4 fils.

Parcelles 5 6-7.

Terrain très calcaire complanté en trois porte-greffes franco-américains à haute résistance au calcaire greffés avec viniferas ; espacements variables.

Parcelles 8 et 9.

Terres épuisées, à sous-sol rocheux, garnies par le 1000 de Seibel, plant direct.

Parcelle 10.

Supporte 30 espèces de porte-greffes « *pieds-mères* » soigneusement sélectionnés, absolument authentiques.

Parcelles 11 et 12.

On y voit 3000 pieds de Rupestris du Lot greffés en viniferas, le tout en terrain léger, bien orienté. On y tentera des essais de surproduction.

Le total de l'expérimentation porte, à ce jour, sur 30.000 souches environ, plantées dans un ordre rigoureux et avec un étiquetage soigné.

Bien entendu, chaque année, il a été dressé et il sera dressé, pour les essais récents, un tableau très détaillé indiquant toutes les observations faites et les résultats obtenus. On ne saurait reproduire ici ces tableaux qui ont trouvé d'ailleurs place dans les brochures publiées par les soins de l'Office agricole du Midi que l'on pourra consulter.

Notre but, en rédigeant cette courte notice, a été de faire connaître à tous, l'existence du Centre et la nature des importants travaux qui y sont poursuivis.

Ceci dit, nous adressons une pressante invitation à nos amis les viticulteurs pour qu'ils prennent la peine de venir en personne, crayon en main, relever toutes les notes qu'il leur plaira, afin d'éviter de coûteuses écoles dans leurs plantations futures. Le grand Livre de la Nature sera là, ouvert devant eux, livrant peu à peu ses secrets devant l'obstination patiente des chercheurs. Qu'ils y puisent largement et les sacrifices consentis par l'Office seront alors amplement compensés par l'accroissement du bénéfice résultant d'une meilleure orientation de notre viticulture ardéchoise.

(D'après les notes fournies par M. Camille Desserre, viticulteur à St Marcel-d'Ardèche).

LA VINIFICATION DANS LE BAS-VIVARAIS

Le passé. — Le présent.

L'encépagement d'autrefois et celui d'aujourd'hui. — Caractéristiques des vins actuels et débouchés. — Conseils pour le présent : vinification rationnelle des viniferas en rouge, vinification en blanc, vinification du Clinton, du Jacquez et des hybrides.

Dans cette région de l'Ardèche méridionale qui va de Villeneuve-de-Berg aux Vans, en passant par Aubenas, Largentière, Vallon et Joyeuse, la vigne se trouve plantée sur une surface d'environ 8.000 hectares fournissant actuellement, bon an mal an, une production de 3 à 400.000 hectolitres de vin rouge ordinaire de consommation courante.

Les cépages d'autrefois.

Autrefois, avant le greffage, cette région produisait du vin en bien moins grande quantité. D'abord, les viniferas locaux francs de pied étaient plantés surtout dans les côteaux secs plus ou moins calcaires ou siliceux, ce qui ne poussait pas précisément à l'abondance comme aujourd'hui. De sorte que, dans certaines années, favorables à la maturité des raisins et à la température des fermentations, les produits obtenus étaient plus fins et plus bouquetés que ceux d'aujourd'hui. Et puis, il y avait l'influence du cépage lui-même : « Le Cépage fait le génie du vin, a écrit le Dr Guyot. » Et ces cépages ardéchois, c'étaient, s'il nous en souvient bien :

La Syrah, qui constituait le cépage de choix pour nos côteaux et donnait un vin très fin de bonne qualité, surtout à la 2e et 3e année ;

Le Petit Ribier. Le plus cultivé autrefois, recherché pour sa fertilité, son vin léger, excellent, à goût agréable ;

La Blavette (sorte de Picpoul), cultivé sur les côteaux secs, à grand rendement, fournissant un vin clairet et pétillant.

Le Maréchal (Chatus d'Espagne). — Ressemblant au Mourvèdre ; vin léger et peu alcoolique ;

La Passerille (œillade). — Très répandu naguère dans toutes les côtes à bon vin ; vin léger et parfumé.

Le Chatus. — C'est celui que l'on voyait dans les Grès (régions de Largentière, Joyeuse) et dont le vin se conservait bien ;

Le Pougnet, — qui donnait un vin excellent, de bonne conservation à cause de son acidité (maturité tardive) ;

L'Alicante (véritable Grenache). — Un des plus répandus à cause de la finesse de son vin ;

Les Grecs blanc et rouge. — Se rencontraient souvent ; bon vin blanc sec et alcoolique ;

La Bonne Viluegne. — Excellent vin blanc alcoolique (calcaires et grès);

associé parfois, dans la cuve, au Muscat et au Grec.

La Raisaine. — Etait recherché pour sa fertilité et son vin blanc.

Le Picardan. — Se rencontrait très fréquemment dans les calcaires plus ou moins marneux ; bon vin alcoolique ;

La Clairette. — Donnait un vin blanc très apprécié.

Le Muscat blanc. — Produisait les vins blancs alcooliques et parfumés de la région méridionale, en mélange souvent avec la Clairette.

Le Vin d'autrefois.

Mais, malgré cette gamme de précieux cépages, sélectionnés et adaptés, merveilleuse matière première à mettre en œuvre, le vin de nos anciens n'était pas toujours parfait, loin de là. Le Cépage fait bien le Génie du Vin, c'est vrai ; mais, le Dr Guyot ajoute : « Les soins qu'on lui donne développent ses qualités ». Il y a donc autre chose que le cépage et c'est pour cela que nous disions plus haut que, dans le passé, on ne pouvait vraiment espérer avoir quelque chose de bon que dans les années favorables à la maturité et à la fermentation. On faisait donc le vin « à la bonne franquette », ce qui veut tout simplement dire : écraser le raisin et le laisser fermenter au petit bonheur. Dans ces conditions, pour peu que l'état de la vendange laissât à désirer et que la chaleur des cuvées fût trop grande, on avait, même avec un bon cépage, un produit défectueux. Cela se voyait assez souvent et cela se voit encore, hélas ! En voulant laisser agir Dame Nature toute seule on annihilait parfois le « Génie » des bons cépages. Ajoutons à cela la malpropreté de la cave, de la cuve et des tonneaux qui venait jouer son rôle néfaste et parfumer le vin d'un goût peu attirant de moisi, de sec, d'aigre, de croupi, etc., n'ayant rien de commun avec un bon petit bouquet authentique. Dans ces conditions, c'était le hasard seul qui était le maître de la situation et qui nous donnait de temps à autre quelques bonnes années de crus locaux.

Avec l'arrivée de la peste phylloxérique, le décor, — (nous voulons dire, le cépage), — change, mais les procédés de transformation de la vendange n'évoluent que lentement.

Les Cépages de la crise phylloxérique :

Avant de greffer, on commence par adopter, faute de mieux, comme producteurs directs :

Le *Clinton* (rouge) et le *Noah* (blanc), tous deux au vin foxé ;

Le *Jacquez*, au vin malade de naissance, cassant de peur au contact de l'air, avec une couleur peu réjouissante d'un noir violacé.

L'*Herbemont*, le seul de ces premières acquisitions donnant un vin présentable ;

Enfin, les :

Taylor, Isabelle, Concord, Brandt, Othello, Cuningham, Secrétary, etc., sur les vins desquels nous n'insisterons pas.

C'est surtout avec ces raisins-là, à goût plus ou moins étrange et dénué parfois de toute finesse, qu'il aurait fallu mettre en œuvre nos méthodes actuelles de vinification, car là le « Génie » du cépage n'existait pour ainsi dire plus. Mais, ces méthodes étaient encore dans l'enfance et réduites aux essais de laboratoire, puisqu'il faut arriver à 1900 pour commencer à voir, dans notre région, l'application du *bisulfitage* et de l'*acidification*.

Toutefois, dès les premiers essais de vinification des producteurs directs anciens (*Clinton* et *Jacquez*), on comprit heureusement qu'en attendant la venue des bonnes méthodes modernes, il fallait aviser et empêcher, dans une certaine mesure, la dépréciation de nos anciens crûs locaux.

Le *Clinton*, roi dans les sols profonds et frais, fut laissé tel quel, son vin étant en somme bien constitué comme alcool et couleur et son goût foxé ne rebutant pas la consommation locale représentée surtout par la population agricole de la montagne (Hauts-Plateaux cévenols).

Quant au *Jacquez*, on commença à le greffer et on fit appel, pour cela, à quelques-unes de ces bonnes vieilles espèces de pays qui furent reproduites par greffage en raison de leurs réelles qualités. On abandonna cependant les viniferas les plus fins à production réduite parce que la mode était déjà à la quantité et à la couleur.

C'est ainsi qu'on greffa : la bonne Raisaine (un des premiers dont on se servit alors pour reconstituer) ; — le bon Pougnet, au vin excellent ; — la Clairette et le Muscat, au vin apprécié et bouqueté ; l'Œillade, au produit parfumé, le Chatus et le Grenache, au vin généreux ; enfin, encore un tout petit peu de Syrah.

Parallèlement, on introduisit, toujours par le greffage, de nouvelles espèces, comme ,

La *Côte rouge*, qui se greffe beaucoup pour son vin d'une belle couleur quoique peu alcoolique ;

Le *Cahors ou Malbec*, qui a une tendance à se propager encore de nos jours ;

Le *Durif*, qui fut recherché précisément à cause de l'abondance de son produit qui est, par ce fait, de qualité fort inférieure.

Le *Gamay*. — Bon vin dans son pays d'origine, le Beaujolais, mais pas chez nous, parce que trop précoce.

L'*Aramon*. — Vin d'abondance.

L'*Alicante-Bouschet* et le *Petit-Bouschet* aux vins colorés ;

Le *Carignan*. — Vin de qualité.

Donc, pendant cette première période de la lutte anti-phylloxérique, les vins de notre région étaient composés de Jacquez et Clinton (purs ou mélangés avec les greffés), de Durif, Côte-rouge, Cahors, Gamay, Syrah, le tout amélioré çà et là par la présence des anciens cépages locaux (Pougnet, Clairette, Muscat, Raisaine, Œillade, Chatus) et du Carignan.

D'autre part, comme pendant cette même période initiale de la reconstitution, on recherchait plutôt l'abondance, la vigne descendait peu à peu du côteau vers la plaine, toujours au détriment de la qualité du vin.

Une fois ces deux stades franchis : importation des premiers producteurs américains et greffage de quelques viniferas anciens locaux ou introduits, on fait une place aux premiers numéros hybrides obtenus par nos remarquables chercheurs d'Aubenas : M. M. Couderc et Seibel.

On voit alors apparaître les vins des n°⁵ 4401 et 503 de Couderc et ceux des n° 1, 128 et 156 de Seibel.

M. Couderc, dans son catalogue indique lui-même : *n° 4401*. — Vin très coloré, un peu plat.

N° 503. — Vin médiocre et excellente eau-de-vie.

Nous verrons plus tard que les dernières créations de Couderc constituent un grand progrès au point de vue de l'obtention de bons vins.

Quant aux n°⁵ *1. 128* et *156* de Seibel, ils vont nous permettre au lendemain de la crise phylloxérique d'obtenir des vins acceptables, le n° 1 pour ses qualités d'ensemble et le 128 et 156 pour leur intensité colorante.

Et ainsi la reconstitution s'acheva peu à peu, avec le concours des espèces diverses sus-indiquées, nous rendant à l'hectare, plus de vin qu'autrefois.

Les Plantations actuelles ; Les vins d'aujourd'hui

Aujourd'hui le courant est donné et on continue à viser, dans la Basse-Ardèche à la production de vins rouges colorés et moyennement alcooliques.

Pour cet objectif, on a recours en ce moment plus que jamais à l'*Aramon* (le gros producteur du Midi), à l'*Alicante-Bouschet* et au *Gros-Noir* (pour la coloration), au *Cahors* et enfin au *Durif*. L'aramon tend à dominer.

Le *Carignan* est moins en faveur à cause de sa grande sensibilité à l'oïdium, mais on en greffe encore un peu pour la qualité reconnue supérieure de son vin.

On ajoute à tout cela encore de petites quantités de *Petit-Ribier* et de *Pougnet*, ces deux bonnes vieilles acquisitions d'autrefois qui ont surnagé.

Comme viniferas blancs, nous ne pouvons que signaler avec plaisir la continuation du greffage de la *Raisaine* ardéchoise, déjà signalée plus haut, et aussi de la *Clairette*. Encore deux bonnes acquisitions anciennes qui n'ont pas voulu mourir tout à fait et dont le vin est réellement agréable. — La *Raisaine* est mise souvent dans la cuve à vin rouge et fait un ménage forcé avec le Jacquez et le Clinton donnant ainsi un vin plus léger et diminuant l'intensité du fox.

De leur côté, les hybrides Seibel et Couderc plus récents se sont fait peu à peu une place honorable et justifiée dans l'encépagement actuel et leurs vins se marient agréablement avec ceux des viniferas.

C'est ainsi que nous voyons le n° *1 de Seibel* toujours en faveur à cause de son bon vin. Mais comme il est un peu faiblard dans certains sols on le plante maintenant tout greffé soit sur Rupestris du Lot soit sur Couderc 3309.

Un des favoris du moment, c'est le célèbre n° *7120 de Couderc* qu'on plante aussi tout greffé (sur 3309 ou 93-5 Couderc). — M. Couderc, lui-même, nous dit à propos du produit de 7120 ; « Vin directement marchand à couleur vive et franche, semblable à un beau vin de Carignan. »

Et, le croirait-on ? le Clinton, l'ancien roi de la première heure au moment de l'invasion du terrible puceron américain, le Clinton

(plus ou moins mélangé), tout comme le « Veau d'or » est toujours debout !
On s'est habitué de plus en plus sur les hautes cimes montagneuses (Ste
Eulalie, le Béage, St Cirgues, St Etienne-de-Lugdarès, Mézilhac, Lachamp-
Raphaël) et même ailleurs, dans d'autres départements, à ce goût de fox,
tellement habitué que parfois on ne s'en aperçoit plus. Oui, le clinton se
plante encore dans quelques bas-fonds méridionaux, le long des rivières
ainsi que dans la demi-montagne à l'extrême limite de culture de la vigne
(région d'Antraïgues, Thueyts, Montpezat, Burzet). On a étendu du reste
progressivement l'aire de son adaptation en le plantant greffé comme un vul-
gaire vinifera (sur 3309 ou sur R. du Lot). Quant à son goût de fox, il est
devenu facile à supprimer par une vinification spéciale dont nous aurons à
parler bientôt.

Le degré alcoolique de nos vins actuels varie suivant les années, la situation et l'encépagement de 7°.5 à 9° pour les viniferas et de 9° à 11° pour le
Clinton pur ou en mélange.

La consommation de ces vins se fait en partie sur place d'abord dans
les lieux de production et ensuite dans la partie du département où la vigne est inconnue (Hauts-Plateaux). L'excédent s'en va dans le Lyonnais,
la Loire, la Haute-Loire, la région parisienne et l'Est de la France. Les expéditions sont faites par le commerce local et sont très actives dans les centres de Vallon, Joyeuse, Rosières, Lablachère, Les Vans, Aubenas qui ex-
pédient par les gares P. L. M. de Beaulieu-Berrias, Ruoms, Uzer, Voguë,
Aubenas et Largentière.

Voilà pour le présent. Et, sans plus nous attarder dans la contempla-
tion stérile du passé, voyons ce qui nous reste à faire pour perfectionner
nos méthodes de vinification.

L'objectif à viser sera donc simplement l'obtention, chaque année, d'un
bon vin fruité, à saveur franche, pouvant se conserver sans crainte. On se
rappelera notamment que les mauvais vins défectueux pèsent lourdement
sur le marché en avilissant les cours et qu'il faut à tout prix éviter leur altération probable.

Certes, avec l'organisation nouvelle des « *Caves coopératives* » qui se
sont installées dans notre Ardèche méridionale et dont il sera question dans
une étude spéciale, la vinification rationnelle aura franchi un pas décisif, ce
qui aboutira, en fin de compte à la présentation au commerce de produits
satisfaisants. Mais en attendant que chaque commune viticole ait sa cave
coopérative, il restera encore pas mal de vignerons isolés, jaloux de leur
terroir, qui devront s'efforcer d'imiter les méthodes œnologiques de la grande
fabrication en commun. C'est à ces derniers, encore fort nombreux, que
nous croyons devoir consacrer la dernière partie de notre exposé.

LA VINIFICATION RATIONNELLE

A. — *Traitement des vendanges de Viniferas* (en rouge).

1°) *Hygiène préventive.* — Le vigneron devra en premier lieu assurer
une rigoureuse propreté de la cave et du matériel. Sans cela on ne peut ré-

pondre de rien même avec de la bonne marchandise à transformer. On ne saurait croire en effet combien le vin est un liquide d'une délicatesse extrême, sensible aux moindres influences. Par conséquent, n'entreposons pas dans la cuve de denrées qui s'altèrent parfois et deviennent malodorantes (pommes de terres, betteraves, légumes divers. etc.). Surtout considérons les écuries comme un mauvais voisinage pour la cave à cause des émanations du fumier. Craignons comme le feu cette odeur spéciale de cave mal tenue qui est due souvent aux moisissures des murs et du bois entretenues par l'humidité et l'obscurité. Le vin ne pourra à son tour que s'imprégner de cette odeur détestable. Un badigeonnage des murs à la chaux ne coûte pas cher et évite cela en détruisant les moisissures. Au besoin, on fera brûler un peu de soufre. Pas de mares d'eau croupie au milieu ! Une cave n'est jamais trop propre.

Quant au matériel, il sera passé soigneusement en revue pour recevoir des soins appropriés suivant le cas :

Les tonneaux *neufs* doivent être affranchis à l'eau bouillante salée avant de s'en servir. — Les cuves en maçonnerie, revêtues de ciment, qui servent pour la première fois devront également être affranchies par plusieurs badigeonnages avec une solution d'acide tartrique à 20 p. 100, effectués trois à quatre mois avant la vendange.

Quant aux fûts *usagés*, ils peuvent révéler des goûts anormaux quand on les sent par la bonde (goûts de sec, de moisi, de croupi; etc) ; ces goûts sont capables de passer dans le vin. Aussi faut-il désinfecter ces fûts par deux lavages successifs : l'un avec de l'acide sulfurique (1/2 litre d'acide pour 10 litres d'eau) et l'autre avec une solution de cristaux de soude (1 kilogr. de cristaux pour 10 litres d'eau). A défaut de cristaux, on préparera à la ferme une bonne lessive de cendres de bois, ou bien on emploiera la chaux vive (1 kil. pour 10 litres d'eau). La désinfection ainsi faite est naturellement suivie de copieux rinçages à la chaîne avec de l'eau ordinaire. On peut aussi désinfecter par des jets de vapeur, si l'on possède une étuve spéciale.

Du reste, pour empêcher un tonneau vide de contracter un mauvais goût, il n'y a qu'à le remplir d'une atmosphère de *gaz sulfureux*. Ce gaz est simplement obtenu en faisant brûler une mèche soufrée à l'intérieur du tonneau.

La cuve en bois est également brossée énergiquement avec une lessive de soude, puis bien rincée.

Une fois la cave et les ustensiles en état, toutes les préoccupations devront se tourner vers la conduite de la *fermentation* qu'il ne faut nullement abandonner au hasard si l'on veut développer les qualités du cépage.

2°) *Conduite de la fermentation.* — Nous nous voyons, à ce sujet, obligés d'entrer dans quelques explications théoriques que nous donnerons aussi simplement que possible.

Les travaux des grands savants comme Pasteur et ses continuateurs nous ont montré qu'au moment de la vendange, les grappes de raisins sont recouvertes d'une sorte de poussière renfermant toutes espèces de germes ou semences de végétaux microscopiques. Ces germes, une fois la vendange écrasée, vont se trouver en contact avec le jus de raisin et la lutte pour l'existence va commencer pour eux. En effet la fermentation n'est pas autre chose qu'une végétation comme celle du blé, de la vigne, etc. Les germes les plus forts prendront le dessus, anéantissant les autres et il se produira une sélection naturelle selon la loi de Darwin. Or le vigneron doit savoir qu'il existe de *bons* germes qui sont chargés de transformer le sucre du moût en alcool (*levures elliptiques*) et de *mauvais* germes (levures sauvages, moisissures, germes de maladies). Il faudra donc absolument favoriser l'action des bonnes levures de façon à paralyser les mouvements des mauvais germes. Tout le secret de la réussite est là : ne pas se croiser les bras devant cette lutte sournoise et acharnée qui va s'opérer dans la cuve.

Que faire donc pour favoriser la bonne graine : nous voulons dire la bonne levure elliptique ? Et bien ! tout comme pour le grain de blé pour lequel il faut d'abord préparer convenablement le terrain, arrangeons-nous pour que le moût de raisins soit constitué normalement quel que soit l'état de la vendange.

En premier lieu assurons au moût une *acidité* suffisante.

Il est démontré en effet que les moûts acides sont favorables à la bonne levure et qu'ils entravent au contraire la pullulation des mauvais germes de maladie (*casse* et *tourné*).

Or, dans notre Basse Ardèche, nous aurons toujours intérêt à laisser le plus possible notre raisin sur souche pour lui permettre d'acquérir la maturité complète, ce qui nous donnera le maximum de sucre et par conséquent la plus grande richesse alcoolique possible ainsi que les plus hauts prix à la vente. C'est donc la méthode des vendanges tardives qui est à préconiser.

Mais alors qu'arrive-t-il ?

Pendant que nous gagnons du sucre par la maturité, nous perdons précisément cette acidité indispensable à la fermentation normale. Si l'on n'intervient pas, le vin pourra alors dans ce cas être sujet à ce fameux accident assez fréquent par ici et qu'on appelle la *casse noire* ou *bleue*.

L'acidité en effet, non seulement favorise la fermentation, mais encore c'est elle qui conserve le brillant de la couleur rouge du vin. Il en résulte que les raisins qui manquent d'acidité donnent naissance à un vin qui, bien joli dans la cuve, ou dans le tonneau, deviendra noir-foncé au contact de l'air.

Nous n'avons donc qu'à rétablir à la cuve l'acidité qui manque au raisin. C'est ce qu'on peut faire de deux façons : soit en ajoutant de l'*acide tartrique* pendant la fermentation, soit en incorporant dans la cuvée des *grapillons verts*.

L'*acide tartrique* du commerce est précisément extrait du tartre ou bitartrate de potasse (*grèse*) qui se dépose à l'intérieur des tonneaux et cuves. C'est donc, en quelque sorte, un produit naturel, dérivé du vin et son emploi modéré à la dose de 50 à 100 grammes par hectolitre pour les vendanges de viniferas n'offre aucun inconvénient. La dose sera d'autant plus élevée que les raisins sont plus riches en couleur (Alicante-Bouschet, Petit-Bouschet, Gros noir, etc). Pour certains hybrides teinturiers et pour le Jacquez, ainsi que nous le verrons plus loin, la quantité de 100 grammes pourra être dépassée de beaucoup.

Quant aux grapillons verts, ils sont en effet, de par leur nature même, fort riches en acidité naturelle et il est très logique de les incorporer à une vendange lorsque celle-ci est trop mûre. Seulement, pour que ces grapillons produisent un effet vraiment utile, il faut absolument les récolter à part, les écraser séparément d'une façon complète et ne les jeter dans la cuve qu'après.

Il est bien entendu que dans les années froides et humides, plutôt rares chez nous, où le raisin sera insuffisamment mûr, il y aura de l'acidité en quantité suffisante, parfois même en excès au début puisque les vins obtenus dans ces conditions ne sont pas agréables à boire tout de suite à cause de leur acidité. Ces vins, que l'on appelle des *vins verts* sont du reste exempts de casse et de tourne et se conservent fort bien, preuve nouvelle du rôle important de l'acidité (naturelle ou acquise) pendant la fermentation.

Voilà pour le premier facteur utile à la levure.

En second lieu, notre végétal alcooligène a besoin, pour se multiplier en abondance, c'est-à-dire pour produire à son tour d'autres levures qui renforceront l'action des premières, il a le plus grand besoin, disons-nous, d'*air*, mais seulement au début de son existence. Ensuite, quand il se sera bien multiplié, il se rabattra, pour se nourrir, sur le sucre qui lui est offert. Or, au début, notre corps d'armée de bonnes levures ne pourra lutter contre les mauvais ferments que s'il est composé d'un nombre très grand d'individus se prêtant un mutuel appui. Nous ferons donc pulluler notre ferment elliptique en lui donnant de l'air en masse et, pour cela, nous aèrerons le moût, au moins une fois par jour, sinon deux, en le faisant couler quelques instants par le robinet de la cuve pour le reverser en pluie à la partie supérieure. C'est ce qui constitue le *remontage du moût*, à pratiquer les trois ou quatre premiers jours.

Toujours comme pour le plant de blé que l'on réconforte par de bons engrais, voilà donc notre semence alcoolique fortifiée par l'acidité du milieu et par l'action bienfaisante de l'oxygène de l'air. Mais nous savons que la plante de blé a besoin aussi pour se développer d'un peu de soleil qui lui donne la chaleur nécessaire. Or notre levure a besoin également d'un peu de *chaleur*, pas trop cependant, pour prendre le dessus sur ses germes concurrents.

Veillons donc avec soin à la *température* de la cuvée. C'est entre 20° et 25° que la levure travaillera le mieux chez nous.

S'il fait trop chaud (plus de 30°) ou bien trop froid (moins de 20°) le ferment alcoolique s'engourdit, il reste du sucre indécomposé, et les germes de maladie se multiplient ce qui rend le vin doux et sujet par la suite à de nombreuses altérations.

Donc lorsqu'on s'aperçoit d'un arrêt de fermentation, toujours préjudiciable, il faut en rechercher la cause dans une température défavorable et y remédier aussitôt.

Dans l'ensemble de la région méridionale ardéchoise envisagée, la saison des vendanges (2ᵉ quinzaine de septembre) est assez variable, parfois à température modérée et satisfaisante mais assez souvent à température trop élevée. Les températures trop basses ne se rencontrent que dans quelques années plutôt anormales et surtout à la zone limite de culture de la vigne (demi-montagne). Dans la zone à température modérée (régions d'Aubenas, Largentière) on n'aura donc qu'à intervenir rarement. Dans les parages de Villeneuve-de-Berg, Vallon, Ruoms, Joyeuse, les Vans, il arrivera fréquemment d'opérer par température un peu trop élevée. Dans ce dernier cas, en dehors des arrêts préjudiciables de fermentation, il pourra y avoir, au début par suite du bouillonnement trop intense, perte d'alcool et de bouquet par entraînement du gaz carbonique qui se dégagera en grande masse.

Lorsqu'il fait réellement trop chaud, on conseille de s'abstenir le plus possible, de vider de suite dans la cuve les cornues échauffées par le grand soleil du milieu de la journée, de pulvériser de l'eau froide sur le pourtour de la cuve, de pratiquer des courants d'air pendant la nuit. Tous ces systèmes sont plus ou moins à mettre en œuvre selon l'organisation dont on dispose. Le *remontage* journalier du moût, pratiqué comme il est dit à propos de l'aération, vient les compléter heureusement en modifiant aussi la température. Enfin, il existe actuellement un moyen plus récent encore appelé à jouer un grand rôle comme modérateur de chaleur : c'est le *bisulfitage* dont il va être question.

Exceptionnellement aux altitudes limites plus élevées (Antraigues, Thueyts, Jaujac) et dans les saisons froides on aura, logiquement, à faire le contraire de ce qui a été dit ci-dessus : encuver des raisins cueillis en plein soleil et, procédé héroïque : verser au besoin quelques bassines de moût bouillant dans la cuve.

En résumé, le mieux est de tâcher de se tenir entre 20º et 25º comme température des cuvées et de ne jamais dépasser 30º-35º. Un bon thermomètre plongé à l'intérieur de la cuvée ou dans une cornue recevant un peu de moût permettra de se rendre compte de la chose. On a introduit le thermomètre dans la magnanerie et on s'en trouve bien ; il n'y a pas de raison pour qu'on n'en fasse pas autant dans la cave.

Continuons maintenant notre comparaison. Lorsque le blé pousse, les mauvaises herbes se développent en même temps que lui et finiraient par l'étouffer si l'on ne s'efforçait pas d'amener leur disparition par les moyens appropriés. La même chose se passe dans la cuve entre les bons et les mauvais ferments. On a donc pensé, voilà déjà quelques années, à rendre les mauvais germes moins dangereux en paralysant leur vigueur de façon à permettre à la bonne levure, déjà fortifiée par l'acidité, l'aération et la température, de rester finalement maîtresse du champ de bataille.

On s'est adressé au *gaz sulfureux*, produit par le soufre qui brûle en se rappelant que depuis fort longtemps la mèche soufrée avait eu son rôle à jouer dans la conservation du vin en tonneaux. On a songé, en quelque sorte, à *mécher* la cuve en fermentation par l'emploi d'un corps pouvant dégager lui aussi du gaz sulfureux. Ce corps c'est le *métabisulfite de potasse* qui a la propriété de se dissoudre dans les liquides en laissant échapper en même temps du gaz sulfureux. Et c'est ainsi que l'on est arrivé à la méthode du *bisulfitage* préconisée par tous les savants œnologues.

Le procédé consiste simplement à incorporer à la vendange du bon métabisulfite de potasse cristallisé, pur, à des doses variant entre 10 et 20 grammes par hectolitre de vin (soit 130 à 150 Kil. de vendange).

L'introduction de ce bisulfite peut se faire de plusieurs façons.

1°) Broyer le sel avec un pilon dans une cornue, une benne; ouvrir le robinet de la cuve en plaçant la benne dessous et faire un *remontage* avec la pompe ou l'arrosoir en opérant pendant un bon moment de façon à remonter environ le quart du contenu jusqu'à ce que le moût soit presque décoloré à la sortie du robinet. Faire cela deux fois par jour en mettant la dose de bisulfite correspondant à la quantité de raisins rentrée dans la demi-journée.

2° Dissoudre le bisulfite dans des récipients non métalliques (bois, terre, verre) pleins de moût et verser la solution deux ou trois fois par jour à mesure de l'encuvage, toujours en dosant proportionnellement (10 à 20 grammes par 130-150 K. de vendange).

3°) Arroser les récipients pleins de vendanges, dans le vignoble même. Par exemple: un verre de solution de métabisulfite par cornue, la solution étant dosée à l'avance et préparée dans une futaille pleine de moût où l'on a fait dissoudre le sel sur les bases sus-indiquées. — Ce dernier mode de répartition est excellent quoique plus long. Il s'impose, en tous cas, lorsqu'on a affaire à des vendanges avariées par un commencement de pourriture ou les maladies et lorsque la chaleur est élevée.

Dans ce cas de vendanges avariées, le sulfitage *aux champs* dans les cornues sera heureusement complété par l'opération du *levurage à la cuve* dont nous aurons à parler.

Les bienfaits évidents du sulfitage pratiqué *seul* même avec une vendange saine, sont de paralyser les mauvais germes sensibles à son action, d'augmenter en outre l'acidité du milieu, chose favorable comme nous l'avons déjà dit et enfin d'abaisser la température de la cuvée en jouant le rôle de réfrigérant.

De tout cela il résulte une fermentation normale c'est-à-dire rapide et complète de la vendange saine avec des doses de bisulfite variant de 10 à 15 grammes par hectol. en température modérée.

Mais, si la pourriture, les maladies du raisin entrent en jeu ou si la chaleur est forte le sulfitage devient indispensable absolument et devra être poussé aux doses extrêmes de 15-20 gram. par hectol.

Effectivement, la fermentation de ces vendanges avariées si elle était livrée à elle-même, donnerait sûrement naissance à des vins atteints soit de *casse brune*, soit de *tourne*, soit parfois les deux ensemble.

Dans la *casse brune*, résultant de la pourriture, le vin, soutiré à l'air, prend une couleur louche (chocolat, jus de pruneau, marc de café, bouillon de châtaignes, etc.)

Le vin atteint de *tourne* devient pétillant, amer trouble, parfois avec une écume blanchâtre et en somme inbuvable. On dit alors, dans l'Ardèche, qu'il est « échaudé », qu'il a « sauté ».

Or le bisulfitage, pratiqué comme ci-dessus, prévient ces deux affections et: « mieux vaut prévenir que guérir. »

Il nous souvient, à ce sujet, que nous avons fait essayer l'emploi du bisulfite pour la première fois, en 1900, année où la vendange fut constamment arrosée par des pluies persistantes et où, par suite, la pourriture sévit d'une façon intense. Les viticulteurs qui à ce moment, voulurent bien suivre nos conseils sauvèrent tous leurs vins malades et depuis nous sommes restés un zélé partisan de la méthode que nous n'avons cessé de propager.

A l'heure actuelle, nous constatons avec plaisir que les bons vignerons n'hésitent pas à employer le bisulfitage préventif. Mais il reste encore à convaincre la masse des indécis, de timorés qui, confiant en dame nature laissent gâter leur vin par plaisir, ce qui est une hérésie économique surtout à l'heure actuelle où les prix de vente sont avantageux.

N'oublions pas que ce n'est qu'avec le bisulfitage qu'on peut faire, sans crainte, des *vendanges tardives* et que dans nos pays chauds, les vendanges tardives font les meilleurs vins à tous les points de vue à la condition d'acidifier.

Donc, bisulfitons régulièrement chaque année et nous nous en trouverons toujours bien.

Les rares échecs du procédé parvenus à notre connaissance, ont été dûs à un emploi défectueux du bisulfite : doses trop fortes ou mal réparties. D'autre part, si l'on ne pratique pas les *remontages* quotidiens ou bi-quotidiens du moût, on s'expose à donner à la cuvée un goût spécial d'œufs pourris. Ces remontages sont absolument indispensables pour éviter ce goût et pour les autres raisons importantes indiquées précédemment ; nous y insistons à nouveau.

Lorsque le raisin est sain, le bisulfitage peut déjà être considéré comme suffisant pour parer aux graves inconvénients de l'antique méthode du « laisser-faire ». Il n'y a qu'à souhaiter que son usage devienne absolument général dans le Bas-Vivarais.

Mais nous ajouterions un fleuron de plus à la couronne de nos bons ordinaires, en généralisant, d'autre part, la méthode des viticulteurs soigneux le *levurage* qui viendra superposer son action bienfaisante à celle du bisulfite.

Le *levurage* consiste tout simplement à introduire dans la vendange de bonnes levures pures tout comme celui qui sème dans son champ de la bonne graine de blé selectionnée et passée au trieur.

Depuis longtemps, dans les bonnes caves, on faisait ainsi du levurage par intuition, presque sans s'en douter comme « M Jourdain faisait de la prose sans le savoir. » On pratiquait, en effet, ce qu'on appelait le « *pied-de-cuve*. » En parcourant son vignoble, à la veille des vendanges, on choisissait une certaine quantité de bons raisins extras, biens mûrs, n'ayant pas d'altération. On les écrasait à part en recueillant le jus dans un tonneau. Lorsque ce jus ou pied-de-cuve était en pleine fermentation fortement tumultueuse on s'en servait pour arroser la vendange au fur et à mesure de l'apport dans la cuve. On devine que ce pied-de-cuve avait précisément pour rôle d'introduire de bonnes levures presque pures, en quantité.

Cette excellente méthode du pied-de-cuve pratiquée avec les *levures du pays*, n'a rien perdu de sa valeur, au contraire ; on devrait l'employer partout même dans les années normales. Elle assurera une fermentation rapide sûre, régulière, complète. On gagnera ainsi plus de couleur et plus d'alcool et de plus on exaltera les qualités du terroir d'origine ce qui donnera un vin à meilleur goût et plus fin.

Lorsque l'année sera nettement défavorable et que par suite, l'ensemble de la vendange laissera fortement à désirer comme qualité, on pourra perfectionner ce *levurage ordinaire* avec pied-de-cuve en le remplaçant par un levurage avec un *levain* composé de ferments purs et sélectionnés.

Pour faire ce levain pur, on écrasera encore une certaine quantité de raisins de façon à obtenir deux à trois litres de jus pour un hectolitre de vin à produire, ce qui représente 2 à 300 litres de jus pour une cuvée de 100 hectolitres. On fera bouillir ce moût pour détruire par l'ébullition tous les mauvais ferments qu'il contient, on le versera dans un tonneau et, lorsqu'il sera devenu tiède (entre 20° et 30°), on y introduira des *levures sélectionnées.*

Ces levures sélectionnées sont vendues par le commerce et proviennent de ferments alcooliques purs récoltés dans les régions où l'on fait de bons vins (Bordeaux, Bourgogne Champagne, Beaujolais.)

Après qu'on les a introduites dans le moût tiède, ce dernier se met à fermenter. On a alors un véritable levain ne contenant que de bons ferments avec lequel on arrose la vendange avariée.

Dans le cas de levurage avec ces *levures pures*, il faut d'abord sulfiter la vendange *malsaine*, de préférence aux champs dans les cornues ou tout de suite à la cuve et ensuite ne verser le levain que lorsque le bisulfite a commencé à faire son effet pour endormir les mauvais ferments.

Naturellement, si l'opération est bien conduite, c'est-à-dire avec un levain stérilisé préventivement, avec correction de l'acidité à la cuve et régularisation de la température, le levurage des vendanges *avariées* de pays avec du ferment sélectionné étranger (Bourgogne, Champagne, etc.) procurera des avantages incontestables en ce qui concerne du moins la marche normale et rapide de la fermentation.

D'autre part, presque toujours on constatera une amélioration du goût et parfois du bouquet. On a peut-être, au début, exagéré en ce qui concerne la manifestation de ce bouquet spécial développé dans nos cépages ordinaires par les levures de grands crûs. Nous ne pensons pas qu'on puisse faire du Bordeaux ou du Bourgogne avec notre « pinard » composé d'Aramon, Durif, Alicante-Bouschet, etc. (voir plus haut). Il faudrait, en tout cas, pour bien se rendre exactement compte avoir une *cuvée-témoin*, non levurée.

Cependant les quelques viticulteurs d'avant-garde qui ont essayé chez nous se sont aperçus que leur vin levuré possédait un caractère spécial, difficile à définir que n'avait pas le vin auquel ils étaient normalement habitués.

Il y a donc, dans cette voie, quelque chose à rechercher, chez nous comme ailleurs ; mais, nous le répétons, il faudrait pour cela des essais bien conduits qu'on n'obtient pas facilement chez nos praticiens toujours très pressés au moment de la vendange. (Voir plus loin les essais, en petit, avec la levure Romanée-Conti sur vins d'hybrides).

Quoiqu'il en soit, ce qui est certain, en ce qui concerne le *goût* et le *bouquet*, c'est que les levures des grands crûs agissent merveilleusement pour modifier l'allure des vins ordinaires faits *en blanc*, avec *débourbage préalable* C'est ainsi que ces levures modifient la saveur plus ou moins bizarre de certains hybrides et vont jusqu'à réaliser un véritable *défoxage* chez le Clinton. Nous en reparlerons tout-à-l'heure.

En résumé, les grandes règles à suivre pendant la fermentation consistent dans : l'acidification, le sulfitage, le levurage, le remontage du moût et les températures modérées.

Avec l'emploi de ces directives, la fermentation ira très rapidement et le *cuvage* sera forcément *très court*. On arrêtera ce cuvage lorsqu'en goûtant le vin on ne percevra plus de saveur sucrée.

Pour nos ordinaires courants du Bas-Vivarais qui doivent être consommés de suite et en tous cas dans l'année même, il n'y a nullement intérêt à faire un cuvage trop prolongé qui rendrait le vin beaucoup trop âpre au début par suite de l'excès de *tannin*. Ce tannin est en effet un principe astringent contenu dans la grappe (pépins) et qui se dissout dans le vin en lui donnant de l'âpreté.

Ce n'est que dans certains cas tout particuliers, lorsqu'on vise par exemple la production des vins *vieux*, bons à consommer seulement au bout de 2, 3 ou 4 ans, qu'on peut prolonger le cuvage plus longtemps parce que le tannin conserve les vins. Dans ce cas, la cuvaison s'achève à chapeau plongeant dans l'intérieur. Nous en reparlerons lorsqu'il sera question des vins de Cornas.

Le décuvage, pour nos ordinaires, se fera donc au bout de très peu de temps et le vin sera placé dans les futailles pour recevoir les soins ultérieurs.

3°) Soins ultérieurs. Si les indications qui précèdent ont bien été suivies pendant la fermentation, les soins se réduisent à peu de chose :

Tenir les tonneaux bien pleins et bonde ouverte pour permettre l'achèvement de la petite fermentation secondaire, puis dès les premiers froids de novembre-décembre pratiquer un *premier soutirage* pour séparer le vin de sa lie qui peut contenir des ferments nuisibles et donner un mauvais goût au vin. Attendre le printemps pour ce premier soutirage est une faute.

Toutefois, et nous insisterons particulièrement là-dessus, avant ce premier soutirage, il faut examiner le vin pour voir comment il se comportera une fois exposé à l'air. Cet examen s'impose absolument si l'on a omis, bien à tort, de bisulfiter et d'acidifier durant la fermentation.

Même avec le bisulfitage et l'acidification préalable à la cure, l'examen du vin à l'air sera toujours une bonne précaution car le bisulfite a disparu à cette époque et la quantité d'acide a pu ne pas être suffisante.

Cet examen est du reste très simple car il n'y a qu'à laisser une petite quantité de vin exposée à l'air dans un verre ou une assiette durant 24-48 heures. S'il y a *casse bleue* (vendange trop mûre), ajouter de *l'acide citrique* avant soutirage (40-50 gram. par hectol.). Si c'est la *casse brune* (vendanges pourries), mettre du bisulfite (6-12 gram. par hectol.) toujours avant soutirage. L'un ou l'autre remède, parfois les deux ensemble, sont ajoutés après dissolution préalable dans une bonbonne de vin et on attend pour soutirer que le vin soit clair. Ceci si l'on a le temps d'attendre. Si l'on est pressé de vendre ou de consommer, soutirer d'abord, mais à *l'abri de l'air* (siphon, pompe) dans des fûts *méchés* c'est-à-dire remplis de vapeurs sulfureuses et ajouter l'acide citrique en soutirant.

Après ce premier soutirage de novembre-décembre exécuté comme nous venons de le dire et de préférence par temps froid (vent du nord), il y a neuf chances sur dix pour que le vin soit normal et vendable.

Si par hasard la limpidité parfaite n'était pas obtenue, il y aurait lieu de procéder au *collage*.

Le collage est l'opération qui s'exécute sur les vins une fois dépouillés de leur grosse lie. Il s'emploie pour les vins louches, les gros vins trop corsés, ceux à goûts défectueux, ceux enfin qui doivent être mis en bouteilles. Il a pour but de clarifier complètement le liquide et de finir de le purger en grande partie des germes de maladies.

Pour obtenir ce résultat on doit introduire dans le vin une substance capable de se coaguler en se combinant avec le tannin du vin et de tomber ensuite au fond en entraînant toutes les matières en suspension. Les deux substances le plus couramment employées dans ce but sont le *blanc d'œuf* et la *gélatine blonde*.

Les blancs d'œufs (2 par hectolitre) sont battus en neige de façon à faire mousser. On les allonge ensuite avec un peu de vin dans un récipient et on verse le tout dans le tonneau en agitant énergiquement avec un bâton ou un fouet pendant un quart-d'heure pour bien mélanger. Puis on laisse en repos.

Pour la gélatine, on fait fondre 10-15 gram. de gélatine par hectol. dans un peu d'eau chaude, on ajoute un peu de vin et on verse dans le tonneau en fouettant énergiquement comme ci-dessus.

Quelques jours après l'opération (8-15 jours au plus) la colle est tombée au fond en entraînant lentement toutes les impuretés. Il y a donc lieu à ce moment de procéder à un soutirage supplémentaire pour éliminer le dépôt.

Ces soins étant donnés courant novembre-décembre, il n'y aura plus ensuite qu'à boucher la futaille et à la maintenir toujours complètement remplie durant tout l'hiver, jusqu'en mars, époque où l'on devra soutirer de nouveau en fût méché légèrement (un centimètre de mèche par hectol.).

Enfin un autre soutirage s'impose avant les fortes chaleurs de juillet (toujours en fût méché). Cela évite le fameux échaudage (tourne).

Rappelons, pour mémoire, que dans les caves un peu importantes on remplace le collage du vin par la *filtration* qui agit plus rapidement. Le vin passe alors dans des filtres spéciaux (Rojat, Simoneton, etc.) à base de toile ou d'amiante où il se dépouille de toutes ses impuretés.

Dans les très grandes caves, on pratique pour conserver le vin, le système Pasteur ou *Pasteurisation*. C'est le chauffage du vin à 65°. Il assure une conservation parfaite car il détruit tous germes de maladies. Il s'exécute avec des appareils spéciaux que l'on ne rencontre pas chez nous, qui sont coûteux mais qui permettent de chauffer rapidement de très grandes quantités de liquide.

B. — *Production des vins blancs secs (Viniferas)*

Avant le phylloxéra cette industrie était encore assez florissante dans certains tènements de la région de Villeneuve-de-Berg, Aubenas, Joyeuse. Elle s'est faite de plus en plus rare depuis la reconstitution. Toutefois nous estimons qu'on pourrait la reprendre sur bien des points en utilisant les Muscats, la Clairette et surtout la Raisaine. Le Chasselas pourrait leur être adjoint lorsque les expéditions de raisins de table sont contrariées pour une cause quelconque. Nous donnerons alors aux amateurs les conseils suivants qui leur permettront d'obtenir un bon produit :

1°) Ne pas fouler les raisins dans les comportes pour éviter de provoquer le départ de la fermentation ;

2°) Faire aussitôt ce que l'on nomme le *débourbage*, c'est-à-dire envoyer le moût dans des tonneaux méchés ou bisulfités (20 gram. de bisulfite par hectol.), toujours pour arrêter la fermentation provisoirement pendant 48 heures.

3°) Puis soutirer pour éliminer la bourbe qui s'est déposée au fond et envoyer le jus presque clair dans d'autres tonneaux non méchés en ne les remplissant pas complètement afin que les ferments restent dans le fût ;

4°) En hiver, une fois la fermentation achevée par la disparition totale du sucre, soutirer à nouveau en fût méché. Puis coller pour assurer la limpidité parfois défectueuse et qui est indispensable pour le vin blanc. Pour ce collage, on emploie 10 gr. de tannin (fondu dans l'alcool) et 10 gr. de gélatine blonde (fondue dans l'eau chaude), le tout par hectol. On brasse vivement et huit jours après le collage, une fois la colle tombée, on soutire à nouveau ; on remplit bien les tonneaux et on bouche.

On ferait encore un produit bien supérieur en ajoutant, après le débourbage, dans ce moût en partie stérilisé, de bonnes levures actives de Champagne par exemple.

C. — *Vinification des anciens producteurs directs.*

1°) *Clinton.* — Puisque cette acquisition américaine de la première heure figure toujours, non sans raison, dans notre encépagement, il sera logique de chercher à en tirer le meilleur parti possible avant de le condamner sans rémission. Il n'a en somme contre lui que son goût de fox qui rebute certains palais délicats, mais il n'en constitue pas moins une bonne matière première à transformation.

Or les procédés ne manquent pas pour corriger son goût initial et même le faire disparaître.

On peut d'abord tout simplement le vinifier en *rosé*, par une simple saignée de la cuve, laissée à robinet ouvert et en envoyant de suite le jus dans les tonneaux où se fera la fermentation.

On peut encore ajouter la vendange fraîche de clinton, non fermentée, au dessus d'une cuve de viniferas en pleine fermentation tumultueuse, ce qui constitue une sorte de pied-de-cuve avec levures de viniferas.

On peut également, pour perfectionner davantage, jeter dans chaque cornue (non foulée, non ensoleillée) avant tout départ de fermentation, de la bonne levure sélectionnée (Beaujolais, Bourgogne). Ensuite fouler en cuve, décuver le lendemain ou surlendemain et envoyer le moût dans des futailles pour l'achèvement de la fermentation.

On peut enfin débourber par *sulfitage* (voir vinification des vins blancs) puis ensemencer avec des levures pures de Bourgogne ou Beaujolais ou tout simplement avec un bon pied-de-cuve de viniferas français de pays.

2°) *Jacquez.* — Nous serons moins indulgent pour le Jacquez producteur direct quoique son vin n'ait pas de goût foxé. A moins de le greffer, il faut cependant tirer partie de ce vin. Son immense défaut, sa tare originelle, c'est sa casse bleue intense que l'on ne peut éviter que par des doses absolument massives d'acide tartrique employé pendant la fermentation. Ces doses varient de 100 à 300 grammes par hectol. suivant que le Jacquez sera en proportions plus ou moins grandes dans la cuvée, la dose maxima étant nécessaire pour le Jacquez vinifié seul.

D. — *Vinification des nouveaux hybrides Seibel et Couderc.*

M. Seibel est partisan, pour ses hydrides, du bisulfitage et de l'acidification ainsi que du levurage avec pied-de cuve. — Il nous signale comme intéressants les vins du n° 1, du 128, du 156 (déjà connus), et aussi ceux des 5163, 5455, 4643 (plus récents, en rouge). — Le n° 1000, en côteau, donnerait un très bon vin (en rouge et en blanc). — Le n° 1077 fournit un vin teinturier ainsi que 4646. — Le n° 4636 (à jus incolore) produit un vin à goût de vinifera. — Enfin, en raisins blancs, nous avons le 4986 dont le vin exposé au concours de Prime d'honneur de Privas (en 1926) par M. Coste, viticulteur de la région d'Aubenas, a obtenu un premier prix dans la section des vins d'hybrides.

M. Couderc donne, pour ses hybrides récents, le conseil de faire fermenter en cuve jusqu'aux dernières traces de sucre. Les raisins de ses hybrides sont dit-il, moins riches en tannin (ce tannin existant surtout dans les pépins). Il faut donc, ajoute-t-il, par une cuvaison prolongée dissoudre ce tannin. Cela suffit comme méthode de vinification. — M. Couderc signale tout particulièrement les vins de 7120 et n° 3 (en rouge) et le n° 13 (en blanc).

M. Habauzit, viticulteur, qui possède dans les environs d'Aubenas, un vignoble complanté des principaux hybrides, en a vinifié quelques-uns séparément. Il veut bien nous indiquer :

Couderc 7120 (en rouge). — Essai portant sur 20 hectol. vin couleur rouge-vif, à saveur franche, 11° en 1925. — On a adopté, pour cet hybride, le cuvage prolongé afin d'obtenir la couleur et le maximum de rendement à cause de la pulpe qui est un peu élastique (Il a fallu néanmoins 150 kil. de vendange pour 1 hectol. de vin). — Ce n° 7120 donne également une bonne eau-de-vie de piquette.

Couderc 198.21 (en rouge) . — A donné 6 hectol. de vin rouge de bonne qualité; 11° belle couleur ; à goût fin de vinifera.

Seibel 4986 (blanc), — A fourni 5 hectol. d'un très bon vin blanc.

Nous avons nous-même suivi avec le plus haut intérêt les petits essais de vinification entrepris par M. Marnas, professeur de sciences, dans sa propriété de St Sernin où il possède une collection d'hybrides. Ces essais qui sont plutôt des travaux de laboratoire, n'en sont pas moins utiles à mentionner ici, à titre simplement indicatif et documentaire pour les directives de l'avenir.

1re *Série d'essais*. — Effectuée sur les Seibel 2859, 4986, 4991, 4964 et sur le Couderc 13. — Tous ces n°s ont été vinifiés *en blanc*, avec fermentation en dehors de la grappe. — Aucune addition de substance. — Ils ont tous donné ainsi un bon vin alcoolique, à saveur agréable en particulier pour le n° 13 Couderc et le 4986 Seibel. Ajoutons que le résultat aurait été meilleur sans doute si l'on avait pratiqué le *débourbage* préalable dont il a déjà été question.

2e *Série d'essais*. — A porté sur le 7120 Couderc et 4643 Seibel, également vinifiés en blanc mais après *débourbage* du moût au bisulfite suivi d'un levurage au « Romanée-Conti ». — Cette fois l'expérience a mis nettement en lumière l'action améliorante de la levure de crû sur le bouquet parce qu'on a pu faire la comparaison avec un témoin des mêmes n°s témoin bisulfité mais non levuré.

Nous terminons là cet exposé rapide de la situation vinicole de l'Ardèche méridionale. Puissions nous avoir convaincu les vignerons retardataires, encore enlisés dans les méthodes du passé, que le vin ne se fait pas tout seul et qu'en matière de vinification, comme dans toutes les branches de l'agriculture moderne, l'effort physique n'est pas grand chose s'il n'est appuyé par la réflexion et l'effort intellectuel.

D. MUNTTVILLER

Professeur d'agriculture

de la circonscription d'Aubenas-Largentière.

VINIFICATION SPECIALE DES CRUS ARDÉCHOIS : LE CORNAS ET LE ST-PERAY

Le Cornas

Le Cornas appartient à la catégorie des vins des Côtes-du-Rhône (Côte-rôtie, Hermitage, Cornas). C'est un vin corsé, généreux, très agréable, vieillissant admirablement.

Les procédés de vinification en usage dans le pays diffèrent de ceux que nous avons indiqué pour la fabrication des rouges ordinaires de la Basse-Ardèche. Cela se conçoit car nous avons ici affaire à un crû de choix devant être consommé après vieillissement préalable.

Le cépage est la Syrah, cépage d'élite dont l'éloge n'est plus à faire et

que l'on voit encore dans quelques coins privilégiés de l'Ardèche méridionale.

Nous devons à l'obligeance de M. Bouveron, instituteur à St-Péray, les
quelques précisions qui vont suivre sur l'art de faire le vin à Cornas.

On vendange à pleine maturité. Puis, la principale caractéristique, c'est
cette fois une cuvaison *très prolongée* de 15-20 jours en cuve ouverte. Mais
dans cet espace de temps on a soin de refouler le chapeau une ou deux fois
par jour pour permettre aux principes odorants et colorés de la pellicule de
se dissoudre. C'est de cette façon qu'on arrive à obtenir le corps et le *bouquet*
caractéristique des « Côtes-du-Rhône ».

Ce long cuvage (sorte de macération avec surcharge de tannin) achevé,
on décuve en tonneaux que l'on a soin de tenir soigneusement pleins par des
ouillages répétés.

Les soins ultérieurs consistent en un premier soutirage dès l'apparition
des gros froids, suivi d'un deuxième en mars. C'est ensuite qu'on colle aux
blancs d'œufs et qu'on soutire pour la troisième fois après ce collage. Puis
vient le quatrième soutirage de l'été après lequel les futailles sont placées,
bonde de côté.

C'est ainsi que le vieillissement s'opère lentement et progressivement
par l'oxygénation constante à travers les pores du bois et par les soutirages
fréquents.

Au printemps de la 2ᵉ année, 5ᵉ soutirage, après quoi on peut déjà mettre dans les bouteilles où le vin achèvera peu à peu d'acquérir son cachet
spécial.

Le St Péray

D'après la notice de M. Bouveron, instituteur à St-Péray :

Les excellents vins blancs de St-Péray sont produits par la « Roussanne » ou Roussette, qui domine de beaucoup, vinifiée en mélange avec de
petites quantités de « Marsanne » dont le produit est plus abondant mais de
qualité moindre.

On laisse mûrir à fond et on coupe souvent fin septembre les beaux raisins dorés à jus très sucré pouvant donner des vins de 13°-14° dans certaines
années favorables.

Le jus est extrait par le passage au pressoir et envoyé dans les tonneaux.

Une fois en futailles, la technique diffère suivant les caves :

Les vignerons modernes font le *débourbage* immédiat, avant tout départ
de fermentation, avec 15-20 gram. de bisulfite par hectol. et soutirent une
première fois après un repos suffisant de 48 heures. Le moût, presque clair,
est alors placé dans des récipients de 200 litres remplis par des ouillages
fréquents.

Les vieux vignerons, ne connaissent pas le débourbage et ont l'habitude
de laisser d'abord le moût fermenter tumultueusement au sortir du pressoir,
pendant une semaine au plus. La futaille n'est pas complètement remplie
afin que l'écume, pleine de ferments, ne sorte pas par la bonde. Cette grosse

fermentation dure de 6 à 8 jours au bout desquels on soutire une première fois.

Dans l'un et l'autre procédé, les soutirages se succèdent ensuite méthodiquement, à intervalles réguliers (trois semaines en moyenne) pour éliminer le dépôt et par conséquent les levures.

A la suite de ces divers soutirages le vin devient limpide et immobile, c'est-à-dire sans trace de fermentation. Quand on ne constate plus de dégagement apparent de bulles de gaz carbonique par la bonde, on colle (avec tannin et gélatine) et on peut livrer ce vin à la consommation directe après le collage qui lui assure une limpidité parfaite.

On obtient naturellement ainsi un vin *doucereux* par suite des arrêts successifs de fermentation résultant des diverses opérations indiquées (débourbage, soutirages fréquents, collage) qui endorment ou éliminent une bonne partie des ferments alcooliques.

Les vins doucereux, non vendus en hiver, sont conservés en cave jusqu'au printemps pour la fabrication des « *mousseux* »

Dans ce but, dès les premières chaleurs on met en bouteille très solides (genre champenoise) fermées hermétiquement avec un bouchon maintenu par une simple agrafe. Les bouteilles sont couchées et rangées en hautes piles dans des caves spéciales.

La chaleur aidant, les levures restées dans le vin se réveillent et attaquent le sucre que contient encore le vin. La fermentation reprend donc dans la bouteille avec formation d'alcool et de gaz carbonique ; ce dernier se dissout dans le liquide ne pouvant trouver d'issue au dehors.

Cette phase de fermentation en bouteille dure six mois environ. A ce moment-là un léger dépôt (sorte de lie) s'est formé dans la bouteille. Il s'agit donc de décanter pour avoir un vin limpide.

La *décantation* demande un tour de main spécial que voici : Le caviste place les bouteilles « *sur pointe* », c'est-à-dire un peu obliquement et le goulot en bas, dans des casiers ou supports disposés pour cet usage. De temps à autre, on remue légèrement les bouteilles pour que le dépôt vienne lentement se poser sur le bouchon, ce qui s'obtient au bout d'un mois environ de séjour sur pointe.

Puis vient le « dégorgeage » par lequel l'ouvrier provoque l'expulsion du dépôt resté sur le bouchon en coupant l'agrafe. Ce bouchon saute naturellement sous la pression du gaz renfermé à l'intérieur en entraînant avec lui le dépôt. On bouche vivement de nouveau et l'on a un mousseux limpide « *extra-sec* ».

Mais pour plaire à la clientèle on fabrique à volonté du mousseux : *sec*, *demi-doux*, *doux*, en ajoutant dans la bouteille, après le dégorgeage, un sirop de sucre candi en quantité plus ou moins grande.

Le second bouchage définitif est fait cette fois très solidement avec un fil de fer spécial dit « *Muselet* »

On termine par l'ornementation de la bouteille, variable avec les maisons de fabrication.

. . . .

Le Cornas et le St-Péray, de qualité extra, s'écoulent facilement dans les grandes villes de France et à l'Etranger (Belgique, Angleterre, Hollande).

LES CULTURES FRUITIERES

Abricotier. — Il est peu de récoltes qui se montrent aussi aléatoires que celle des abricots ; et presque toujours aux rendements faibles correspondent les prix les plus bas.

Si on ajoute qu'une maladie, encore indéterminée, a fait disparaître, à certaines époques, un nombre considérable de sujets, il sera aisé de comprendre le peu d'empressement mis par les agriculteurs à procéder à de nouvelles plantations.

Pendant la dernière période décennale, la production annuelle d'abricots a varié de 650 à 2857 quintaux métriques.

Les principaux centres d'expédition sont : Tournon, St-Péray, Sarras, Champagne et Lavoulte sur Rhône.

La variété « Luizet » est la plus répandue, mais on trouve aussi le « Suchet » le « Poizat », « le Précoce de Montplaisir « et le « Gros Muscat ».

L'abricotier fait rarement l'objet d'une culture spéciale, il vit le plus souvent au milieu d'autres plantations avec lesquelles il partage la fumure et les façons aratoires données au sol qui leur est destiné.

Amandier. — La culture de l'amandier limitée, au nord, par une ligne allant de Bourg St Andéol aux Vans par Aubenas et Largentière, est surtout pratiquée dans les cantons de Villeneuve-de-Berg et de Vallon. Dans le reste de la Basse-Ardèche il n'existe que de rares arbres répartis dans des plantations d'oliviers et de mûriers.

Sur les limites du Gard, les sujets acquièrent une taille élevée et deviennent généralement vieux. Plus haut, ils atteignent un moindre développement, mais partout ils sont négligés, tombent en mauvais état, et donnent des fruits petits.

Lorsqu'ils viennent en terrain vague, on les laisse sans soins ; s'ils se trouvent au milieu d'autres récoltes, ils gênent toujours un peu les travaux du sol, aussi a-t-on tendance à les supprimer.

D'autre part, les conditions climatiques : vents froids, gelées et brouillards, rendront toujours, en Vivarais, la réussite de cette espèce aléatoire.

Les variétés communes à coque dure, « *grosse de montagne* » « *grosse pointue* » « *boucanière* » *amande à flot* », sont les plus connues et paraissent assez bien sélectionnées au point de vue acclimatement, abondance, grosseur, et facilité de vente des fruits. On a essayé d'introduire les demi-dures « *grosse sultane* » et « *corse* » qui semblent donner des résultats encourageants.

Quant à l'amande tendre (*fine, pistache, princesse*) elle est rejetée, en raison de sa trop grande précocité et aussi à cause des préjudices que lui font subir les pies et les geais.

Pour empêcher la montée trop hâtive de la sève et retarder la floraison, on conseille la plantation en terrain exposé au nord, le greffage sur prunier et la taille tardive.

La plantation doit être faite de bonne heure, en novembre et décembre plutôt qu'en février.

Dans l'Ardèche, la plupart des planteurs produisent eux-mêmes les scions qui leur sont nécessaires.

Après avoir stratifié les noyaux des amandes communes, ils les sèment en pépinières. Ces sauvageons sont mis en place au bout de 2 ou 3 ans, après suppression de leur pivot. Plus tard, on conserve, franc de pied, ceux dont la production est suffisante et les autres sont greffés, de préférence en écusson, à œil dormant, ou en sifflet, plus rarement en fente, avec des variétés provenant de la sélection locale ou avec des demi-dures importées.

Dans les sols incultes, nous pensons qu'on pourrait effectuer le semis en place, afin de réserver les sujets de pépinière pour les plantations plus soignées, appelées à donner de plus grands rendements.

L'amandier ne reçoit jamais de fumures spéciales ; il profite seulement de celles destinées aux céréales ou aux plantes sarclées, quand il se développe en terrain labourable. Cependant les engrais verts, complétés par un petit apport de superphosphate et de sels potassiques, produiraient les meilleurs effets sur cet arbre lorsqu'il vient seul dans des terres rocailleuses exposées à la sécheresse.

On ne lui fait subir aucune taille proprement dite. Tout au plus si, de temps en temps, on procède à un nettoiement qui consiste à supprimer les branches touffues ou mortes.

Comme pour les autres espèces, il y aurait lieu de lui donner, au début, une forme en gobelet par des bifurcations successives.

Parfois, il présente des signes de dépérissement progressif ou de dessèchement complet, dûs :

1º. — aux intempéries printanières fréquentes faisant tomber feuilles et fruits.

2º. — à la gomme.

3º. — au Coryneum.

4º. — au pourridié dans les sols compacts et humides où l'amandier est associé aux récoltes annuelles et où il y aurait avantage à le greffer sur prunier.

Aucun traitement n'est appliqué à cet arbre en raison de sa grande hauteur et aussi parce que sa production est très aléatoire.

On vend peu d'amandes vertes ; les fruits mûrs sont portés sur le marché ou bien livrés à domicile à des expéditeurs ou à des négociants de Montélimar.

Les acheteurs font exécuter le concassage à la ferme ou bien ils l'effectuent eux-mêmes.

Cassis. — Si le cassis figure depuis déjà très longtemps dans beaucoup de jardins de la vallée du Rhône, de la moyenne et de la Haute-Ardèche, ce n'est que tout récemment qu'il a pris rang de culture et a perdu ses allures d'arbrisseau sauvage pour se soumettre à des règles de taille déterminées qui lui assurent une fructification régulière.

Les premiers essais de propagation ont été tentés aux environs du Cheylard, de Tournon, de St-Désirat et de Toulaud où on leur a consacré plusieurs hectares de terrain suffisamment frais et soigneusement préparé.

Ainsi traité, le cassis donne des rendements rémunérateurs qui doivent accroître le nombre de ses partisans si les prix auxquels ses fruits sont payés actuellement, surtout en Angleterre, se maintiennent dans l'avenir ; et il pourrait occuper une place importante dans ce département, où il se plaît à condition que les sols qu'on lui destine ne soient pas trop exposés à la sécheresse.

Beaucoup ignorent encore la taille qu'il convient de lui appliquer et épuisent la plante ou au contraire lui permettent de prendre une trop grande vigueur. En réalité, il suffit de former un gobelet au ras du sol et de pratiquer ensuite la taille Guyot, c'est-à-dire de conserver sur chaque bras un courson à deux yeux qui fourniront les pousses pour l'année suivante et un long bois jouant le rôle de branche à fruits et qu'on raccourcira plus ou moins selon la vigueur du pied. Tous les ans, il est bon de se servir de deux rameaux souterrains pour remplacer les deux plus vieilles branches charpentières et empêcher l'allongement des bras ; on doit enfin maintenir toujours le centre de la touffe bien déblayé.

Cerisier. — La culture du cerisier a suivi un développement parallèle à celle du pêcher dont elle partage les terres qui longent le Rhône et le cours inférieur de ses affluents de la rive droite, depuis Lavoulte jusqu'à Serrières.

On la trouve également à des altitudes plus élevées, jusqu'à la naissance des principaux cours d'eau : à Lamastre, à Désaignes, au Cheylard, ou dans les Cévennes, à Lalevade d'Ardèche, à Thueyts, à Burzet et à Montpezat.

En 1926, le département a produit pour la vente 29.313 quintaux de cerises expédiées en Angleterre ou dans les villes du Midi, principalement à Carpentras, où elles sont employées à la confiserie et à la confiturerie.

Malheureusement, les mesures prises par le gouvernement anglais pour empêcher l'introduction en Grande-Bretagne de la mouche des cerises (Rhagoletis Cerasi) portent un préjudice considérable à notre exportation et auraient pour conséquence, si elles étaient maintenues, de restreindre les plantations de cerisiers.

Il n'est pas aisé de détruire le parasite qui nous vaut les rigueurs du Royaume-Uni. Tout au plus si on peut le chasser des cerises en plongeant celles-ci pendant un certain temps dans de l'eau ou encore en les « soufrant » lorsqu'elles doivent subir certaines préparations.

Peut-on espérer obtenir de meilleurs résultats par un bon choix des variétés ? A cette question il est permis de répondre affirmativement. La mouche pondant ses œufs dans la cerise, tout près du pédoncule, assez tard au printemps, les variétés précoces ont des chances d'échapper à ses atteintes.

Il en est probablement de même pour celles à épicarpe épais et résistant. Ce sont les mêmes qui supportent le mieux les transports.

On cultive surtout dans le département. :

La « *Précoce de Bâle* » ou Bigarreau de Bâle pouvant figurer sur les marchés du 1ᵉʳ au 15 mai, se prêtant bien à l'expédition et échappant généralement aux atteintes du Rhagoletis Cerasi.

Le « *Bigarreau Moreau* » très apprécié pour la vente surtout dans la vallée de l'Erieux

La « *Précoce de Lamarché* » productive, mais à fruits petits, difficiles à cueillir ; elle a été introduite depuis peu dans le département, où elle paraît s'implanter difficilement.

Le « *Bigarreau Jaboulay* » très anciennement connu et répandu dans tout le Nord de l'Ardèche, à gros fruits rouges, foncés, mûrissant à la fin de mai, supportant bien l'expédition, à condition qu'ils ne soient pas trop mûrs.

La « *Guigne de Mai* » improprement appelée Bigarreau de Mai, productive, à fruits rouges, tendres, peu sujets à l'attaque de la mouche.

Le « *Bigarreau d'Oullins* » à peu près de même époque que le Jaboulay, ne se trouve guère que dans l'arrondissement de Tournon.

Le « *Bigarreau Tardif* » à produits très sucrés, arrivant à maturité dans la première quinzaine de juin.

Le *Bigarreau Reverchon* occupe la plus grande place en Vivarais ; on le trouve partout où on se livre à la vente des cerises. Il est tardif, mais ses fruits très gros, fermes, parviennent en bon état sur les marchés éloignés (à expédier juste quand il rougit).

Le *Bigarreau Pélissier* est moins répandu que le précédent, bien que cependant il possède de réelles qualités.

Le *Bigarreau Blanc*, le *Bigarreau Napoléon*, et la *Reine Hortense* sont également répartis dans la plupart des plantations du département ; leur récolte très souvent véreuse, ne peut être livrée directement à la consommation, aussi la destine-t-on presque exclusivement à la confiserie après l'avoir soufrée. Les cerises sont disposées à la surface des claies sous lesquelles on fait brûler du soufre jusqu'à ce qu'on arrive à une complète décoloration. Elles peuvent ensuite être conservées pendant plus d'une année.

La « *Chambonette* » est une petite cerise rouge au début, puis noire, douce et savoureuse, tardive, obtenue surtout dans le canton de Thueyts et qui présente la grande qualité de ne pas recéler de vers.

La « *Durette* » est également cantonnée vers le sommet des vallées des Cévennes d'où elle ne semble pas devoir s'étendre en raison du peu d'avantages qu'elle présente.

Selon la situation qu'il occupe, le cerisier est soumis à des modes de culture très différents. Dans les bonnes terres d'alluvions, le long de la voie ferrée qui facilite l'écoulement de ses produits, il vit seul ou associé à la vigne et au pêcher.

Il donne lieu alors à la même préparation du terrain que ce dernier. Les plantations sont faites avec soin ; le porte-greffe est approprié au sol et à la forme choisie. Pour la haute-tige, on greffe ordinairement sur franc ; au contraire ceux qui commencent à adopter la demi-tige préfèrent se servir, comme sujet, du Ste-Lucie.

Ils conduisent leurs arbres en gobelet suivant des principes se rapprochant de ceux appliqués au pêcher. Les branches principales partent de 0 m. 80 environ du sol ; elles sont peu nombreuses, 3 ou 4 au maximum, et inclinées, afin de bien dégager l'intérieur. Chacune d'elles est bifurquée, de manière à ce qu'il y ait 6 ou 8 ramifications secondaires constituant la charpente définitive. Dans la suite on tient le centre de celle-ci évidé en même temps qu'on raccourcit les prolongements pour favoriser la formation des branches fruitières latérales. Les coursonnes, à leur tour, sont quelquefois taillées en vue de maintenir la fructification près de la base et d'avoir des cerises plus belles, plus faciles à cueillir.

Il faut reconnaître cependant que cette façon de procéder est encore une exception et qu'en général les agriculteurs se préoccupent peu de la formation du cerisier dont ils se contentent de profiter des récoltes, n'intervenant le plus souvent que pour assurer sa multiplication. C'est dans la région montagneuse qu'il est traité avec le plus d'indifférence. Les arbres issus de noyaux semés en place n'ont quelquefois pas été greffés ; ils se développent dans les champs par leurs seuls moyens, sans recevoir aucun soin particulier. Même dans ces conditions ils donnent, depuis quelques années, des profits appréciables qu'il serait possible d'accroître considérablement par une culture mieux comprise.

L'avenir du cerisier dans l'Ardèche. — On est en droit de se demander si la rareté croissante de la main d'œuvre et son renchérissement ne rendront pas la cueillette des cerises trop dispendieuse et parfois impossible dans les exploitations où l'on est obligé de recourir à un personnel étranger à la famille pour effectuer cette opération.

Dans notre région de petite propriété, chacun arrive à surmonter de telles difficultés, en demandant momentanément à ses collaborateurs habituels un supplément de travail, à condition que les bénéfices soient en rapport avec l'effort consenti.

Il convient donc de chercher à rendre cette production plus lucrative en lui faisant subir certaines améliorations.

On ne peut s'empêcher de constater que parmi les variétés qui occupent une place plus ou moins importante, beaucoup ne présentent qu'un médiocre intérêt et ne répondent pas du tout aux exigences du commerce.

En tenant compte des divers milieux et des préférences manifestées par les consommateurs, on pourrait effectuer une véritable sélection à la suite de laquelle on ne conserverait probablement qu'un petit nombre de types précoces, ou ne craignant pas l'emballage et se vendant à des prix élevés, tels : le *Bigarreau de Bâle*, le *Bigarreau de mai*, le « *Reverchon* » à préconiser dans les bas-fonds, et la « *Chambonnette* » à propager sur les plateaux, ou vers le sommet des vallées.

D'autre part, le cerisier ne devrait, en aucun cas, être abandonné à lui-même. De même que les autres arbres fruitiers, il demande un sol propre et bien fumé, une taille rationnelle et des traitements judicieux.

En particulier, il n'est pas douteux qu'on ait intérêt à lui donner une forme basse, afin de pouvoir mieux le défendre contre ses parasites et lui permettre de fournir des fruits plus beaux, plus faciles à récolter.

Châtaignier. — L'Ardèche est considérée, à juste titre, comme l'un des premiers départements au point de vue de la production des châtaignes tant en ce qui concerne la qualité que la quantité.

Avant que les maladies et la hâche n'aient exercé leurs ravages, les flancs des montagnes du Vivarais, depuis les plateaux d'Annonay jusqu'à la zône calcaire, présentaient l'agréable aspect de multiples replis profondément creusés, recouverts de belles châtaigneraies au feuillage clair et dont la production nourrissait presque exclusivement la majeure partie de la population rurale. Et c'est au moment où celle-ci a atteint son maximum de densité, c'est-à-dire vers 1852, que la culture qui nous occupe est arrivée à son apogée. En effet, la surface de 58.558 hectares qu'elle occupait alors passe successivement à :

$$
\begin{array}{ll}
49.558 \text{ en } & 1865 \\
59.700 & 1872 \\
40.363 & 1882 \\
39.540 & 1892 \\
40.900 & 1897 \\
\end{array}
$$

Encore au commencement du siècle 35.000 Ha étaient consacrés au châtaignier. La récolte moyenne atteignait 200.000 quintaux et était expédiée à Paris et dans les grandes villes où les rôtisseurs avaient l'habitude, pour attirer les clients, de vendre les « *grillées* » de l'Ardèche sous le nom de *marrons de Lyon*.

Cependant, toutes les variétés ne sont pas également appréciées, et les expéditeurs, depuis déjà longtemps, recherchent les fruits gros et savoureux qui atteignent les prix les plus élevés.

Aussi ont-ils encouragé la production de deux variétés de châtaignes particulièrement réputées :

La « *Bouche-Rouge* » ou « *Grosse bouche* » très savoureuse, sans division d'un débouché facile, utilisée par les confiseurs, et atteignant des hauts prix, mais ne donnant des rendements convenables qu'aux bonnes expositions et dans les sols assez fertiles, tels que ceux de Vesseaux où elle est la plus répandue.

La « *Comballe* », plus précoce que la précédente, venant bien à des altitudes élevées, peu sensible au froid, également savoureuse et très estimée, mais cloisonnée et refusée, de ce fait, par les fabricants de marrons glacés.

En quelques rares endroits, on trouve encore la « *Sardonne* » ou vrai marron qui a donné naissance à la « Bouche rouge » et qu'on a abandonnée à cause de ses très faibles rendements.

Sous la désignation de châtaignes communes, on livre au commerce diverses variétés présentant un intérêt inégal.

L' « *Aiguillonne* » est surtout cultivée à l'extrême sud de la zône du châtaignier, à St Pons, sur le penchant oriental du Coiron. Elle ne vient bien qu'à une faible altitude ; ses fruits sont de grosseur moyenne, pointus, fins et recherchés.

La «*Prémérenche*» occupe une certaine place aux environs de Largentière où sa récolte, très précoce, peut arriver sur le marché au commencement, septembre.

La « *Merle* » autrefois très estimée dans les parties un peu hautes, aujourd'hui détrônée par la « comballe », plus avantageuse.

La « *Jaujac* » ou « *Bernarde* » à haute tige droite et vigoureuse, utilisée dans le passé comme bois de charpente. Elle donne des fruits abondants, mais de qualité inférieure et difficiles à vendre.

La « *Garin* » peu exigeante, venant dans les situations les plus ingrates, ne jouissant cependant pas d'une grande faveur en raison de la médiocrité de ses produits.

La « *Martine* » ou « *Pastourelle* », à feuilles étroites, longues, profondément dentées, de teinte vert-rougeâtre, à fruits peu abondants, mais gros, à double ou triple division, précoces, et supportant une altitude élevée.

La « *Greppe* » très anciennement connue, vigoureuse, précoce, à bogue s'ouvrant difficilement pour laisser sortir des châtaignes petites.

La « *Meyrand* » vient dans tous les terrains non calcaires et jusqu'aux dernières limites de la culture du châtaignier.

On trouve encore disséminées : la « *Dauphinoise* » à fruits savoureux et appréciés, la « *Bouche de Bakou* », la « *Bouche de Rigaud* » très robuste convenant aux pays froids, la « *Pourette* » productive, mais plus difficile au point vue du terrain et du climat, etc..

Cette longue énumération est destinée à montrer qu'on dispose de ressources considérables pour étendre les châtaigneraies jusqu'aux crêtes chauves des Cévennes.

Cependant, les surfaces boisées vont en diminuant et l'arbre nourricier de nos pères subit la dure loi de l'ingratitude, de l'ignorance et de la cognée qui ne lui laisse pas un moment de répit ; l'on est de plus en plus étonné de voir les côteaux se dénuder tandis que dans les localités de Joyeuse, de Lalevade d'Ardèche, de St Sauveur de Montagut et de Sarras, les usines d'extrait tannant consomment, chaque jour, 150 tonnes de bois correspondant à la production d'un hectare, de sorte que la surface des châtaigneraies du département diminue chaque année de 300 Ha environ (1).

Le terrain ainsi dépouillé de sa parure protectrice est rarement consacré aux céréales et à la pomme de terre, encore trop exigeantes pour se contenter de sa pauvreté et nécessitant des opérations culturales compliquées que ne justifie pas la modicité de leur récolte. Le plus souvent, abandonné à lui-même, il augmente l'étendue des landes sans valeur, subit l'action érosive des eaux de pluie qui entraînent la couche végétale et vont faire déborder les cours d'eau dans les vallées ; parfois encore ce sont les genêts et les fougères qui envahissent les espaces mis à nu et gagnent ensuite les champs et les prés voisins ; mais, dans tous les cas, il y a tarissement d'une source de revenus

---

(1) Reconstitution des châtaigneraies par FARCY.

appréciables et aggravation du danger qui menace l'avenir agricole de la ré-gion.

En effet, on vendait, en 1910, les châtaigniers à raison de 16 frs la tonne, l'abattage, le débitage et le transport des arbres restant à la charge des pro-priétaires dont le profit net ne dépassait guère 8 frs ; de sorte qu'ils rece-vaient, pour 140 tonnes de bois obtenues en moyenne par hectare, 1120 frs et sacrifiaient la production de châtaignes estimée annuellement à 1600 kilos valant, défalcation faite des frais de ramassage, 160 frs,

Aujourd'hui, les usines ont élevé leurs prix à environ 25 frs la tonne et prennent à leur charge les frais d'exploitation ce qui correspond à 3500 frs par hectare, mais les châtaignes, au prix de 20 frs net par 100 kgrs, repré-sentent un revenu de 320 frs.

Incontestablement, les petits agriculteurs besogneux ont été incités avant la guerre à sacrifier leurs arbres pour un maigre profit et actuellement encore ceux qui abandonnent la culture commencent par réaliser leur modeste fortune familiale en procédant à des coupes inconsidérées.

Il est juste de remarquer que l'industrie exploite surtout les châtaigne-raies vieilles, improductives, abandonnées ou encore en voie de disparition, de sorte que si on veillait à la replantation, l'opération deviendrait ration-nelle et ne pourrait avoir que de bons effets.

En raison même de la dépopulation des campagnes, l'on se trouve de plus en plus dans l'obligation de ne cultiver que des variétés fines se ven-dant assez cher, telles que la Bouche Rouge, employée à la fabrication des marrons glacés, et la Comballe possédant un débouché facile dans les grandes villes de France ou de l'Etranger.

D'ailleurs, le commerce des châtaignes a des tendances à orienter les producteurs dans cette voie, en exigeant de plus en plus de beaux fruits. Ainsi, en 1926, il a été expédié de Privas :

    50.000 kgrs de Bouche Rouge
    500.000 kgrs de Comballe
    200.000 kgrs de communes.

Beaucoup de cultivateurs éclairés « couronnent » leurs arbres, c'est-à-dire qu'ils les rabattent sur leurs branches principales et, l'année suivante, greffent les nouvelles pousses généralement en comballe d'une faculté d'adaption remarquable.

Dans les parties froides ou d'accès difficile, le ramassage des châtai-gnes est sans cesse plus onéreux et l'exploitation en taillis devient une né-cessité avec l'adoption de variétés robustes à développement rapide, de ma-nière à empêcher le ravinement du sol et à maintenir ce dernier en état de productivité.

Ainsi peuvent être sauvegardés les intérêts du pays au point de vue industriel, agricole et touristique.

Malheureusement, un sérieux obstacle à la reconstitution ou à la con-servation des châtaigneraies résulte de l'apparition et de la propagation, dans l'Ardèche, de la maladie de l' « Encre ».

Observée depuis déjà longtemps dans le sud du département, cette affection ne devint cependant inquiétante qu'à partir de 1875, époque à laquelle l'aurait introduite des Pyrénées le facteur Vernède qui, ayant fait venir des châtaigniers de son pays, les planta dans une petite parcelle de terrain qu'il possédait aux environs d'Aubenas, sur les bords du ruisseau de Graza, quartier de Rochenoire, où le fléau débuta.

Il s'étendit ensuite assez rapidement, constitua bientôt un important foyer de 500 Ha, duquel partirent des ramifications formant, tout autour, des colonies, des « tentacules » selon la propre expression de M. Couderc, et essaima dans les régions voisines : Vals, Largentière et Privas.

Le mal, qui aurait pu être circonscrit et rapidement maîtrisé au début, avait envahi, au bout de très peu de temps, une surface trop considérable pour qu'on put songer à l'enrayer par les méthodes ordinairement préconisées à cet effet.

Remèdes. — On essaya tour à tour le sulfure de carbone, jugé bien vite trop onéreux et insuffisamment efficace, le sulfate de fer à 15 % en arrosage au moment de la plantation, jusqu'à saturation de la terre remuée, l'emploi à haute dose de nitrate de potasse, le greffage, l'hybridation du châtaignier et du chêne etc.. Les résultats obtenus ne donnèrent pas satisfaction ou parurent nécessiter des dépenses trop considérables. M. de Bournet, Maire de Grospierre, fut le premier en 1904, à recourir aux espèces de châtaigniers japonaises, afin de parer aux dangers que faisait courir, à l'une de nos principales cultures, la maladie redoutable dont les ravages s'étendaient chaque jour.

Pendant trois années consécutives, il fit venir, d'Extrême Orient, 2000 kgrs environ de châtaignes très grosses, sans cloison et d'un goût agréable, mais qui lui revenaient très cher, la proportion de gâtées, après un si long voyage, étant excessivement élevée.

Après avoir réparti une petite quantité de ces châtaignes entre les chaires d'agriculture de Privas, d'Aubenas et de Largentière, M. de Bournet utilisa la partie restante à des semis effectués dans ses propriétés et qui ne donnèrent qu'un petit nombre de plants. D'après Mr Mieville, les Japonais mettent les bourses (bogues, hérissons,) en tas et les laissent fermenter ; de la sorte, le fruit ne se gâte pas, mais aussi ne germe pas. Les arbres ainsi obtenus offrent des aspects très différents : les uns à feuilles très étroites et ne produisant que de petites châtaignes, représentent probablement le type sauvage ; d'autres à feuilles plus larges portant de gros fruits tantôt précoces, tantôt tardifs, d'autres enfin comprenant tout une série de formes intermédiaires entre les catégories précédentes.

Ces divers châtaigniers, résultant de semis, ont cependant un caractère commun : leurs fruits sont portés vers le milieu des pousses de l'année, ce qui les rapproche de la variété Dauphinoise. Leurs feuilles sont distiques ; tandis que celles du Tamba Guri proprement dit sont alternes.

Ils résistent d'une façon générale à la maladie de l'Encre. Deux pieds plantés en 1927, par M. Couderc, à Gaza, propriété de M. Plan, dans des trous d'où venaient d'être extraits des châtaigniers morts du terrible mal sont restés indemnes, et atteignent actuellement une hauteur de 10 à 12 mètres.

M. de Bournet, a également importé des Tamba Guri, purs et greffés mais il n'en reste plus trace.

Parmi les issus de semis, il y avait lieu de pratiquer une sélection afin d'obtenir des arbres suffisamment grands, productifs et résistants à la maladie.

Il y eut diverses tentatives faites en ce sens par le propagateur lui-même et la commission de reconstitution des châtaigneraies de l'Ardèche, créée par arrêté préfectoral en 1919, et qui, à sa séance du 4 juin de la même année, fut d'avis d'établir, en régions contaminées par la maladie de l'Encre, des champs d'expériences, pour l'étude de cette affection.

Ces champs, d'une superficie de 20 à 25 ares chacun, devaient permettre d'étudier la résistance au fléau des châtaigniers du Japon en plantation assez dense et alternant avec le « Castanea Vesca ». On les organisa de la manière indiquée ci-après :

Circonscriptions	Directeurs	Nom et adresse des propriétaires fournissant le terrain.
Largentière.......	MM. SERRET	MM. BOMPARD et LARCHIER à Largentière.
Aubenas	MUNTVILLER	AUBERT Louis à St-Julien du Serres
Bourg-St-Andéol..	MONTAGARD	MEUNIER à St-Jean le Centenier.
Privas	Le Professeur départemental d'agriculture	AURENCHE à Plos (Gluiras).

L'administration des Eaux et Forêts créa dans le même but à Lalevade d'Ardèche, une pépinière dont les résultats ne nous ont pas été communiqués.

De son côté M. Couderc, commence en 1908, la culture, en plein foyer de la maladie de l'encre, de jeunes plants de Tamba Guri issus de semis effectués par M. de Bournet.

Quelques années plus tard, il crée enfin, par ses propres moyens, le champ de recherches de Lazuel, d'une superficie de 2 hectares, et qui lui appartient en propre. Il y introduit une collection de châtaigniers du Japon, de Chine, de chênes de l'Himalaya (ces derniers servant, paraît-il, de porte-greffes au châtaignier dans leur pays d'origine) et de castaneopsis.

La disposition adoptée est la suivante :

a) Tamba Guri et semis de Tamba Guri.

b) Hybride de Tamba Guri et de Castanea Vesca.

c) Shiba-Guri dont la vigueur est moindre que celle des précédents, mais qui porte des fruits à la deuxième feuille, tandis que les premiers ne fructifient qu'à la cinquième.

d) Châtaigniers de Chine (Castanea Mollisima) paraissant très vigoureux mais dont la résistance à l'Encre n'a pas encore été déterminée.

e) Châtaigniers indigènes alternant avec les espèces exotiques et qui sont déjà morts à la cinquième année.

Résultats obtenus. — De tous ces essais qu'est-il advenu ?

En raison de la suppression de plusieurs chaires d'agriculture et des changements fréquents des Directeurs des services agricoles, les champs d'expériences ont été abandonnés. Seul un semis effectué en 1907, par le Professeur d'agriculture d'Aubenas, M. Munttviller, en pleine tâche, chez M. Prinsac. à Lazuel, dans les trous laissés par des arbres morts, a donné 3 jeunes plants qui, restés chétifs pendant de nombreuses années, tendent à se développer normalement et ont donné quelques châtaignes.

Par sélection, M. de Bournet a obtenu trois sujets qui, résistant à la maladie de l'Encre, au Coryneum, et au jaunissement des feuilles, sont restés plutôt chétifs, mais portent de beaux fruits pesant 42 grammes, c'est-à-dire environ le double des marrons.

Cette variété a été désignée sous le nom de « Bournette » et commence à être connue dans la région.

D'autres semis ont eu lieu sur divers points en dehors des zônes infectées.

A Roche-Noire, chez M. Plan, les deux sujets plantés par M. Couderc, atteignent, comme il a été déjà dit, une hauteur considérable et donnent ensemble environ 40 kgrs de châtaignes. Le propriétaire, qui menace de les arracher, a cependant fait des semis assez importants et dont le développement est satisfaisant.

Il est enfin inutile d'insister sur l'intérêt que présente le champ de recherches de Lazuel organisé et dirigé si remarquablement par M. Couderc.

La plupart des espèces exotiques qui constituent cette collection se développent vigoureusement et portent déjà des fruits tandis que les plants de pays ont disparu, tués par la maladie.

Il convient toutefois de différer de se prononcer définitivement sur les services à attendre des espèces d'Extrême-Orient, jusqu'à ce que les résultats observés à Lazuel soient confirmés par une plus longue épreuve. Cependant, on peut, dès à présent, rendre hommage à l'heureuse initiative du savant ardéchois dont l'esprit scientifique a eu, une fois de plus, l'occasion de s'exercer au profit de l'agriculture.

Enfin, il convient de signaler la pépinière de Voguë, dépendant du service phytopathologique et qui, éloignée de toute châtaigneraie, est destinée à fournir des renseignements sur les dangers que présente l'importation des espèces de châtaigniers exotiques au point de vue de l'introduction de l' « Endothia » et de diverses autres maladies encore inconnues en France.

Au point de vue pratique, nous pensons qu'il y a lieu de veiller attentivement à la conservation des châtaigneraies existantes, en évitant de planter des jeunes sujets provenant des régions contaminées ; en signalant, aux services compétents, les taches, dès leur apparition, dans la partie du département restée encore indemne ; en proscrivant tout abattage qui ne s'appliquerait pas à des arbres vieux, atteints de décrépitude ou de maladies ; en protégeant enfin, toutes les fois qu'une coupe est devenue indispensable, les rejets de souches contre la dent des animaux et les greffant en bonnes variétés.

Dans cet ordre d'idées, la commission départementale de répartition des subventions pour l'encouragement à la culture du châtaignier a déjà pris d'importantes mesures pour fournir aux agriculteurs, à très bas prix, sinon gratuitement, des plants obtenus dans des pépinières créées par l'administration des Eaux et Forêts et situées à l'abri des atteintes du redoutable fléau.

Déjà, au Cheylard, un semis a été effectué qui permettra dans deux ou trois ans de satisfaire aux demandes toujours plus nombreuses et à favoriser le repeuplement entravé en ce moment par les exigences des pépiniéristes qui font payer les jeunes scions de 5 ans, greffés, 16 francs pièce.

Elle a prévu également la distribution de châtaignes de « Tamba Guri » aux propriétaires de terrains de la Basse-Ardèche, déjà ravagés par le mal, et où l'espèce commune serait vouée à un échec certain.

En vue de protéger les parties restées intactes, elle a envisagé l'extinction des nouveaux foyers, pouvant lui être signalés par les intéressés, avec le concours des Services agricoles qui sont chargés, d'autre part, de renseigner les agriculteurs sur les moyens dont ils disposent pour conserver et faire prospérer l'une des principales richesses locales sans laquelle toute la zône montagneuse de l'Ardèche toucherait à sa ruine.

Ainsi tend à s'établir entre les savants, les services publics, les collectivités privées et les praticiens une étroite collaboration sur laquelle il est permis de fonder de sérieuses espérances.

Figuier. — Cette espèce fruitière est surtout répandue dans les anfractuosités des roches calcaires du Bas-Vivarais. Dans la commune si pittoresque de Labeaume de Ruoms, elle croît à côté du mûrier, au fond d'excavations de plusieurs mètres de profondeur, et constitue, avec le ver-à-soie, la principale source de profits.

Sa culture est à peu près limitée par les premières pentes des Cévennes et le plateau du Coiron. Plus à l'est, elle se prolonge légèrement au delà de Lavoulte, sans cependant y donner des résultats appréciables.

En effet, la production des figues dans l'Ardèche se répartit ainsi :

Arrondissement de Privas............	625 quintaux
— de Largentière.....	150 —
— de Tournon....,...	6 —

Une faible partie de la récolte est livrée à la vente, une autre est consommée sur place et le reste sert à la nourriture des animaux.

Ce sont surtout les habitants de la Montagne qui achètent ce produit sur les marchés locaux et l'emportent chez eux sans la moindre précaution, dans des corbeilles, entassées à l'intérieur de charrettes ou de camions-automobiles.

Les « leveurs » montrent la même insouciance au sujet de l'emballage, ce qui nuit aux expéditions.

Celles-ci ont atteint 381 quintaux en 1925 et 88 seulement en 1926. Le séchage des figues se fait au soleil sur des rochers ; il ne présente qu'une importance insignifiante, la presque totalité de la récolte étant consommée à l'état frais.

Dans la région, on trouve un certain nombre de variétés de figuiers dont les plus connues sont :

La clanchette.

La petite noire.

Le col long (la meilleure pour le séchage).

Le brulesainche (estimée pour la table).

La petite verdale.

La grosse verdale.

La grosse grise.

La marseillaise.

Certaines d'entre elles, comme la petite noire et la grosse grise, fructifient deux fois dans le courant de l'année.

Cet arbre est très rustique, peu difficile au point de vue du sol et indemne de maladies. Le plus souvent il se développe librement, parfois cependant on coupe les branches trop nombreuses qui encombrent sa charpente et nuisent à sa fructification.

Noyer. — Le noyer dans le département occupe une place de plus en plus réduite et sa production, en décroissance très sensible depuis quelques années, ne dépasse guère 5000 quintaux.

On constate cependant, depuis peu, de la part d'un petit nombre d'agriculteurs, une tendance à effectuer de nouvelles plantations et, pour encourager cette initiative, l'Office agricole accorde une remise de 50 % sur le prix des plants appartenant aux meilleures variétés : Mayette, Franquette, Parisienne et Chaberte.

Malheureusement, beaucoup de sujets disparaissent sous l'influence de la maladie ou à cause du manque de soins.

Situés le long des routes et des chemins d'exploitation ou dispersés dans les champs, les arbres profitent des fumures et des labours exigés par les cultures voisines, ou se développent spontanément sans que les agriculteurs interviennent autrement que pour s'emparer de leurs fruits.

La cueilllette a lieu en plusieurs fois. Tout d'abord on se contente de ramasser les noix tombées naturellement jusqu'à ce qu'on ait obtenu ainsi la moitié de la récolte. Ensuite on pratique le gaulage.

Les noix sont mises en tas et au bout de quelques jours de conservation, des femmes et des enfants les sortent de leur enveloppe extérieure. Après un court séchage, elles sont livrées à la vente.

Autrefois, il existait des marchés importants à Lamastre, au Cheylard, et à Chomérac. On destinait au commerce une certaine quantité de cerneaux, qui étaient préparées par les exploitants. Pendant les soirées d'automne, les membres de la famille effectuaient le concassage des noix à l'aide d'une massette en bois. La séparation des amandes se faisait ensuite à la main et donnait lieu à des petites fêtes auxquelles étaient invités les voisins.

Ces coutumes locales tendent à disparaître et seront bientôt inconnues des nouvelles générations.

Actuellement, des commerçants en gros de la Drôme font acheter à domicile ou sur les marchés précités, les noix de l'Ardèche,qui sont expédiées dans des sacs,sans avoir subi de triage, à des maisons d'exportation de Romans ou de Valence.

V. RICHARD.

Olivier. — Si l'on consulte la statistique générale de la France, en ce qui concerne l'olivier,on constate que l'Ardèche arrive en dernier lieu comme importance dans la liste des départements oléicoles : Var,Bouches-du-Rhône, Alpes-Maritimes, Gard, Hérault, Aude, Pyrénées-Orientales, Vaucluse, Basses-Alpes, Drôme, Ardèche.

Malgré cette infériorité nous avons cependant jugé utile de faire une petite place dans la monographie des cultures ardéchoises à l'olivier que l'on voit vivre encore dans les huit cantons de l'Ardèche méridionale : Les Vans, Joyeuse, Largentière, Vallon, Aubenas, Bourg-St-Andéol, Valgorge et Villeneuve-de-Berg.

Le dernier recensement,fait avant la guerre, au moment de l'attribution des primes votées par le Parlement pour l'encouragement à la culture de l'olivier, nous donne approximativement 4 à 500.000 pieds d'oliviers répartis entre 10.000 propriétaires environ qui récoltent ainsi, dans les bonnes années (tous les 2-3 ans), dans les 2 à 3 millions et demi de kilogrammes d'olives représentant 450.000 litres d'huile.

Ces chiffres, pour si minimes qu'ils soient au regard des autres régions oléicoles, n'en sont pas moins intéressants à retenir.

Disons maintenant, tout de suite, que l'agriculteur du Bas-Vivarais ne compte nullement sur ce revenu en huile pour accroître les ressources financières de l'exploitation qui consistent surtout dans la vente des vins, des cocons, des châtaignes et des produits du bétail. Mais on tient cependant beaucoup à récolter une bonne huile d'olive absolument authentique pour la consommation de la ferme. L'excédent, si excédent il y a, n'est jamais exporté et s'écoule aisément dans les environs au prix actuel (1927) de 10-12 frs le litre.

Du reste, lorsque l'olivier, en culture intercalaire, voisine avec nos mûriers, nos vignes, nos blés etc., les résultats financiers sont souvent intéressants. Sur les deux ou trois récoltes associées, il y en a toujours au moins une qui paye les frais et au-delà.

Ce n'est que dans les oliveraies seules, isolées, que le résultat est moins brillant. Mais, là, on doit tenir compte que notre arbre, peu difficile, tire partie de nos terrains secs, calcaires, pierreux, de peu de valeur vénale, de nos côteaux abrupts où ses racines s'infiltrent dans les fissures des rochers et supportent nos sécheresses estivales.

On conviendra donc que, malgré tout, il y a encore lieu de donner quelques petits soins indispensables aux plantations actuelles, et d'essayer même dans les situations les plus privilégiées,de régénérer les arbres qui s'en vont.

Tout d'abord on devra s'attacher à conserver, parmi les variétés locales celles qui paraissent devoir donner le plus de satisfaction au point de vue de la végétation, de la fructification et du rendement en huile.

Or, les espèces que l'on rencontre le plus fréquemment sont :

1°) *La Dorée*. — Faible production, maturité très précoce, très bonne qualité.

2°) *La Blanche*. — Végétation élevée, production irrégulière mais rendement en huile supérieur en quantité et en qualité.

3°) *La Rougette du Midi*. — La variété préférée dans les basses altitudes (200 mètres) parce que sa réussite est régulière et qu'elle peut se conduire à moyenne-tige. Le rendement en huile est un tout petit peu inférieur à celui de la « Blanche »

4°) *La Négrette* (noire, petite noire). — Production régulière : huile de très bonne qualité, mais rendement un peu inférieur.

5°) *La Bèque ou Béchut*. — A grande végétation, rustique, produit régulièrement mais en petit nombre des fruits à forme très allongée.

6°) *L'aubaine* (Aubencho). — Variété en voie de disparition à cause du mauvais rendement en quantité bien que l'huile soit fine et très bonne.

7°) *La Bouquetière*. — Arbre de vigueur moyenne donnant beaucoup de fruits.

En somme les variétés les plus intéressantes pour leurs qualité d'ensemble sont, au premier rang, la Rougette, la Négrette et la Blanche que l'on devra maintenir suivant les localités.

Actuellement, on plante rarement de nouveanx oliviers. Autrefois, on reproduisait l'arbre surtout à l'aide des rejetons du pied enracinés. Certains étaient greffés en mai en écusson ou en flûte. Pour les gros arbres on employait, en mars-avril, la greffe en couronne.

Un autre procédé qui, nous en sommes persuadé, constituerait un puissant moyen de régénération pour les oliveraies en décadence, procédé du reste applicable à tous les arbres fruitiers, c'est le *semis des olives*, autrement dit la création de pépinières artificielles par la main de l'homme.

Les anciens croyaient que l'olivier ne pouvait pas se reproduire artificiellement par graine. Ils se basaient sur ce fait que dans les champs il reste des olives tombées que l'on enterre forcément et que malgré cela il ne sort pas beaucoup de jeunes plants sauvages. La vérité, c'est que le noyau de l'olive est très dur et saturé d'huile. Il se conserve donc indéfiniment dans les champs sans s'ouvrir et par conséquent sans que l'amande intérieure puisse germer.

Par contre, dans les bois, on trouve pas mal de jeunes oliviers sauvages mais qui proviennent d'olives mangées par les oiseaux (merles, grives). Dans l'estomac de ces oiseaux, les noyaux se dépouillent d'abord de l'huile, puis sont rejetés par les excréments et ramollis et se trouvent finalement dans de meilleures conditions pour la germination. Ces noyaux ainsi modifiés sont ensuites entraînés par les pluies, s'arrêtent dans les fentes de rochers garnies d'un peu d'humus ou de terre et forment ainsi, en germant, une sorte de pépinière naturelle.

Or, il est loisible à l'homme de copier les oiseaux et la bonne nature en faisant tremper plusieurs jours les noyaux d'olives dans une lessivé alcaline faite avec des cendres de bois ou des cristaux de soude pour les dégraisser de leur huile. Ensuite on brisera très légèrement l'extrêmité des noyaux et on les fera stratifier par couches dans du sable un peu humide pendant un mois. On sème après, en pépinière, au printemps. Les sujets de semis ainsi obtenus sont repiqués chaque année, en pépinière d'attente, suivant la technique courante, puis greffés vers trois ans et enfin, au bout de 7-8 ans, ils peuvent être assez gros pour être transplantés à demeure en plein champ. Quatre ou cinq ans après cette transplantation, ils commencent à produire; ils sont alors âgés d'une douzaine d'années.

L'inconvénient de cette méthode, c'est évidemment sa longueur, mais c'est elle qui donnerait plus de garanties pour l'avenir au cas où l'on aurait encore foi dans la destinée de l'olivier pour nos pays.

En attendant une régénération plus ou moins immédiate par le « semis » voyons s'il n'y aurait pas possibilité par des soins appropriés, de prolonger nos arbres en leur donnant santé et vigueur.

Le premier moyen qui s'offre à nous et qui complète l'action des façons culturales (labours et binages), c'est la *fumure*.

A ce point de vue, que se passe-t-il dans la pratique ?

Certes les oliviers plantés dans les vignes jeunes ou dans les champs cultivés bénéficient toujours naturellement des fumures appliquées aux autres cultures. Cependant ces fumures, souvent simplement à base de fumier et d'un peu de superphosphate, sont presque toujours *incomplètes*.

D'autre part les oliviers épars à travers les très vieilles vignes et ceux qui sont plantés en foule dans les oliveraies éloignées, ne reçoivent pas grand chose. Dans ces conditions l'arbre s'en va, épuisé par les productions antérieures, par la « *faim* » et, actuellement par l'action des « *parasites* ».

Il serait donc nécessaire de songer à la fameuse loi de « *restitution* » qui nous indique qu'il faut rendre au sol ce que les récoltes lui ont enlevé peu à peu.

Pour celui qui tient encore à ses oliviers, à sa bonne huile authentique, il est temps de réagir contre l'appauvrissement de certains sols et de mettre en pratique les mêmes données que pour la fumure des autres plantes, savoir : alterner fumures organiques (humus) et fumures minérales.

Comme engrais organiques (à base d'humus) nous aurons le fumier, les engrais verts, les composts, les tourteaux, et enfin les grignons.

L'usage du fumier est connu, mais cet engrais n'est pas toujours produit en quantité suffisante dans notre région de petit bétail et son transport est parfois pénible et onéreux dans les oliveraies difficiles d'accès.

La bonne vieille méthode des « *engrais verts* » est plus commode. Elle consistera à pratiquer une culture de vesce (bons terrains consistants), de minette (terres calcaires sèches), de trèfle incarnat (terres légères siliceuses granitiques et gneissiques), que l'on enfouira en vert au moment de la floraison.

Les *tourteaux de colza et sésame*, à la dose de 4 à 5 kg. au moins par arbre seront également indiqués comme engrais organiques. Seul, leur prix actuel, trop élevé, est de nature à en restreindre l'emploi.

Les *composts* seront préparés à l'avance avec des plantes sauvages (cistes, buis, etc.) broyés et mélangés dans des fossés avec de la chaux.

Quant aux « *grignons* » résidus du broyage et de la pressée des olives, que l'agriculteur abandonne au propriétaire du moulin à huile, ils constitueront un excellent engrais. C'est ainsi que, d'après l'analyse, ils contiennent au moins *deux fois plus d'azote* que le fumier de ferme, ce qui n'est pas à dédaigner. Or, pour un olivier qui nous aura donné 12 kilogrammes d'olives, il nous reviendra environ 4 à 5 kilogr. de grignons qui fourniront un appoint non négligeable dans la restitution au sol à l'endroit occupé par les racines de cet arbre.

Quant aux engrais minéraux destinés à compléter les engrais organiques dont on vient de parler, il suffit de se rappeler simplement, pour leur emploi que l'olivier, comme tous les arbres, a besoin, pour fabriquer ses olives, d'absorber, dans le sol, de *l'acide phosphorique* et de la *potasse*.

On se trouvera donc bien d'un supplément d'engrais phosphaté et potassique, en tenant compte de la nature du sol.

Or nos oliviers occupent souvent des terrains de nature calcaire ou argileuse, mais parfois aussi il vivent dans des grés ou même des granits.

Alors dans les terres fortes, argileuses et calcaires on mettra du superphosphate (4 à 5 kil. par pied en production) et un peu de potasse-chlorure 1 à 2 kil. par pied), cette potasse à *titre d'essai*. Nous disons, à titre d'essai, parce que les terres fortes sont souvent suffisamment pourvues en potasse.

Si la terre, tout en étant forte, n'est pas calcaire, ou remplacera le superphosphate par les scories (5 à 10 kil. par arbre en production,) et on ajoutera la même dose de potasse-chlorure (toujours à titre d'essai).

Dans les sols légers, sableux, plutôt secs, l'engrais phosphaté choisi sera le superphosphate ou les scories suivant que le sol est riche en chaux ou non. Mais on fera presque toujours bien de compléter cet engrais phosphaté par de la potasse, sous forme de sylvinite, cette fois (5 à 6 kil. par arbre).

Les engrais chimiques phosphatés et potassiques seront enfouis en hiver, après la cueillette (février au plus tard) en même temps que les engrais organiques. On les placera au fond d'un fossé circulaire, de 25 à 30 cent. de profondeur, creusé dans le sol, autour de l'arbre, à 1ᵐ ou 1ᵐ50 du tronc, là où se trouvent les jeunes racines, c'est-à-dire à l'endroit où l'extrémité des branches vient se projeter sur le sol.

C'est en procédant de cette façon qu'on redonnera à l'arbre prospérité et production, qu'on lui permettra de lutter plus facilement contre les *parasites* qui commencent à l'envahir.

D'autre part, on renforcera l'action des fumures par une *taille appropriée*.

Une taille rationnelle est celle qui dirigera les grosses branches de charpente en donnant à l'arbre la forme d'un *gobelet* (une moitié de sphère portée par un pied). Les branches charpentières seront donc obtenues par bifurcations successives et on veillera à ce que l'intérieur soit toujours dégagé de façon à ce que l'air et la lumière pénètrent bien partout. Puis tout le long de ces branches de charpente, on ne laissera pousser que des brindilles fructifères assez distantes pour ne pas se gêner mutuellement.

De la sorte la sève sera bien répartie et la fructification normale et aussi régulière que possible. De plus avec ce mode de taille, il sera plus facile de lutter dans l'avenir contre certains parasites qui pourraient se montrer menaçants et achever l'œuvre de l'inculture.

C'est de ces «parasites» qu'il va être question.

Dans l'Ardèche méridionale nous avons, par-ci, par-là, quelques années où l'on assiste à la chute prématurée des olives sans qu'aucune cause extérieure apparente paraisse pour l'observateur superficiel, déterminer cette chute.

Or, si l'on examine ces olives tombées avant maturité, on s'aperçoit bien vite qu'elles sont habitées par une petite larve qui en ronge l'intérieur. Cette larve est sortie d'un œuf déposé par une petite mouche (Dacus, keiroun). Dans tout le Midi de la France (Provence, Languedoc) et en Italie, la mouche de l'olive cause parfois des dégâts considérables et on a dû lutter sérieusement contre elle par des pulvérisations insecticides faites avec des bouillies sucrées et arséniquées.

Chez nous, où les dégâts sont plus réduits et plus rares, on pourra toujours commencer, pour éviter l'extension de la mouche, par une *cueillette hâtive*, pratiquée dès le début de la chute des olives véreuses. Ensuite ces olives ainsi cueillies de bonne heure seront portées de suite au moulin pour qu'on les broie. Le moulin lui-même sera tenu très propre par des badigeonnages à la chaux et des lessivages de façon à détruire les vers qui sont sortis et qui peuvent y rester.

Par ailleurs, il y a une vingtaine d'années, on s'était préoccupé de combattre, dans notre département, un autre fléau redoutable pour le Midi de la France, la fameuse «*cochenille*» de l'olivier toujours accompagnée de la « *fumagine* »

Mais à ce moment, après enquête, aucune mesure ne fut jugée nécessaire dans nos régions parce que ces deux fléaux n'existaient pas encore.

Malheureusement, ces temps derniers, nos braves cultivateurs, viennent de s'apercevoir que dans certaines oliveraies, les arbres deviennent tout noirs de fumée et portent en même temps sur leurs branches de toutes petites coquilles brunes serrées les unes contre les autres. Ces coquilles sont précisément des cochenilles, tandis que la fumée noire, c'est la fumagine.

Les premiers foyers de fumagine constatés en 1923-24-25 se trouvent surtout dans le canton de Joyeuse (Payzac) et celui des Vans (Les Assions Gravières, Chambonnas, etc.) Un autre point contaminé vient d'être signalé dans le canton de Vallon (Bessas). A n'en pas douter, ces foyers initiaux sont appelés vraisemblablement à s'étendre et avec l'inculture, la maladie contribuera progressivement à la destruction des arbres et à la disparition de la bonne huile d'olives familiale.

Il serait donc temps de faire quelque chose pour arrêter le mal.

Or la cochenille est un insecte dont les déjections sucrées font développer le champignon noir de la fumagine. Il faut donc détruire insecte et champignon à la fois mais surtout la cochenille.

Pour cela on commencera par tailler rationnellement l'arbre comme il a été dit plus haut, en dégarnissant l'intérieur et éclaircissant le pourtour. Si même les oliviers sont âgés, affaiblis et très atteints on tentera la taille de régénération en renouvelant leur charpente, c'est-à-dire en les rabattant sur les branches maîtresses. Toutes les grosses plaies seront badigeonnées au goudron pour la cicatrisation rapide et tous les bois de taille seront immédiatement brûlés.

Ceci fait on exécutera des pulvérisations à la fois insecticides et anti-cryptogamiques.

Un bon insecticide facile à préparer à la campagne c'est l'émulsion de *pétrole-savon* dans la proportion de 2 litres de pétrole et 1 kil. de savon par hectolitre de liquide. On fait fondre le savon dans un peu d'eau chaude, on ajoute peu à peu en remuant constamment et on complète les 100 litres avec la quantité de liquide nécessaire.

Dans le cas qui nous occupe, le liquide dans lequel on devra verser l'émulsion pétrole-savon préparée à part, ce liquide, disons-nous, devra jouer le rôle d'anti-cryptogamique (contre la fumagine). Ce sera tout simplement une bonne *bouillie bordelaise* ou *bourguignonne* semblable à celle que l'on emploie pour le mildiou de la vigne, autrement dit une solution de sulfate de cuivre à 2 p. 100, neutralisée par de la chaux ou du carbonate de soude.

L'émulsion insecticide « pétrole-savon » peut être remplacée par la *nicotine titrée de la Régie* que l'on mélangera également à la bouillie bordelaise ou bourguignonne (1 à 2 litres de nicotine titrée à 100 gram., par hectolitre de bouillie cuprique).

Il y a aussi le procédé du Professeur Vidal de Montpellier qui consiste à ajouter 1 litre d'essence de térébenthine à un hectolitre de bouillie bordelaise à 2 p. 100 de sulfate. On prendra la précaution de toujours bien agiter le liquide afin d'émulsionner l'essence qui a tendance à surnager.

La bouillie cuprique lysolée (1 litre de lysol par hectolitre) peut donner de bons résultats.

L'essentiel, dans le traitement, c'est d'appliquer ces pulvérisations au moment opportun. Tant que les œufs sont protégés par les carapaces (petites coquilles brunes dont nous avons parlé), il n'y a rien à faire. Il faut donc surveiller attentivement l'éclosion et traiter lorsque les jeunes chenilles circulent sur les branches, ce qui se prolonge durant plusieurs mois. Dans la Basse-Ardèche, après un hiver doux, on pourra parfois constater des éclosions en avril-mai, puis en juin-juillet. On traitera donc à plusieurs reprises durant ces mois-là. Le dernier traitement, celui d'août-septembre sera surtout dirigé contre la fumagine dont le développement pourrait être favorisé par les pluies et brouillards d'automne.

En somme : taille très sévère et pulvérisations sont les moyens de lutte

contre la cochenille et la fumagine. Les pulvérisations devront être poursuivies avec persévérance, durant plusieurs années de suite.

Un autre parasite dont nous avons constaté la présence dans la région de
Banne, c'est le « Neïroun » (Phlœtribus), insecte qui pique les brindilles,
interrompt la circulation de la sève et fait dessécher ces brindilles. Le neïroun est un charançon brun-noirâtre de 2 millimètres de long qui creuse
dans le bois des galeries dans lesquelles la femelle pond des œufs à plusieurs
reprises pendant la végétation Il faut savoir qu'au printemps ces insectes
quittent les arbres sur pied pour aller se reproduire dans les bois d'élagage
qui sont restés par terre dans les oliveraies. Ce sont ces bois qu'il faut absolument détruire. Dans le Midi, il existe des arrêtés qui obligent le cultivateur à enlever ou brûler dans la huitaine qui suit la taille, toutes ces broussailles, ces brindilles qui séjournent sous les oliviers et à transporter loin
de la plantation le gros bois destiné au chauffage. Tout cela est très pratique,
mais encore faudra-t-il que tout le monde le fasse pour éviter la pullulation
de notre ravageur encore peu répandu heureusement.

Enfin, de temps à autre, nos oliviers périssent au bout d'un âge parfois
peu avancé (50-60 ans) et en très peu de temps. Si on les arrache, on trouve
des larves dans le tronc. Mais ces larves ne sont pas la cause directe de la
mort qui est due à la présence des champignons du « *Pourridié* » occasion-
nant la carie du tronc ou la pourriture des racines (constatations faites dans
la région de Lablachère-Salymes). Nos observations à ce sujet n'ont fait que
confirmer ce qu'on savait déjà depuis longtemps, que l'olivier contracte surtout ce pourridié dans les terres riches, fertiles, fraîches où il voisine avec
la vigne et le mûrier.

Pour terminer cette liste de parasites, disons que dans certaines années on voit apparaître sur les feuilles d'oliviers les taches caractéristiques
du « cycloconium ». En Provence et Languedoc, ce champignon occasionne
parfois la chute des feuilles, la coulure des fleurs ou la chute des fruits. Ici,
nous n'avons jamais constaté de dégâts sérieux de ce chef ; il est possible,
du reste, que la croissance du parasite soit suspendue par suite d'une chaleur insuffisante. Nous n'en parlons donc que pour mémoire et arrêterons-
là les indications de nature à intéresser les agriculteurs qui tiennent encore
à soigner leurs oliviers, pour passer à quelques considérations sur la récolte des olives et la fabrication de l'huile.

La cueillette des olives doit se faire lorsque le fruit passe de la couleur
rouge à la couleur noire. Il ne faut pas attendre que le fruit, devenu noir,
présente des plissements ou rides sur la peau. Le procédé de récolte varie
suivant les localités, parfois à l'aide d'échelles, parfois en montant sur l'arbre. On cueille le fruit à la main et on en remplit de petits sacs ou bien on
laisse tomber ces fruits sur une toile disposée sur le sol. On compte qu'une
personne peut ramasser ainsi 20 à 30 kil. par jour. La période de grand
travail va du 1er décembre à la Noël ; dans les années d'abondance relative
ou continue parfois en janvier. Les olives tombées naturellement et plus ou
moins altérées ne devraient pas être mélangées avec les autres parce que
leur huile est de qualité inférieure.

Une fois la récolte rentrée, il importe de ne pas entasser les olives dans des cornues ou autres récipients. En attendant le broyage, en les conservera sous une très faible épaisseur, dans un local aéré, on les brassant fréquemment. Ce qu'il faut éviter par dessus tout, c'est la formation des moisissures qui donnent un goût détestable à l'huile. On les laissera ainsi le temps suffisant pour qu'elles s'échauffent très légèrement afin que l'huile soit plus fluide. Les noires (non ridées) peuvent rester 4 ou 5 jours ; les rouges, un peu plus : en moyenne 7 ou 8 jours au maximum. C'est du reste, lorsque la main plongée dans la masse, ressentira un peu de tiédeur (30°-40° environ) que le moment sera venu de porter la récolte au moulin.

Rien de plus variable que le rendement des oliviers de l'Ardèche en fruits selon l'âge, la situation des arbres et les soins qu'on leur donne. Cependant pour l'année 1926, année de bonne récolte, nous relevons pour la région des Vans : 100 kil. d'olives pour 9 arbres, soit 11 k. 1 par pied et pour la région d'Aubenas (même année) : 200 kil. de fruits pour 24 arbres soit 8 k. 3 par pied. Ceci en bonne année et pour des sujets de 50-60 ans, donnant tous les deux ans. La contre-année la récolte est réduite à 1/4 ou à 1/3. Certains arbres mal soignés ou trop vieux ne donnent qu'une petite récolte tous les trois ans. D'autres sujets placés aux bons endroits arrivent à 20 kil. Comme nous l'avons déjà fait ressortir, l'emploi des engrais chimiques complémentaires contribuerait dans bon nombre de cas à augmenter ces rendements.

Quoiqu'il en soit, la récolte, petite ou abondante, après quelques jours de conservation (voir plus haut), est portée au moulin le plus proche où l'on procèdera à l'extraction de l'huile.

Une quarantaine de ces moulins fonctionnent dans le Bas-Vivarais. En voici les principaux :

Armand, à Rosières ; — Armand, aux Assions. — Bastide, à Vinezac ; — Champetier, à Sampzon ; — Coulet, à Lablachère ; — Deschanel, aux Vans ; — Darboux, à Gacheloup ; — Dupuy, à St-André-Lachamp ; — Escoutay, à Salavas ; — Froment, aux Vans ; — Jouve, à Ucel ; — Lalauze, à Labeaume ; — Latourre, à Joyeuse ; — Marcel, à Bourg-St-Andéol ; — Marron, à Grospierre ; — Pascal, à Largentière ; — Privat, à Gravières ; — Prat, à Montréal ; — Roche, aux Assions ; — Rey, à Chambonas ; — Serret, à St Etienne-de-Fontbellon ; — Roux, à Bourg St-Andéol ; — Touroulet, à St-Sernin ; — Vaschalde, à St Pierre-le-Déchausselat ; — Vedel, à Casteljau ; — Vannières, à Rosières.

Nous avons pu visiter quelques-unes des installations les plus intéressantes et en noter les particularités. Les mieux organisées ont un broyeur à deux meules verticales avec ramasseur pour la pâte ; d'autres une simple meule tronconique servant également au concassage des grains. Dans tous les cas, la pâte est introduite au sortir du broyeur dans des cabas en sparterie (scourtins) et en même temps on additionne tout de suite cette pâte avec de l'eau très chaude. Les scourtins ainsi échaudés sont empilés sous la presse et cette première pressée donne un liquide huileux qui se rend dans un très grand récipient de 5-10 hectolitres. Après un repos d'une heure, l'huile surnageante est récoltée à la partie supérieure à l'aide de bassines ou plateaux, sortes de poêles plates, appelées « *feuilles* ». Ensuite on « *fraise* », c'est-à-dire qu'on défait les scourtins et qu'on ajoute à nouveau à leur contenu de l'eau bouillante pour les remettre une seconde fois sous la presse afin d'en extraire l'huile restante.

Quant à l'eau de décantation, elle s'en va par une sorte de siphon appelé « *chante-pleure* » dans une ou plusieurs citernes appelées « *Enfers* ». C'est dans ces enfers, qu'après un repos de huit jours, on enlève la dernière huile, de qualité très médiocre, impropre aux usages culinaires et qui reste la propriété du moulinier (huile d'enfer).

Ces moulins à huile sont parfois annexés aux moulinages ou au moulins à farine. On y utilise alors la force hydraulique ou le moteur électrique par la mise en marche du broyeur ou de la presse. Dans les autres cas, le travail est fait par un cheval ou à bras d'hommes ; on y occupe alors trois hommes. Le travail dure environ un mois dans les bonnes années, à raison d'une moyenne de 1000 à 1500 kil. d'olives traitées par jour et jusqu'à 2000 k. si l'on travaille jour et nuit.

Dans ces moulins nous avons pu relever quelques données sur le rendement en « *huile* ». C'est ainsi, par exemple, que dans la région des Vans, en 1926, on a obtenu 16 kil. d'huile comestible par 100 kil. d'olives, ce qui constitue un rendement satisfaisant. Dans cette même région on évalue le rendement minimum à 12 k. d'huile par 100 kil. de fruits et le maximum à 20 kil. Ce maximum est surtout obtenu avec la variété dite « *Blanche* ». Ailleurs, on a compté, en 1926, une moyenne de 5 à 5 k. 5 par « *Ras* ». Le *ràs* représente 25 kil. d'olives). Plus loin, région de Lablachère, on admet que la « *coumoulo* » (25 kil. d'olives) peut donner jusqu'à 5 et 6 kil. d'huile. Enfin dans les environs d'Aubenas, on relève en 1926 : 24 litres d'huile pour 100 kil. de fruits. (bonne année). Dans cette même région, la moyenne est de 14 k. d'huile, pour 100 k. d'olives.

Les conditions imposées par le moulinier aux oléiculteurs sont un peu variables suivant les cantons. Toutefois, en général, le moulinier exige une rétribution de 8 à 10 frs par 100 kil. d'olives traitées et le plus souvent il faut encore lui abandonner les grignons. La redevance s'élève à 12 frs. lorsque le moulinier vient chercher lui-même les olives à domicile. Enfin, dans pas mal de communes, la propriétaire du moulin a encore conservé l'habitude de faire nourrir ses hommes par le détenteur des olives, ce qui augmente les frais du récoltant.

Quelques remarques à propos des procédés d'extraction en usage ici :

A n'en pas douter, c'est l'huile de la pulpe (chair) qui est la meilleure. Celle qui est contenue dans le noyau et l'amande est de mauvaise qualité et s'altère assez vite. Donc en principe, il conviendrait, pendant le broyage, de ne pas aller jusqu'à l'écrasement du noyau. Or, c'est ce qu'on ne fait pas généralement. Beaucoup d'agriculteurs tiennent à l'écrasement complet au risque de diminuer la qualité par le mélange des deux huiles (pulpe et noyau) Le moulinier lui-même voit d'un bon œil cette pratique qui augmente toujours un peu le rendement et qui lui permet d'obtenir des grignons très broyés que les animaux mangent plus facilement.

D'autre part, comme on l'a remarqué sans doute, dans leurs procédés d'extraction nos moulins n'effectuent jamais la première pressée des scourtins à *froid* et à *sec*. Cependant c'est le moyen qui permettrait de livrer au récoltant une huile « *vierge* » de toute première qualité supérieure qu'on ne mélangerait pas à l'huile échaudée des pressées suivantes. Toutes les pressées se font ici à l'eau chaude, la première comme la seconde et tout est mélangé, ce qui donne, en fin de compte, une huile authentique, c'est vrai, mais de qualité moyenne seulement.

Mais, encore une fois, comme il n'y a pas, à proprement parler ici d'exportation en matière d'huile d'olive et que le récoltant consomme le plus souvent son produit, on s'en tient à ces vieilles habitudes dont le plus clair résultat est cependant de sacrifier un peu la qualité à la quantité. On ne saurait tout avoir !

De toute façon, il faut cependant ne donner sa confiance qu'aux moulins bien propres, badigeonnés à la chaux et lessivés et dont le matériel (cabas surtout) sera souvent nettoyé afin d'éviter le mauvais goût (rancidité). Les objets métalliques notamment seront préservés de la *rouille* qui communique à l'huile un goût très désagréable.

Un fois que le récoltant aura apporté son huile chez lui, il veillera tout naturellement avec soin à sa conservation. Cette conservation se fait dans les meilleures conditions en choisissant un local à température invariable et tempérée, situé loin des odeurs (fumée, moisi, fumiers, etc.). Les récipients les meilleurs sont ceux en terre cuite vernissée à l'intérieur ou bien en verre. Proscrire absolument le zinc et le cuivre qui donnent des huiles toxiques. Enfin des soutirages sont nécessaires pour éliminer les dépôts (crasses).

Comme nous l'avons déjà fait observer, si en sortant du moulin, l'agriculteur remporte bien son huile, il abandonne généralement les grignons ou résidus au moulin. Il serait bon, cependant que le producteur soit bien fixé sur la valeur de ce sous-produit afin qu'il puisse en tenir compte dans les conditions stipulées pour la redevance au moulinier.

Or il résulte des considérations exposées antérieurement au sujet de la fumure que les grignons, au point de vue azote, sont au moins deux fois plus riches que le fumier de ferme, ce qui justifie leur emploi comme engrais.

Mais le meilleur mode d'utilisation paraît être l'alimentation des « *porcs* ». Ces animaux s'en montrent très friands. Pour les engraisser, il faut mélanger les grignons au maïs ou à l'orge dans la proportion de 1 de grains pour 2 de grignons, le tout bouilli dans l'eau grasse. On a parfois incriminé les débris de noyaux qui pourraient déchirer le tube digestif et causer des accidents. Ceci paraît fondé pour les moutons et les bœufs, mais rare chez le porc dont les molaires résistantes assurent une mastication parfaite. En tous cas, on pourrait, par précaution, battre d'abord ces grignons dans une cuve d'eau ; les noyaux, plus lourds tomberaient au fond et servirait de combustible. Quant à la pulpe qui surnagerait et qui est très nourrissante, on pourrait la donner à tous les animaux.

La plupart du temps, la destinée de nos grignons c'est l'expédition qu'en fait le moulinier dans les établissements du Gard ou du Midi. C'est dans ces établissements qu'on extrait l'huile restant encore dans ce sous-produit, par le procédé de la « *rescence* » ou du « sulfure de carbone ».

Telle est, esquissée à grands traits, la situation présente de l'oléiculture dans l'Ardèche. Que deviendra t-elle dans l'avenir ? Il est très difficile de pronostiquer à ce sujet. Aux praticiens qui liront ces lignes, de répondre et d'essayer sur certains points favorisés, la mise en pratique des conseils que nous donnons au sujet de l'entretien des arbres. L'application de ces conseils est entièrement du ressort de l'initiation individuelle.

Il n'en serait peut-être pas de même de la fabrication de l'huile qui pourrait, tout au moins dans les centres les plus actifs, se faire en commun par le moyen de « *moulins-coopératifs*. Par la coopération on pourrait, pour l'huile comme pour le vin, obtenir un meilleur produit et surtout un plus gros bénéfice. Cela inciterait alors à donner plus de soins aux cultures d'oliviers. Nous aurions hésité à parler de cette coopération oléicole si les intéressés eux-mêmes n'avaient appelé l'attention des services agricoles sur cette question. Il s'agit de la commune de Vinezac qui vient de faire mettre à l'étude un projet de création d'un moulin à huile coopératif. Ce réveil est sans doute de bon augure et il n'y a qu'à souhaiter que l'essai qui va être tenté réussisse car ce sera un précieux encouragement pour les autres régions oléicoles du Bas-Vivarais.

D. Munttviller.

Pêcher. — Pendant des siècles, sans doute, le pêcher a vécu, disséminé dans les vignobles des côtes du Rhône, mais il n'a fait l'objet d'une culture spéciale que depuis environ une quarantaine d'années. C'est exactement en 1832 que M. Meyer l'introduisit à St Laurent du Pape où les plantations ne devinrent un peu importantes qu'à partir de 1885.

D'après plusieurs informateurs dignes de foi, la région de St-Désirat aurait produit, en 1885, une certaine quantité de pêches pour la vente, précédant ainsi de quelques années, dans cette voie, celle de la vallée de l'Erieux. Mais, au début, ne sachant pas appliquer aux arbres des fumures et une taille appropriées, les agriculteurs ne pouvaient conserver leurs plantations que très peu de temps et devaient les remplacer tous les 10 ans environ.

Sous l'influence de l'élévation des prix de vente des fruits en général et de la pêche en particulier, les producteurs de la rive droite du Rhône ont considérablement amélioré leurs méthodes de culture qui atteignent actuellement un degré de perfection qu'on retrouve rarement ailleurs.

Nous voudrions pouvoir donner une idée exacte de la progression suivie par les plantations de pêchers depuis 1910 ; malheureusement, il est assez difficile de fournir à ce sujet des chiffres exacts et nos prétentions doivent se borner à faire connaître l'importance des récoltes successives qui ont subi forcément des variations dûes aux intempéries ou aux attaques des parasites et ne peuvent permettre de se rendre suffisamment compte du développement pris par la culture dont il s'agit :

Années —	Récoltes en quintaux	Années —	Récoltes en quintaux
1910	2647	1919	15901
1911	7896	1920	6634
1912	6788	1921	20083
1913	880	1922	11683
1914	9747	1923	9944
1915	6661	1924	14147
1916	5326	1925	9995
1917	11790	1926	13435
1918	5418		

Cette production est à peu près localisée dans les communes qui bordent le Rhône où la partie basse de ses affluents, au Nord de Lavoulte.

En 1924, elle se répartissait de la manière suivante :

ARRONDISSEMENTS	CANTONS	QUANTITÉS PRODUITES en quintaux métriques		
		par canton	par arrondissement	Total général
LARGENTIÈRE	Burzet	5		
	Joyeuse	20		
	Largentière	9		
	Montpezat	130		
	Thueyts	80		
	Vallon	2		
	Les Vans	94		
			340	
PRIVAS	Aubenas	58		
	Bourg St Andéol	50		
	Chomérac	18		
	Privas	851		
	Rochemaure	12		
	St-Pierreville	30		
	Villeneuve-de-Berg.	13		
	Viviers	27		
	Lavoulte-s/-Rhône.	4.671		
			5.740	
TOURNON	Annonay	1.045		
	Le Cheylard	30		
	Lamastre	54		
	St-Félicien	130		
	St-Martin-de-Valamas.	7		
	St-Péray	482		
	Satillieu	20		
	Serrières	3.581		
	Tournon	2.711		
	Vernoux	7	8.067	
				14.147

Les cantons de Lavoulte, de Serrières et de Tournon se distinguent nettement par la supériorité de leur production. Certaines communes se signalent également à ce point de vue et il convient de citer celles de :

St Fortunat accusant une récolte de 1800 quintaux
St Laurent du Pape   «   1500   —
St Désirat   «   «   1300   —

Si, dans ces localités, la culture du pêcher atteint son maximum d'intensité, elle occupe déjà un espace considérable et gagne constamment du terrain vers Annonay et St-Félicien, où, sans doute, on ne la pratique pas encore avec les mêmes soins ni surtout aussi savamment, mais où, par contre, on n'a pas à prendre les mêmes précautions pour la protéger contre ses ennemis de toutes sortes dont la puissance d'envahissement croît plus vite que la possibilité de les combattre.

De plus en plus, l'attention des arboriculteurs se porte sur les points suivants : Choix des porte-greffes et de la variété servant de greffon, taille, fumure et traitements.

Pépinière. — Ce sont les intéressés qui produisent eux-mêmes les plants dont ils ont besoin et chacun d'eux possède une pépinière établie à l'endroit le plus favorable de son domaine. Le sol, défoncé à 0m 80 de profondeur au minimum, est abondamment fumé avec du fumier de ferme à raison de 800 kgrs par are. En été on arrose avec une solution de nitrate de soude à 1.5 °/₀₀. On sème, vers la fin de mars, lés noyaux provenant de pêches bien mûres et mis immédiatement en stratification ; selon les cas, on fait appel comme porte-greffe, au prunier St-Julien, à l'amandier, ou au pêcher.

Ce dernier est le plus couramment employé, il assure généralement à l'arbre une vigueur suffisante et une fructification régulière, surtout dans les terrains d'alluvion, frais, mais non humides.

L'amandier est plus spécialement réservé aux sols calcaires et secs, en raison de sa faculté d'atténuer les effets chlorosants de la chaux ; malheureusement, il prédispose le greffon aux diverses maladies et donne des fruits plus petits.

Enfin, dans les bas-fonds humides, le prunier St Julien donne les meilleurs résultats. Il présente toutefois l'inconvénient de drageonner beaucoup.

D'autre part, l'expérience a démontré qu'il est très difficile de faire succéder les plantations de pêchers à elles-mêmes au grand préjudice de beaucoup d'agriculteurs qui cherchent à réaliser les conditions les plus favorables à leurs pêcheraies, en effectuant des aménagements très coûteux tels que adduction d'eau, construction de grands réservoirs et établissement de canalisations. Aussi, la plupart d'entre eux s'efforcent-ils de tourner la difficulté en se servant successivement de porte-greffes, qui sont autant d'espèces distinctes pouvant se substituer les unes aux autres.

Au bout d'une année de pépinière les jeunes sujets sont greffés vers la fin d'août, en écusson à œil dormant et, dix huit mois plus tard, on les met à demeure.

Variétés. — Nous indiquons sous forme de tableau et par ordre de précocité les principales variétés cultivées dans la région.

Noms	Arbres	Fruits	Maturité
May Flower....	Moyennement vigoureux et fertile.	moyens, colorés.	15 juin
Vainqueur......	Très vigoureux, peu fertile.	moyens. manquent de coloris.	18 au 20 juin
Earles Of All...	Très vigoureux, difficile à conduire.	moyens, manquent de coloris, chûte avant maturité.	18 au 20 juin
Amsden	vigoureux.	assez gros, très coloré.	25 juin
Précoce de Hale..	vigoureux, fertile.	assez gros, rond, coloré.	15 juillet
Incomparable Guillou.........	vigoureux, fertile.	gros, coloré.	25 juillet
Belle de Chanzy.	vigoureux, fructification irrégulière.	gros.	25 août
Amédith.......	indiscipliné, difficile à conduire.	Très gros, très coloré.	31 août

Le choix de la variété est déterminé à la fois par les conditions du marché des fruits et du terrain dont on dispose. Il faut pouvoir profiter des prix les plus élevés tout en s'assurant une production suffisante. Par exemple, dans les terres légères, situées en côteau non arrosable, on ne peut cultiver que des pêchers précoces arrivant à maturité avant la période de sécheresse.

Plantation. — La plantation a lieu en lignes espacées de 4 à 6 mètres, alternant souvent avec celles de vignes conduites en cordon; elle est l'objet du plus grand soin; le terrain étant préalablement ameubli à la pioche et à la pelle, on creuse des trous de 0 m. 60 à 0 m. 80 de côté et autant de profondeur, en ayant soin de séparer la terre végétale, sortie en premier lieu, de celle qui provient de la partie inférieure.

Au fond de l'excavation on met, en moyenne, 25 kgrs de fumier de ferme (1) qu'on recouvre d'un peu de terre disposée en un petit tas conique sur lequel on étale les racines du sujet tenu bien verticalement. Il ne reste plus qu'à combler, jusqu'au sommet, d'abord avec la terre provenant de la couche arable et ensuite avec celle retirée de la partie inférieure.

Le collet de l'arbre doit se trouver alors juste au niveau du sol ou même légèrement dégagé.

Pendant la période de végétation qui suit on se contente de tenir le terrain propre et frais.

---

(1) Certains mettent au fond des engrais chimiques qu'il recouvrent d'une couche de terre en forme de tas conique sur lequel ils étalent les racines recouvertes à leur tour d'une nouvelle épaisseur de terre ; on épand le fumier qui se trouve ainsi au-dessus des organes souterrains de l'arbre et ne risque pas de provoquer le pourridié. A défaut de fumier de ferme il serait intéressant de se servir de chrysalide à raison de 1 kilogramme par pied qui ne brûle pas et donne d'excellents résultats.

Formation de la charpente. — La formation de l'arbre commence l'année suivante. Elle fait l'objet de la plus grande attention, afin qu'il soit possible:

a/ de parvenir à la production normale dans le plus bref délai.

b/ d'obtenir le maximum de fruits de première qualité.

c/ de prolonger, jusqu'à l'extrême limite, la durée du pêcher.

Pour atteindre ce triple but on s'attache à:

1°. — développer rapidement la charpente, tout en conservant au sujet une vigueur convenable.

2°. — soumettre la surface maxima à l'action de l'air et de la lumière qui assurent, aux jeunes pousses inférieures, une vigueur suffisante et aux fruits la plénitude de leurs qualités.

3°. — maintenir des coursonnes jusqu'à la base des branches principales pour donner à celles ci une vitalité suffisante, pendant toute la vie de l'arbre, et accroître les rendements.

4°. — rapprocher le plus possible les formations fruitrières des grosses ramifications dont elles reçoivent leur nourriture et qui leur servent de support.

Les moyens pratiques d'atteindre ces résultats consistent à commencer la formation du pêcher avec très peu de bras (deux seulement quelquefois trois, plus rarement quatre), qui, profitant de toute la sève, vont s'allonger d'autant plus vite qu'ils seront moins nombreux ; d'autre part, on n'aura pas à craindre plus tard l'encombrement de leur point de divergence par les formations secondaires qui, si elles étaient trop serrées, finiraient par s'étouffer mutuellement.

A la deuxième taille les branches principales sont « doublées » et on continue dans la suite jusqu'à ce que le pourtour se trouve régulièrement garni et qu'on obtienne une forme rappelant celle d'un V. Il est nécessaire que la première bifurcation soit assez éloignée du tronc, toujours pour faciliter l'accès de l'air et de la lumière (1). Le pêcher étant très capricieux et manifestant sans cesse une propension à concentrer toute sa végétation vers la cîme où se porte naturellement la sève, il conviendra de ralentir l'ascension de celle-ci en donnant aux branches une inclinaison croissante à chaque bifurcation, depuis leur naissance jusqu'à leur extrémité.

Des précautions qu'aura prises l'arboriculteur pour bien évider l'intérieur des arbres et répartir la sève ainsi que les coursonnes sur toute la longueur des branches charpentières, dépendront à la fois la durée et les rendements de sa plantation.

Il est bien évident que les moyens employés à cet effet dépendent essentiellement de la nature du sol et des variétés cultivées. Dans les terrains de côteaux et avec les variétés moyennement fertiles, on a peu de difficultés, mais lorsque la terre est très riche et la variété vigoureuse il devient souvent nécessaire de modifier la direction des branches en les fixant à des

---

(1) D'après les arboriculteurs les plus avisés il devrait y avoir 0 m 50 au minimum entre deux bifurcations successives.

échalas, de procéder à des « doublements » provisoires ou même de terminer en « tête de saule » ; cependant, on revient toujours aux prolongements
simples. La dichotomie des bras ne présente pas, elle non plus, une régularité mathématique et dépend des circonstances.

En somme, un pêcher bien conduit affecte la forme d'un entonnoir très
ouvert dont la surface est complètement garnie de haut en bas par des ramifications qui ne doivent jamais s'entre-croiser ni encombrer l'intérieur. Autrefois, on établissait deux ou plusieurs étages, mais actuellement on y a
complètement renoncé.

Taille.—La taille, qui joue un rôle particulièrement important, se poursuit pendant toute l'année.

Elle commence de très bonne heure, en janvier, et porte principalement
sur les éléments à bois. On touche à peine aux formations fruitières, afin
d'avoir une abondante floraison. Lorsqu'il n'y a plus à craindre de gelées
tardives et que les fruits sont noués, on supprime les parties superflues de
manière à limiter la production à une juste mesure et à ne pas épuiser
l'arbre.

Suivant ces principes, les divers rameaux du pêcher sont traités de la
façon suivante :

1°.— Les bouquets de mai restent intacts.

2° — Les chiffonnes sont également respectées ou simplement épointées,
sauf s'il s'agit de combler un vide, auquel cas, on les rabat sur les deux yeux
de la base.

3° — Les branches fruitières bénéficient des mêmes ménagements elles
ne subissent qu'un léger raccourcissement à moins qu'elles ne soient trop
nombreuses, mal situées, placées vers le sommet ou dirigées verticalement.
On cherche alors à les éclaicir ou à les affaiblir par une taille plus sévère.

4° Les rameaux mixtes sont rabattus sur 6 ou 8 yeux ; cependant, s'ils sont
bien placés latéralement on leur conserve une plus grande longueur et les
fruits qu'ils porteront à leur extrémité, en les inclinant, feront développer, vers
le talon, des jeunes pousses qui serviront de coursonnes l'année suivante.
Afin d'être sûr du résultat escompté, certains arboriculteurs préfèrent arquer
le rameau.

5° Les branches à bois sont coupées très court ; on ne conserve généralement que les deux yeux inférieurs qui donneront des pousses portant des
boutons. Si la vigueur est considérable, on laisse 3 ou 4 yeux pour ne pas
nuire aux formations fruitières.

6° Les gourmands, pendant la végétation, ont été supprimés (lorsqu'ils
occupaient une position verticale) ou pincés sur deux yeux, à partir de la
base, et servent de *coursons.*

7° Lorsque les coursonnes comprennent deux ou plusieurs rameaux, le
plus bas doit toujours fournir les éléments de la taille qui suit ; s'il est à bois
on le rabat sur deux yeux et on conserve en même temps une branche à fruits
dont le 1/3 supérieur est supprimé, c'est ce qu'on appelle « *la taille en cro-*

chet ». Si, au contraire, le plus bas rameau porte des boutons on le garde seul en le réduisant environ de moitié.

De même, quand on se trouve en présence de deux rameaux mixtes, on ne maintient que le plus bas qui sera traité comme il vient d'être dit. Ce ne sont, sans doute là, que des règles appliquées avec une grande habileté par les agriculteurs de la vallée de l'Erieux, passés maîtres dans l'art de la taille et qui savent parfaitement que, selon la vigueur des sujets, il est nécessaire de laisser plus ou moins de bois, de manière à toujours avoir un juste équilibre entre la végétation et la fructification. Ainsi, sur les pêchers jeunes et vigoureux appartenant à une variété comme l'Amédith, qui tend à « s'emporter », on conserve un grand nombre de rameaux fertiles, des bouquets de mai ou même des chiffonnes pour donner à la sève un parcours convenable, tandis qu'on réserve une place beaucoup plus réduite sur les pieds âgés des variétés « Amsden » et « May Flower ».

Quand vient le mois de mai, qu'il n'y a plus à craindre les intempéries et que les fruits sont bien noués, on fait disparaître le surnombre par une deuxième opération dite « éclaircissement des fruits ».

Le pincement des gourmands, effectué le plus tôt possible, fait développer des bourgeons anticipés qui sont épointés à leur tour environ 15 jours avant la cueillette (1). A l'extrémité de chaque bras on ne conserve que la pousse la plus vigoureuse et la mieux placée, tandis qu'on choisit celles issues des yeux stipulaires plus faibles pour établir tous les 8 à 10 centimètres des coursonnes sur les prolongements.

Après la récolte on débarrasse les arbres de toutes les parties inutiles qu'on serait obligé de faire disparaître à la taille d'hiver, sans cependant supprimer trop d'organes foliacés, afin d'assurer au végétal la plus grande quantité possible de principes nutritifs pour le développement des bourgeons à fleurs. Dans toutes ces opérations il ne peut être question d'appliquer des règles rigides ; et le praticien est obligé de compter, avant tout, sur son bon sens, son talent et son expérience, afin de faire jouer aux pincements le rôle de petites vannes permettant de répartir convenablement la sève et de la diriger à son gré sur les points où elle doit être utilisée. (2)

Fumure. — L'intensification des fumures appliquées au pêcher ne date que de 1919 époque à laquelle les fruits commencèrent à atteindre un prix vraiment rémunérateur.

Les premiers essais portèrent sur les engrais azotés, le sulfate d'ammoniaque surtout, dont la consommation ne tarda pas à se généraliser et à s'accroître particulièment sur les bords de l'Erieux où certains exploitants emploient régulièrement chaque année jusqu'à 3 kgrs de ce produit par pied, ce qui correspond à une dose de 1400 kgrs par hectare.

---

(1) Les sujets jeunes ne sont pas soumis au pincement à moins qu'ils ne présentent une trop grande vigueur.

(2) Depuis deux ou trois ans quelques arboriculteurs appliquent une nouvelle taille dite « taille Bertin » qui fera l'objet d'une étude spéciale.

Malheureusement, les autres substances fertilisantes n'ont pas toujours été fournies aussi abondamment et une rupture d'équilibre entre les principes nutritifs contenus dans le sol était d'autant plus à craindre que, par suite d'un surcroît de végétation et de la solubilisation de la chaux, la terre se décalcifiait et s'appauvrissait en ses éléments essentiels.

Mis en garde contre ce danger, les intéressés font de plus en plus usage de fumures complètes dont le fumier de ferme constitue la base, toutes les fois qu'il est produit en assez grande quantité dans l'exploitation. Dans le cas contraire, on le remplace par du tourteau, du sang desséché, de la cornaille ou de la chrysalide de vers-à-soie.

Des sels potassiques et des scories ou des superphosphates sont également apportés en complément.

Il est assez difficile d'indiquer exactement les quantités employées de chacun de ces composés, cependant nous savons qu'il est utilisé, dans beaucoup de plantations, 2 kgrs de sulfate de potasse, ou de chlorure de potassium, et 2 kgrs d'engrais phosphaté par arbre.

Comme il est aisé de le constater par l'examen des chiffres qui précèdent, les fumures adoptées pour le pêcher sont plutôt abondantes que rationnelles. Elles n'ont pas encore été déterminées par une expérience suffisamment longue et, si elles contiennent toutes les substances utiles, celles-ci ne se trouvent pas toujours associées dans une juste proportion, permettant d'obtenir le maximum d'effet avec le minimum de dépenses tout en maintenant la couche arable en bon état.

Cependant, comme leur influence sur le développement et la coloration des fruits est considérable, elles font déjà l'objet d'observations très attentives qui permettront d'établir des formules judicieuses répondant au but visé.

Traitements. — Les ennemis du pêcher deviennent de plus en plus menaçants à mesure qu'on propage et intensifie sa culture. Déjà, à la pépinière, les jeunes sujets sont attaqués par le Coryneum qui cause de très sérieuses inquiétudes. Contre ce terrible adversaire on pratique, avec une régularité croissante, des traitements cupriques qui paraissent être les plus efficaces. Le premier a lieu vers la fin de l'automne ; cependant, d'aucuns recommendent, avec raison croyons nous, de l'effectuer plutôt, avant la chute des feuilles, afin de mieux atteindre le champignon dangereux, non seulement sur l'arbre, mais encore sur les organes foliacés. Malheureusement, la bouillie hâte la défeuillaison et peut nuire à la constitution des réserves dans les rameaux. Aussi est-on obligé de réduire un peu sa teneur en principes actifs et de ne pas dépasser 1 % de sulfate de cuivre en ayant toujours bien soin de neutraliser complètement la solution avec de la chaux.

On conseille aussi le *paratol* ou *bouillie sulfo-calcique* qui donnerait, d'après certains, des résultats remarquables. Il serait sage cependant de la part des agriculteurs de ne pas accorder un crédit trop hâtif à ces assertions qui semblent être en contradiction avec les conclusions émises par M. CHABROLIN sur le même sujet, à la suite de multiples expériences poursuivies avec beaucoup de soin durant plusieurs années.

Le deuxième sulfatage a lieu au départ de la sève, c'est-à-dire courant février et commencement de mars, toujours avec la bouillie bordelaise, contenant de 2 à 3 % de sulfate de cuivre, ou avec le verdet à 2 %.

Enfin, pendant la végétation on a recours, contre les pucerons, à des pulvérisations répétées d'un mélange composé de :

Jus de tabac titré à 500 gr. par litre....	200 grammes.
Savon blanc	1 kgr.
Eau..	100 litres.

Cette solution est très efficace et tue tous les insectes atteints, on lui reproche, toutefois, de brûler souvent les jeunes feuilles, et pour éviter cet accident, beaucoup de praticiens réduisent la dose de jus titré à 100 grammes, et même à 80 grammes, et élèvent d'autre part la teneur en savon à 2 kgrs.

Depuis deux ans on utilise également, avec succès, un produit tout préparé, vendu sous le nom de Pellenc, qui aurait le grand avantage de détruire les pucerons en agissant par contact ou même à distance.

On a enfin recours à l'arséniate triplombique et à l'arséniate diplombique pour combattre la « Lyda » ; mais généralement on ne fait appel qu'aux bouillies ordinaires et à la nicotine qui suffisent pour défendre les pêcheraies, à la condition d'être employées au moment opportun. En particulier, la destruction des pucerons, exige une vigilance soutenue et une main-d'œuvre considérable ; aussi peut-on dire que les traitements constituent, d'une part, l'une des principales conditions à réaliser et, d'autre part, la plus grande difficulté à surmonter.

Vente. — La récolte des pêches trouve son principal débouché dans les grandes villes françaises et particulièrement à Paris. Elle est également écoulée en partie sur l'Angleterre, la Suisse et la Belgique ; mais les producteurs marquent leur préférence pour notre marché national. La vente a lieu par l'intermédiaire de commissionnaires et mandataires qui tiennent, tous les jours, leurs fournisseurs au courant des prix. Ordinairement, le même expéditeur a plusieurs commissionnaires ce qui lui permet, apparemment d'établir entre eux une certaine concurrence et de se rendre mieux compte des cours.

Les envois de l'Ardèche sont très estimés et bénéficient couramment d'une plus-value sur l'ensemble des arrivages, en raison sans doute de la qualité particulière des fruits, mais encore et surtout à cause du soin mis dans la cueillette et l'emballage effectués, presque en totalité, par l'exploitant avec l'aide des membres de sa famille.

Outre que certaines « emballeuses » ont acquis un remarquable talent, la plus grande honnêteté préside à cette opération et le souci de ne jamais tromper l'acheteur est poussé si loin que certains producteurs ont renvoyé des femmes parce qu'elles ne pouvaient s'empêcher de placer les plus beaux uits à la surface et de cacher les médiocres vers le fonds.

Cette loyauté, bien reconnue, finit par devenir une grande habileté et procure des avantages insoupçonnés à ceux qui la pratiquent.

Poirier. — Sauf aux altitudes élevées, où le climat est trop rude, le poirier vient et fructifie dans toutes les terres cultivables du département. Cependant, c'est dans la vallée du Rhône, principalement du côté de St Désirat, qu'il trouve les conditions les plus favorables et reçoit les soins les plus attentifs.

On y a en vue surtout la production des fruits pour la vente et la variété généralement choisie à cet effet est la *William* greffée sur cognassier.

Elle se montre fertile et sa précocité permet de retirer de ses produits des prix ordinairement rémunérateurs, bien qu'on ne prenne pas encore les précautions voulues pour les protéger contre la tavelure qui les déforme, leur occasionne des taches et les dépare. En moindre proportion, il est cultivé également la *Louise-Bonne*, la *Curé*, la *Beurré-Giffard*, la *Duchesse d'Angoulême* et on commence à introduire, en quelques points, la *Passe-Crassane* et la *Doyenné du Comice*.

Ce n'est qu'exceptionnellement que les poiriers sont abandonnés à eux-mêmes ; le plus souvent on adopte la forme moyenne en pyramide ou en fuseau. Malheureusement, la taille est rarement pratiquée d'une façon rationnelle, les arbres ne reçoivent aucun traitement, ils se recouvrent rapidement de lichens et de mousses servant de refuge aux germes de diverses maladies et à de mombreux insectes parasites : cécidomye noire, tenthrède, limace, kermès, cétoine noire, puceron, carpocapsa etc...

Il existe toutefois, dans plusieurs localités, de belles plantations de poiriers entretenues en parfait état. Celle de M. Roche à St Désirat, par exemple, peut être citée comme un modèle du genre. Spécialement destinés à la production des fruits pour la vente, les plants sont conduits en cordons verticaux et soumis à une taille appropriée ; le sol convenablement fumé est tenu constamment propre par des façons superficielles répétées. Pendant l'hiver et en cours de végétation les jeunes arbres sont efficacement protégés contre leurs ennemis.

Pommier. — C'est la région dite « demi-montagne » ou Cévennes Vivaroises, comprenant les cantons d'Antraïgues, de Burzet, de Montpezat, de Thueyts et d'Aubenas, qui constitue le principal centre de la culture du pommier. Cependant celle-ci s'étend également vers le Cheylard, St Pierreville, St Martin de Valamas, Lamastre, Tournon et Annonay, où elle trouve des conditions naturelles favorables et a des tendances à se développer.

Tout en présentant des fluctuations assez sensibles, la production des pommes accuse une légère progression. Un quart environ sert à approvisionner les grandes villes de France ou est exporté en Angleterre, le reste est réservé à la consommation locale.

Les fruits sont ramassés sous l'arbre et conservés, pendant très peu de temps, en tas plus ou moins volumineux, dans des chambres ou sous des hangars. Le triage est souvent défectueux, les acheteurs ne faisant pas une différence de prix suffisante entre la marchandise de choix et celle dont la présentation laisse à désirer.

Il n'y a pas, à proprement parler, de marché. Des courtiers ou « leveurs » vont de porte en porte retenir les pommes pour des expéditeurs dont les plus importants habitent Lalevade d'Ardèche, St Péray et Tournon. Ces achats commencent vers le début d'octobre et se poursuivent pendant une grande partie de l'automne.

Le commerce accorde une grande préférence à la *Reinette du Canada grise* qui atteint toujours un prix beaucoup plus élevé que les autres variétés.

La *Reinette Béraud*, ou *Reinette dorée*, la *Reinette Martin*, la *Reinette d'Angleterre*, la *Reinette Cuzy*, le *Grand Alexandre*, le *Double rosé*, le *Petit rosé*, les *Chataigniers*, les *Calvilles blancs* et *rouges* sont les plus en honneur, dans la partie sud, tandis que dans le Haut-Vivarais, le *Doux d'argent* et la *Cervoz* (1) dominent.

Le pommier est généralement planté dans les prairies où il se développe librement sans être l'objet d'une attention spéciale.

Ne recevant jamais de fumure, il manque souvent de vigueur ; de très bonne heure il se recouvre de lichens qui l'épuisent et le font dépérir prématurément. Livrées à elles-mêmes, ses branches charpentières s'allongent rapidement (en restant serrées les unes contre les autres), fructifient seulement vers leur extrémité, ploient et se cassent ; aussi n'est-il pas rare de voir de jeunes arbres encombrés de bois mort.

Enfin, en beaucoup d'endroits, les plantations sont envahies par les parasites parmi lesquels ils convient de citer le puceron lanigère, le Kermès, l'Hyponomeute, l'Anthonome, le Carpocapsa, appartenant au règne animal et le Chancre (nectria) du groupe des cryptogames.

Améliorations à réaliser — Dans toute la région de moyenne altitude, depuis Valgorge jusqu'à Limony, les plantations de pommiers donneraient d'importants bénéfices si elles étaient mieux adaptées aux préférences du commerce qui demande de beaux fruits, sains et de bonne conservation.

Les arbres doivent donc appartenir aux variétés les plus recherchées, avoir une vigueur suffisante, être conduits de manière à donner des récoltes régulières et se trouver protégés contre leurs ennemis.

Il ne faut guère compter obtenir des résultats satisfaisants dans les sols exposés à la sécheresse. Ce sont donc les terres fraîches, consacrées aux prairies, vers le sommet des vallées ou sur les plateaux, qui conviendront le mieux à cette culture.

Mais il faudrait, à l'emplacement réservé à chaque pied, faire subir au sol une préparation analogue à celle préconisée pour le pêcher.

Il est reconnu que les lignes d'arbres espacées de 6 mètres ne portent aucun préjudice à la production fourragère.

Nous recommandons de greffer sur franc pour avoir des sujets assez vi-

---

1) Variété non cataloguée.

goureux. En vue de faciliter la reprise, dans les sols ingrats, il y aurait avantage à employer des sujets repiqués plusieurs fois et présentant un abondant chevelu radiculaire.

Les jeunes plants gagneraient à être garantis contre les atteintes du bétail par un fagot d'épines ou un petit treillage en fil de fer.

Sur un rayon d'un mètre autour du pied, le terrain devrait être labouré et fumé chaque année. On adopte généralement la forme en plein vent et la taille est souvent négligée.

Il n'y aurait pas de graves inconvénients à procéder ainsi, à condition d'évaser, dès le début, la charpente en attachant les premières branches à un cerceau dont on augmenterait le diamètre pendant plusieurs années de suite. Plus tard, la taille pourrait consister seulement à supprimer les branches mortes et les rameaux de l'intérieur, afin de bien dégager celui-ci pour que les fruits reçoivent le maximum d'air et de lumière.

On adoptera de plus en plus la forme moyenne qui facilite les traitements devenus indispensables si on veut éviter les énormes préjudices causés par les parasites dont il a été fait mention plus haut.

Les agriculteurs doivent se familiariser avec l'idée qu'ils auront à faire usage couramment, dans un avenir prochain, de certains produits dont l'action insecticide ou anticryptogamique est dès à présent avérée.

En particulier, pour défendre le pommier, il nous paraît indispensable de pratiquer, durant l'hiver, des décorticages avec une brosse métallique, ou des lessivages à l'aide de pulvérisations de bouillies sulfocalciques à 4 % ou encore avec un mélange composé de :

Sulfate de cuivre	2 kgrs
Fleur de Chaux (chaux hydratée)	8 kgrs
Huile d'anthracène (ou huile de moteur)	10 litres
Caséine	50 grammes
Eau	90 litres

qui détruisent les lichens et les mousses, sous lesquels se cachent les kermès et autres insectes nuisibles.

Si les pommeraies sont envahies — comme c'est malheureusement le cas presque partout par le puceron lanigère — il y a lieu de supprimer, dans toute la mesure du possible, les parties atteintes, dès l'arrêt de la sève, en novembre ou décembre, et de badigeonner ensuite les rameaux, les branches et le tronc contaminés avec la solution suivante :

Savon	3 kgrs
Pétrole	3 litres
Eau	12 litres

Le savon, coupé en morceaux, est mis dans 4 litres d'eau qu'on fait bouillir jusqu'à complète dissolution. Après avoir retiré le récipient du feu, et avant complet refroidissement, on verse le pétrole en agitant énergiquement, de manière à obtenir un liquide jaunâtre et mousseux. Il ne reste plus qu'à compléter à 18 litres par l'addition de 9 litres d'eau.

Cette mixture est répartie avec un pinceau. Il est très souvent nécessaire de recommencer l'opération avant le départ de la végétation et même dans le courant de l'été, mais seulement *sur les colonies* restantes. Afin de mieux les atteindre, sans toucher les jeunes bourgeons, très sensibles, il est bon de se servir alors d'un pinceau plus petit.

Contre les autres insectes (Hyponomeutes, Carpocapsa ou vers des fruits, anthonomes etc.) et les champignons parasites (tavelure, chancre) on doit faire un premier traitement, avant l'épanouissement des bourgeons, et un deuxième pendant les cinq semaines qui suivent la floraison avec une bouillie cupro-arsénicale ainsi composé :

Sulfate de cuivre	1 kgr.
Fleur de chaux...................	2 —
Arséniate diplombique du commerce.	1 kgr.
Eau.	100 litres.

Le meilleur moyen de procéder consiste à préparer une bouillie bordelaise ordinaire et à verser ensuite, en agitant, l'arséniate diplombique.

Bien faire attention de ne jamais porter les doigts à ses lèvres, pendant l'opération, et de bien se laver les mains, après avoir changé de vêtements, avant le repas.

V. RICHARD.

Le Prunier. — En Ardèche méridionale, la région d'élection du prunier se trouve située, dans les parties un peu élevées des cantons d'Aubenas, Antraïgues, Thueyts, Montpezat, Burzet, Largentière et Joyeuse.

On peut évaluer approximativement la quantité de prunes produite et expédiée par les gares de Lalevade, Labégude, Aubenas et Largentière entre 2000 et 3000 tonnes suivant les années. Les envois, qui se font principalement en Angleterre, ont lieu vers la mi-juillet jusqu'au début d'août. Ils portent surtout sur la variété dite « *Prune bleue* » (sorte de Damas) et un peu sur la « *Reine Claude* », cette dernière composant à peu près, un quart de l'ensemble.

Le premier damas bleu est un arbre robuste qui produit beaucoup et qui est moins délicat que le prunier Reine-Claude. Il a une bonne mise à fruits généralement tous les deux ans. Lorsque ces fruits sont par trop petits et qu'il y a le choix dans les autres départements, les courtiers les délaissent et alors on n'a d'autre ressource que de les faire sécher rudimentairement au soleil. Par contre dans les années de moindre abondance, comme en 1926, nos prunes bleues de moyenne grosseur se sont payées jusqu'à 200 fr. les 100 kil.

Quant à la Reine-Claude dont il existe sûrement plusieurs variétés locales ou d'importation,— variétés qu'on désigne couramment ici sous le nom général de « *prunes blanches,*— son rendement n'est pas aussi régulier que celui de la prune bleue, mais sa qualité est infiniment supérieure. Aux altitudes un peu élevées, il existe une sorte de Reine-Claude qui réussit bien en moyenne tous les deux ans. C'est un fruit qui devient doré en mûrissant avec de petites taches rouge-clair du côté de l'insolation. Ailleurs, dans les régions un peu plus basses, d'autres variétés de Reine-Claude ne produisent que tous les 3-4 ans. Quelquefois on a une récolte deux ans de suite, puis un intervalle de non-fertilité de 2-3 ans.

Ces divergences et irrégularités dans le rendement expliquent que quoique l'on rencontre à peu près autant d'arbres de Reine-Claude que de Damas le tonnage des premières soit bien inférieur à celui des secondes.

A côté de ces deux variétés qui dominent, on peut encore voir ça et là, en très petites quantités, la prune de Monsieur, la Quetsche et la Reine-Claude d'Oullins (Coucoune).

Enfin, assez récemment, la « *Prune d'Ente* » ou prune d'Agen, a été introduite dans nos pays par M. Plantevin, industriel à Veyrières par Pont-de-Labeaume, en vue de la production des pruneaux. Cette intéressante tentative mérite d'être suivie de près, ce qui permettra d'être bien documenté sur l'acclimatation de cette espèce et son utilisation industrielle, documentation qui, au dire du novateur lui-même, n'est pas encore au point.

La « *Mirabelle de Nancy* » fruit excellent, pourrait également être essayée en vue de la production des confitures et marmelades.

Tout en poursuivant ainsi méthodiquement pour l'avenir l'introduction de variétés méritantes, il faudra parallèlement, chercher à améliorer ce qui existe déjà afin d'en tirer un meilleur parti.

Le prunier Damas bleu est multiplié ici souvent par drageons arrachés et mis en plein champ ou en pépinière. Ces sujets drageonnent à leur tour énormément, ce qui est un inconvénient. Quant à la Reine-Claude, elle se reproduit assez fidèlement par le semis. — Toutefois, pour les deux espèces il vaudrait mieux, à l'avenir, semer des noyaux (St Julien, mirobolan) et greffer en pépinière (écusson en août, fente au printemps). On évite ainsi le drageonnement et la production est meilleure.

D'autre part, s'il demeure bien entendu que le prunier n'est pas trop difficile sur la nature du sol (marnes jurassiques, grés triasiques, terres granitiques, etc), il n'en est pas moins vrai que sa fertilité future dépendra beaucoup d'un facteur important « *l'exposition* » Il lui faut absolument un emplacement aéré et par suite non exposé aux brouillards printaniers qui peuvent occasionner la coulure par humidité persistante. C'est ce qui doit souvent arriver probablement à nos arbres de reine-Claude.

Le plus grand défaut de la prune bleue de pays c'est peut-être, chose paradoxale, la trop grande fécondité de l'arbre (40-60 kil. par pied). On arrive ainsi à avoir des prunes de grosseur médiocre d'abord. Ensuite ce défaut s'aggrave du peu de précautions prises pour la récolte et de la mauvaise présentation. De sorte qu'en fin de compte on obtient de la marchandise « tout-venant » de valeur commerciale réduite (sauf en cas de disette).

Or c'est par la « *taille* » qu'on pourrait avoir de plus gros fruits. On nous dit bien que le prunier craint le sécateur qui peut, s'il est manié avec trop de libéralité, amener des dépérissements gommeux. C'est entendu.

Mais, il s'agira ici, pour ces arbres de plein champ, d'une taille peu sévère. Une fois la charpente formée en « *gobelet* » durant les trois premières années de plantation, avec une douzaine de branches-maîtresses, on se bornerait ensuite à de petits nettoyages et élagages (suppression des gourmands, des brindilles trop serrées et enchevêtrées) sans avoir à couper de trop grosses branches.

Un prunier damas « *arrangé proprement* » dans ces conditions ne donnerait-il par exemple que 30 kil. de prunes fort belles, au lieu de 50 kil. de petites, qu'on y gagnerait encore largement; les grosses valant commercialement, supposons-nous, 120 fr. les 100 kil. alors que les autres tout-venant ne seraient payés que 50 frs. Et ce gain s'augmenterait de l'économie réalisée sur les frais de transport.

Avec cela, un peu d'engrais « *phospho-potassique* » et au besoin « *azoté* » suivant les données déjà indiquées pour les autres arbres (Voir par ex. fumure de l'olivier) et l'amélioration dans la qualité ne tarderait pas à se faire sentir.

Le même raisonnement s'applique, à plus forte raison, à la Reine-Claude qui, à la condition expresse d'être placée à une exposition convenable, arrivera peut-être à donner plus de satisfaction que par le passé.

Il ne restera, en fin de compte, qu'à surveiller, un tant soit peu, l'apparition des divers parasites pour les combattre en temps opportun s'il y a lieu.

Parmi ces parasites nous trouvons d'abord des champignons, comme celui qui transforme les prunes en une sorte de petite poche allongée que les gens du pays appellent « cornes » ; c'est une sorte de cloque appelée scientifiquement : exoascus. Puis vient le Monilia ou moisissure grise, un vrai fléau faisant pourrir les prunes. On combattra ces champignons par des sulfatages à la bouillie bordelaise, le 1ᵉʳ exécuté en février à forte dose (4 p. 100 de sulfate de cuivre neutralisé par de la chaux) et les autres, avant et après floraison à faible dose (1 p. 100 de sulfate, toujours neutralisé).

Par ailleurs, ce sont de petites bestioles, comme les pucerons et surtout les « *chenilles* » comme le « *carpocapse* » qui rendent les prunes véreuses, la *phalène*, la *tordeuse* et la *teigne* qui mangent les feuilles et les fleurs. — On n'arrivera à avoir raison de ces dévastateurs que du jour où on se décidera à généraliser dans nos contrées les traitements insecticides maintes fois préconisés pour les autres espèces fruitières : émulsions pétrole-savon ou nicotine-savon ou bien savon pyrèthre ou encore sels arsenicaux. Et l'application de ces formules se trouvera d'autant plus aisée que les arbres seront maintenus taillés suivant les formes faciles déjà décrites.

D. MUNTTVILLER

Professeur d'Agriculture de la circonscription

d'Aubenas-Largentière

LES CULTURES MARAICHÈRES

La production des légumes pour la vente est limitée à la vallée du Rhône et à la partie basse de celle de l'Erieux. St-Désirat, Tournon, St-Laurent du Pape, et St-Fortunat sont les centres où elle présente la plus grande importance. Elle a pris cependant pied en quelques autres localités de l'intérieur du département et tend à se développer.

Asperges. — Les limons légers, situés sur les bords des cours d'eau de l'Ardèche, se prêtent généralement bien à cette culture, qui forme des îlots en divers points du territoire (Serrières, Tournon, St Péray, Lavoulte, Aubenas, Joyeuse, Les Vans) où elle prospère et donne une récolte d'environ 620 quintaux.

Choux. — A St Désirat le chou-fleur fait l'objet d'une exploitation importante et donne des rendements ordinairement élevés. Autour des petites cités vivaroises, on obtient également des choux Cabus pour la consommation de la population locale.

Haricots. — Les primeurs constituent encore une spécialité des côteaux de St Laurent du Pape, de St Fortunat, de Dunières et des Ollières où on récolte chaque année de 350 à 400 quintaux de haricots verts appartenant aux variétés « Empereur de Russie, » « Noir de Belgique » etc.

Melons. — Il s'expédie peu de melons de l'Ardèche, les ressources du département, en cette denrée, ne suffisant pas à satisfaire ses besoins. Ce sont les cantons d'Aubenas, des Vans, de Rochemaure, de St Péray, qui en fournissent le plus.

L'ensemble de la production n'atteint que 1500 quintaux.

Petits pois. — Ce légume trouve place à côté du haricot et présente à peu près la même importance que ce dernier. Les maraîchers pratiquent, depuis déjà de nombreuses années, la sélection des petits pois. Ils prélèvent leurs semences sur des cultures spéciales, en ayant soin de ne conserver que les gousses situées au milieu de la tige, celles de la partie basse ou de l'extrémité étant livrées à la vente. On donne la préférence à des variétés très anciennement connues dans la localité :

Express
Express amélioré.
St Désirat, demi-rame ou quarantain.

Tomates. — Ce n'est guère qu'à Aubenas, à Thueyts et aux Vans que la tomate peut être citée comme culture maraîchère. Ailleurs elle est presque complètement utilisée par les producteurs.

V. RICHARD.

LES PRAIRIES ARTIFICIELLES ET FOURRAGES
ANNUELS

Dans l'Ardèche, comme ailleurs, on s'est trouvé dans l'obligation d'avoir recours, pour la production fourragère, aux prairies artificielles, afin de compléter l'approvisionnement fourni par le foin de pré naturel.

Certes, la prairie artificielle ne se composant que d'une seule plante (luzerne, trèfle, sainfoin) est inférieure en cela au bon foin des prairies naturelles bien situées qui comprennent un très grand nombre d'espèces de plantes mélangées (graminées, légumineuses, familles diverses) et qui pour cette raison, offrent aux animaux une nourriture plus variée. Mais, d'autre part, les prairies artificielles rachètent amplement cette petite infériorité par d'autres avantages. C'est ainsi qu'elles produisent, dès la seconde année, un fourrage abondant et nutritif. Elle permettent de bien choisir l'espèce de plante qui doit s'adapter à la nature du sol et au climat. On peut les faucher de bonne heure au printemps et utiliser, de cette façon, les bons effets du fourrage vert sur certains animaux (vaches laitières). Enfin ces prairies artificielles sont *«améliorantes»*, c'est-à-dire qu'après leur mort, le terrain se trouve enrichi en azote.

Ces avantages sont tellement reconnus que, dans les cantons du Bas-Vivarais où la culture des prairies artificielles a été introduite sur une surface de 14000 hectares on a pu, petit à petit, augmenter le cheptel, obtenir par suite plus de fumier, enrichir les terres du domaine en azote, porter ces terres à un plus haut degré de fertilité et obtenir finalement des rendements plus élevés qu'autrefois.

Il y a déjà fort longtemps, du reste, que nos paysans sagaces ont constaté que la luzerne fume la terre par l'azote qu'elle laisse dans le sol et qu'elle a puisé gratuitement dans l'atmosphère. Il en résulte que les blés, qui aiment bien l'azote, sont toujours très beaux après la luzerne et que par suite, faire de la luzerne, c'est fournir pour l'avenir, plus de *«pain»* à l'ensemble de la population. En d'autres termes, la culture du blé, dans nos terres calcaires méridionales, est intimement liée à celle des trois légumineuses fourragères : «Si tu veux des blés, fais de la luzerne,» dit le proverbe.

C'est la « *luzerne* » qui retiendra donc plus spécialement notre attention dans cette monographie des fourrages artificiels ardéchois.

Cette place d'honneur revient d'ailleurs à la précieuse plante en raison de sa haute valeur alimentaire sur laquelle il convient d'insister tout d'abord.

Cette valeur nutritive n'a pas toujours été suffisamment appréciée autrefois dans la pratique courante, notamment pour la luzerne sèche, longtemps victime du préjugé qui la plaçait comme aliment au-dessous du foin de pré. Il a fallu les remarquables recherches de Müntz et Girard pour mettre les choses au point. Ces recherches ont porté d'abord sur l'analyse de la plante elle-même et ensuite sur les résultats obtenus dans l'alimentation des animaux. L'analyse donne (pour 100) :

	foin de luzerne	foin de pré
Protéine	14.4	9.7
Extractifs non azotés	31.6	41.4
Graisse	2.5	2.5
Cendres	6.8	6.2

ce qui démontre que le foin de luzerne contient plus d'azote (protéine) que le foin de pré. Le foin de luzerne est comparable à l'avoine en ce qui concerne cette protéine.

Les deux savants ont procédé à l'expérience directe en alimentant des chevaux avec les deux sortes de foins et ils ont été conduits à admettre que la dessication ne change pas la digestibilité de la luzerne et, qu'en fin de compte, la valeur alimentaire est la même que la luzerne soit verte ou sèche.

La haute valeur alimentaire de ce fourrage artificiel étant désormais admise sans contestation possible, voyons comment il sera possible d'obtenir dans la pratique un fourrage abondant et à peu près pur (exempt de graminées).

En d'autres termes, envisageons tout d'abord la création et l'entretien de la « *vraie luzernière* », ce qui signifie la luzerne cultivée absolument seule et pendant une longue durée. Il s'agira alors de résoudre le problème suivant : » Obtenir le maximum de rendement et de longévité avec le minimum de prix de revient ».

Poser le problème ainsi est chose aisée, mais c'est dans la pratique que les difficultés commencent et que la solution n'est pas toujours commode à trouver. Raison de plus pour bien réfléchir mûrement avant de tenter l'entreprise.

En serrant les choses de près, on arrive en effet à découvrir les causes qui diminuent, dans nos régions, le rendement des luzernières et en abrègent la durée. Ce sont : l'influence du sol, le manque de soins et enfin l'action de divers parasites (pourriture des racines, cuscute, négril).

Rien ne limite l'existence d'une luzerne comme le manque de profondeur du terrain. Dès que les racines de cette légumineuse qui s'allongent très rapidement et profondément chaque année, rencontrent dans leur course, soit le rocher (cas le plus défavorable), soit une couche compacte et imperméable, la végétation languit. A ce moment, les mauvaises herbes (graminées et composées) à racines superficielles prennent le dessus.

Les meilleurs endroits pour nos pays seront donc les alluvions épaisses formant des rognons riches et fertiles comme dans certaines plaines de Ruoms, Vallon, Grospierres, Beaulieu, Berrias, Rosières, Joyeuse, Lablachère. Dans ces mêmes régions ainsi que dans celles de Villeneuve-de-Berg, Aubenas, Largentière, les autres formations dites : triasiques, jurassiques et crétacées porteront aussi de bonnes luzernes, pourvu que l'épaisseur de terre soit suffisante, bien perméable et ameublie. Avec la perméabilité et la profondeur la luzerne résiste à la sécheresse mieux que les graminées et presque aussi bien que le sainfoin.

Donc, mettre d'abord la nature pour soi en choisissant les terres remplissant les conditions voulues et éliminant nos côteaux plus ou moins arides qui pourront être convertis en une sorte de prairie temporaire, de courte durée, par l'association de la luzerne à d'autres plantes (voir plus loin).

Choisir aussi de préférence les formations dont le sol possède un peu de « *calcaire* » ce qui se rencontre dans les étages jurassiques et surtout crétacés de l'Ardèche méridionale. Cela évitera l'opération du « chaulage » indispensable dans les grés, les granits et les argiles pures.

C'est en somme le sol argilo-calcaire, bien ameubli et nettoyé par des façons culturales appropriées (labours profonds, hersages, scarifiages, etc) qui aura les préférences du cultivateur. C'est également le lieu d'élection pour les cultures de céréales qui suivront la luzerne.

Ceci pour la constitution « *physique* » du terrain.

Ensuite, au moint de vue « *chimique* », pas d'hésitation à avoir en ce qui concerne l'introduction dans le sol, au moment de la création, d'une bonne fumure de fond phospho-potassique, composée (par hectare) de 1000 à 2000 k. de superphosphate mélangé avec 200 k. de chlorure de potassium, le tout complété utilement par du plâtre. Si la terre n'est pas calcaire, on chaulera avant la création ou on remplacera le superphosphate par les scories.

L'adjonction de la potasse, presque toujours négligée dans nos pays, sera cependant utile le plus souvent, surtout dans les calcaires du crétacé pauvres en cet élément. Cette potasse aura notamment un rôle à jouer dans les endroits où l'on cultive spécialement la légumineuse en vue de la production de la « *graine* » Des essais méthodiques sont entrepris à ce sujet par la Direction des services agricoles et mettront bientôt définitivement la chose au point.

Reste la question du « fumier » utile à notre plante comme à tous les végétaux par l'humus qu'il contient en masse et par la flore bactérienne qu'il apporte au sol. Or, ce qu'il faut craindre, la première année, ce sont les mauvaises herbes qui peuvent étouffer les jeunes plants de luzerne. Le fumier contribue, on le sait, au développement de ces herbes parasites. Le mieux, lorsqu'on opère dans un très bon sol fertile, propice par conséquent au développement d'une culture sarclée (pomme de terre, betterave, maïs), c'est d'appliquer le fumier à cette culture sarclée qui précèdera la luzerne et de ne mettre à celle-ci que la fumure phospho-potassique plâtrée.

Toutefois, dans les terrains de second ordre où la réussite des trois cultures sarclées est aléatoire et par suite sans grand profit, la luzerne succède pour nos pays Bas-Vivarais à des céréales (blé, orge, avoine), cultivées sans interruption pendant 4-5-6 ans. Dans ce cas on pourra mettre du fumier en défonçant pour la luzerne : mais, si l'on tient absolument alors à avoir une luzernière propre, de longue durée, il serait bon, partout où cela serait possible, de transformer carrément la légumineuse en « *culture sarclée* » en la semant en lignes espacées de 18-20 cent. C'est le système adopté dans certaines régions en progrès où l'on ne veut pas de ces luzernes mélangées de graminées sauvages comme on en rencontre dans nos pays.

La question du sol étant ainsi réglée, on aura des chances d'arriver au résultat désiré à la condition toutefois d'opérer ensuite le semis avec soin et de donner à la légumineuse les travaux d'entretien qu'elle comporte.

Le point de départ, c'est sans contredit une bonne semence. Ici, deux facteurs sont à envisager : qualité et quantité.

La qualité prime tout. N'employer que des graines jaunes et luisantes en éliminant celles qui sont trop blanches ou trop brunes. Il faut qu'elles soient bonnes à germer, ce que l'on peut vérifier, au préalable, en en choisissant cent au hasard que l'on placera dans un endroit chaud, sur du coton maintenu mouillé dans une assiette. Au bout de quinze jours au plus, on devra se trouver en présence de 90 graines germées au moins.

Surtout si l'on achète sa graine, bien exiger la garantie « *sans cuscute* » (petite cuscute d'Europe et grande cuscute d'Amérique). La cuscute, appelée « *pialou* » dans notre pays, est cette mauvaise plante parasite qui étouffe la luzerne et aussi le trèfle. On la sème souvent par mégarde si la graine que l'on achète n'est pas suffisamment épurée. Donc, méfions-nous des mauvais fournisseurs. Les syndicats agricoles auraient un rôle à jouer de ce côté en faisant, de temps à autre, contrôler les graines de luzerne qu'on leur vend, par une station d'essais de semences comme celle de Montpellier (Ecole d'agriculture) par exemple.

Les imperfections, pour ne pas dire plus, dans les lots de luzerne livrés parfois dans nos pays, nous engagent à conseiller pour nos petits exploitants la pratique du grainage familial avec laquelle on est plus sûr de la pureté et de l'origine de la semence. Pas mal de bons agriculteurs des cantons de Villeneuve, Vallon, Joyeuse, se livrent du reste déjà avec succès à cette production de la graine pour leurs besoins personnels et pour la vente. On conserve pour cela la seconde coupe qui est plus propre. On ne la fauche donc pas ; on laisse passer les fleurs puis se former les gousses (fruits) qui doivent sécher sur pied jusqu'à ce qu'elles deviennent noires. On coupe à la faux ; on fait des javelles dressées que l'on rentre ensuite dans un endroit sec. Les graines se conservent ainsi très bien dans les gousses que l'on bat ensuite avec un fléau ou une batteuse spéciale. L'usage rudimentaire du fléau convient parfaitement aux petits producteurs parce que c'est le procédé qui évite absolument l'introduction de la cuscute parfois à craindre avec le passage dans la machine à battre lorsqu'elle est insuffisamment nettoyée. — Suivant les années, on peut ainsi obtenir 300 à 500 kil. de graines par hectare sur la 2e coupe. Avec une petite surface de 500 mètres carrés, prise dans un bon coin exempt de cuscute et mise à grainer, on pourra donc récolter de quoi semer un hectare de luzerne. — Nous rappelons enfin que, pour la production de la graine, l'emploi des engrais potassiques devra être essayé, principalement dans les sols calcaires.

Voilà pour la qualité ; mais, il faut aussi la quantité, autrement dit pour parler comme chez nous : « il ne faut pas *plaindre* la semence ». Même pour la graine de choix, il en faut largement au moins 25 kil. par hectare au lieu de 20 kil, dose trop souvent utilisée ici où nos luzernes sont semées trop clair. Si le semis est un peu tardif ou la préparation du sol insuffisante, ne pas craindre d'aller jusqu'à 30 kil. Les plantes plus serrées, plus épaisses garniront mieux le sol, se défendront plus facilement et fourniront meilleur fourrage parce que plus fin.

Il y a enfin la façon de semer. Pour notre Bas-Vivarais, nous pencherions volontiers en faveur du semis en « *terre nue* » qui laisse à la légumineuse toute l'humidité du sol et lui permet de garnir rapidement le terrain, au lieu du semis dans une céréale (blé, orge, avoine) comme on le fait dans les climats plus frais. Avec le semis dans une céréale, notre luzerne reste souvent claire et les mauvaises herbes l'envahissent, d'où durée limitée.

Toutefois, dans les sols très frais d'alluvions épaisses ou dans ceux soumis à l'irrigation, on pourra faire l'association avec la céréale qui sera semée très clair et fauchée à la floraison comme fourrage vert. Et surtout alors, ne pas donner d'azote (fumier, tourteaux, sulfate d'ammoniaque, nitrate, etc.) à cette céréale qui risquerait encore mieux par son excès de vigueur d'étouffer la petite luzerne qui doit durer 10-12 ans au moins.

Une luzernière assise sur ces bases solides donnera alors satisfaction à son possesseur pour peu que quelques travaux annuels d'entretien ne lui fassent pas défaut. Trop de luzernières sont livrées chez nous à elles-mêmes et se transforment ainsi peu à peu en une prairie naturelle parfois de médiocre produit.

Il suffit en effet de circuler dans la campagne au printemps pour voir certains champs de luzerne envahis par de nombreuses et mauvaises graminées peu productives (brômes; orges sauvages, etc.). Le plus clair résultat sera dans ce cas l'obtention d'une première coupe bien inférieure en quantité et qualité à celle qu'on devrait normalement attendre. On se console un peu en pensant qu'aux coupes suivantes les graminées parasites auront de beaucoup diminué. C'est exact ; mais, en fin de compte, si on laisse toujours aller les choses, les pieds de vraie luzerne apparaîtront de plus en plus clairsemés jusqu'à leur disparition quasi-complète qui sera très rapide (5-6 ans au plus).

L'intervention du cultivateur doit alors avoir pour but de fortifier la précieuse plante par des engrais tout en détruisant parallèlement les plantes parasites.

De temps à autre, une bonne application en hiver, d'engrais phosphatés et potassiques et de plâtre (5 à 600 kil. de superphosphate ou scories, plus 200 kil. de chlorure de potassium, plus 300 kil. de plâtre, le tout à l'hectare), application suivie de hersages énergiques avant la première pousse, voilà le remède appliqué par les praticiens soigneux contre la décrépitude à venir En d'autres termes, après avoir répandu l'engrais, — qui ne sera jamais ni du purin ni du fumier, ni un engrais azoté quelconque, — on laboure superficiellement et dans les deux sens avec un araire sans soc ou un scarificateur. Nous avons vu s'opérer ainsi dans nos régions de véritables « *cures de rajeunissement* » des luzernières obtenues simplement avec de l'acide phosphorique et de la potasse et quelques hersages ou scarifiages appliqués en temps opportun. La croûte étouffante de mauvais gazon disparaît en se

10

desséchant, après avoir été arrachée et déracinée par l'outil. Ensuite la luzerne restée libre du champ de bataille forme des racines puissantes. Chaque pied de légumineuse se met en quelque sorte à taller. Il se développe beaucoup de tiges qui poussent drû et forment une touffe abondante donnant un fourrage plus fin.

Certains praticiens consultés par nous admettent bien la cure de rajeunissement phospho-potassique, mais ont renoncé, après expérience, à continuer l'emploi des scarifiages. Il s'agit, pour eux, de luzernières établies en terrain fort et surtout très pierreux (région de Beaulieu-Berrias). Ils prétendent que, dans ce cas, le scarifiage soulève tellement la croûte dure avec les pierres, qu'ensuite le sol ne se prête plus au travail des instruments (rateau et faucheuse). Et alors ils ont supprimé ces façons superficielles énergiques au détriment naturellement de la longévité de la luzerne car les hordes parasites dominent inévitablement au bout de 5-6 ans. Par ailleurs cependant, dans des terrains à peu près du même genre, forts et pierreux aussi (région de Villeneuve-de-Berg), on n'a pas abandonné les scarifiages pour cela, mais on a la précaution de les faire suivre d'un bon roulage exécuté quelques jours avant la première pousse et peu de temps après une pluie lorsque le sol est encore un peu frais. Dans cette même région, les roulages ainsi exécutés sont de règle courante pour enterrer les pierres, car même en dehors de l'action des scarificateurs, les dites pierres sont souvent soulevées également par les autres outils (rateaux à cheval).

Il ne restera en fin de compte qu'à dépister maintenant dans la luzernière l'apparition des trois parasites capables d'en compromettre l'avenir : la pourriture des racines, la cuscute, le négril. Tant il est vrai que la vie de l'homme des champs est un combat perpétuel et parfois décevant contre les divers fléaux qui peuvent compromettre en un instant le fruit du travail opiniâtre de plusieurs mois.

C'est ainsi que parfois en juin-juillet on peut observer, dans certaines luzernes, que les tiges se dessèchent presque du jour au lendemain en formant de la sorte comme des surfaces arrondies où les plantes meurent. C'est une constatation que l'on pourra faire surtout dans les sols trop humides, contraires pour ce motif à la précieuse plante. Le mal s'agrandissant par la mort générale de tous les plants, on en est ainsi finalement réduit au défrichement. On constatera alors l'existence d'un champignon parasite sur les racines qui amène leur désorganisation et tue ainsi la plante. Ce champignon, c'est la « Rhizoctone violette » qui aime aussi à vivre sur d'autres cultures comme le trèfle, le sainfoin, le safran, l'asperge et parfois sur la pomme de terre et la betterave. Dans les sols ainsi infectés, il ne faut pas songer à faire revenir la luzerne avant une période extrêmement longue. En somme, c'est une sorte d'affection que l'on peut rapprocher un peu du pourridié et qui, par suite, est favorisée par les sols contenant trop d'humidité stagnante. Donc, pas de luzernières dans ce genre de terrain ou bien les assainir par un drainage préventif. Les phosphatages et chaulages sont aussi en quelque sorte un peu préventifs. Nous savons bien qu'il existe un moyen curatif que l'on recommande parfois et qui consiste à arrêter la première tache constatée en creusant autour de cette tache un fossé profond et circu-laire dont on rejette la terre à l'intérieur du cercle. Puis on désinfecte cette petite surface avec du sulfate de fer ou du sulfure de carbone. Ce procédé curatif peut rendre des services, tout à fait au début, en limitant l'extension du mal, mais en somme, ce sont les moyens préventifs indiqués plus haut qui restent les plus efficaces et les plus économiques.

Voici maintenant venir la cuscute (piallou) dont il a déjà été question à propos du choix de la semence.

La méthode préventive de lutte contre ce parasite destructeur doit con-sister essentiellement à rejeter la semence de luzerne cuscutée pour ne pas introduire l'enuemi dans la place.

Il peut cependant arriver, malgré cette précaution indispensable, de voir quelques taches de cuscute apparaître. D'abord, pratiquement, la pureté absolue de la semence n'existe pas toujours. D'autre part, un envahissement inattendu peut se produire. N'a-t-on pas signalé des cas d'invasion à la suite de l'arrivée des eaux descendant de côteaux plantés de légumineuses sau-vages (genêts), ces légumineuses étant abondamment garnies elles-mêmes de cuscute ?

C'est alors qu'intervient la méthode curative qui, lorsqu'elle est bien exécutée et dès le début de l'apparition des taches, permet d'enrayer le mal.

En somme, il s'agit de détruire la cuscute sur place, dès qu'on la voit. C'est la meilleure façon d'éviter la dissémination qui est extrêmement facile et rapide.

Par conséquent, dès qu'on a repéré l'ennemi, on fauche la partie atteinte et un peu au-delà. On laisse bien sécher le tout et on y met le feu sur place à l'aide de paille imbibée de pétrole ou bien d'une bonne couche de balles de céréales (poussier) qui brûle lentement. Ensuite, on arrose le sol une ou deux fois avec une solution de sulfate de fer à 15 p. 100.

Actuellement, on a modernisé un peu le procédé, ancien mais toujours bon, en conseillant de répandre sur les taches cuscutées de la sylvinite brute ou du nitrate de soude à hautes doses massives. Plus moderne encore est l'arrosage des taches avec l'acide sulfurique dilué à 10 p. 100 (procédé Ra-baté). Avec ces divers systèmes, la cuscute est tuée, mais la luzerne repousse, ce qui est l'essentiel.

Nous ne rappelons que pour mémoire un autre procédé qui consiste après fauchage et incinération de la partie atteinte, à y semer de la « fe-nousse » (graines de foin). Certes les graminées ainsi semées (ray-grass, dactyle, fromental) ne pourront pas nourrir la cuscute qui périra ainsi par la faim. Mais il ne faudrait pas alors attendre que le nombre des taches soit trop grand car on obtiendrait en fin de compte, non plus une luzerne pure, mais un mélange de luzerne et de graminées.

Nous avons gardé pour la fin un troisième ennemi très dangereux, le « négril ».

A la demande des services agricoles, nous eûmes précisément à faire, en 1925, une enquête sur les ravages causés par cet insecte et nous en résumons ici les conclusions.

Dans le territoire qui va de Villeneuve-de-Berg aux Vans, en passant par Aubenas, Largentière, Vallon, Joyeuse, le négril est malheureusement trop connu. On l'appelle encore « *babotte* » ou tout simplement « *la chenille* ». Les savants le désignent sous le nom de « *chrysomèle noire* ». L'insecte parfait qui est noir, d'un demi-centimètre de long, sort de terre en avril parfois, mais le plus souvent en mai. Il y a les deux sexes et, après accouplement, celui que les cultivateurs appellent ici « *la mère* », c'est-à-dire la femelle (à cause de son gros abdomen), se met à pondre sur les feuilles, surtout les plus basses, et aussi sur le sol. Ces insectes parfaits ne font pas grands dégâts sur la première coupe, mais les œufs jaunâtres qui ont été pondus donnent naissance environ quinze jours après à des larves noires, légèrement poilues (fausses chenilles). qui sont très voraces et font de sérieux ravages en mai-juin en mangeant la récolte. C'est généralement alors la 2ᵉ coupe qui est ainsi attaquée presque chaque année, souvent dans la proportion de 50 p. 100. C'est une perte importante surtout pour ceux qui veulent laisser grainer cette 2ᵉ coupe. Plus tard, en juin, vers la St-Jean, d'après nos observations presque constantes, on ne voit plus rien. Ceci n'est pas étonnant puisque les entomologistes nous apprennent que les dernières larves se sont enfoncées dans la terre pour se transformer peu à peu en insectes parfaits qui ressortiront de terre au printemps suivant.

Or, en général, aucun traitement insecticide proprement dit n'est fait de façon régulière dans nos luzernières. Le plus habiles praticiens ont la précaution de faucher prématurément, avant floraison, la première coupe dès l'apparition des insectes parfaits. D'autres laissent faire. On s'est habitué peu à peu chez nous à cette perte à peu près régulière sur la 2ᵉ coupe et, il faut bien le dire, on est souvent débordé à ce moment de l'année, dans notre région de polyculture par les multiples travaux qui arrivent tous à la fois et que le manque de main-d'œuvre rend de plus en plus difficiles à réaliser.

Toutefois ceux qui tiennent à leur seconde coupe pour la production de la graine qui se vend bien, se montrent plus pessimistes et essayent de lutter. A ceux-là on peut évidemment toujours conseiller de faucher la première coupe de très bonne heure au printemps, ceci pour affamer les larves qui ne peuvent pas consommer le foin sec trop coriace pour elles. Le bon moment à saisir pour cette coupe consiste à attendre que les mères soient descendues sur les feuilles basses pour y déposer leurs œufs. On pourra, si l'on veut, laisser de place en place des bandes non fauchées sur lesquelles les babottes se rassembleront et on pourra les ramasser avec des « *pièges* » si l'on a le temps et la main-d'œuvre. Ces pièges, utilisés dans le Midi et appelés « *chosse-babottes* » consistent en une poche de toile fixée à un cerceau ou bien en une auge en fer blanc portée par un manche en bois. On promène ces instruments sur la luzernière et on capture ainsi des quatités d'insectes que l'on détruit ensuite. La volaille les capture également.

En procédant de la sorte, on aura des chances de sauver la seconde coupe. C'est ce que l'on peut appeler un « *traitement cultural* »

Comme traitement insecticide proprement dit on a conseillé l'application de chaux vive sur les larves noires de la 2e coupe. Beaucoup de praticiens nous ont dit fonder peu d'espoir sur ce procédé qui se montre souvent infidèle. Il y aurait aussi paraît-il, des poudres à base de naphtaline mais elle doivent être chères et donner un goût au fourrage. Quant à « *l'arsenic* » il serait certainement infaillible si on l'appliquait dès la première invasion, au début de la pousse. Mais, alors, il faudrait faucher de suite après et sacrifier cette petite coupe de crainte d'empoisonner le bétail. Reste la « *cianamide* » récemment conseillée. Il nous est revenu que certains agriculteurs du canton de Villeneuve-de-Berg l'ont employée et s'en sont bien trouvés. Il paraît qu'elle détruirait aussi la cuscute; c'est possible. Nous indiquerons donc volontiers l'essai de ce nouvel insecticide. On emploira alors environ 100 Kil. de cianamide par hectare qu'on dédoublera avec du plâtre pour faciliter l'épandage.

On voit par ces quelques considérations qu'il n'est pas impossible de créer une vraie luzernière d'assez longue durée (10-15 ans) en sol nettement favorable.

Dans les autres terrains de second ordre, moins profonds, moins riches, de coteaux ou mi-coteaux plus ou moins calcaires, on pourra continuer à associer, comme cela se fait assez souvent, la luzerne avec le sainfoin ou bien la luzerne avec le trèfle. En terre calcaire, l'association luzerne et sainfoin n'est pas mauvaise. Avec ce mélange la prairie artificielle peut durer 4-5 ans au lieu de 2-3 comme le sainfoin cultivé seul. Dans ce cas, à trois ans le sainfoin disparaît et est remplacé par des graminées et légumineuses (trioulettes, minettes, trèfles sauvages) qui accompagnent la luzerne. On peut alors défricher à 5 ans pour semer une céréale.

Quelquefois on fait aussi le mélange: luzerne, minette, trèfle et ray-grass pour augmenter le produit des deux premières années pendant lesquelles la luzerne garnit peu le sol.

Ces formules de prairies artificielles de courte durée peuvent s'appliquer en les variant suivant les cas, dans les situations moins favorables où la durée de la luzerne cultivée seule paraîtrait problématique.

Et puisque nous avons été ainsi amené à parler de la mise en valeur de nos terres de second ordre ou même médiocres par la culture fourragère, nous ne voudrions pas passer sous silence une plante non cultivée dans l'Ardèche le *lotier corniculé* qui a été préconisé par M.M Rabaté et Schribaux et qui pourrait rendre des services chez nous.

Le lotier corniculé qui est aussi une légumineuse comme la luzerne, le trèfle, le sainfoin, s'adapte, paraît-il à tous les climats et les situations (montagne et plaine). Il résiste à la sécheresse, fait intéressant pour la Basse-Ardèche. Il réussit dans les terres pauvres en chaux et maigres où la luzerne et le sainfoin restent chétifs. Son fourrage ne météorise jamais les animaux et il est aussi bon à faucher qu'à pâturer. Enfin, avec lui, pas de Rhizoctone (Ducomet) et pas de négril (Rabaté). Comme fumure on peut lui appliquer la formule phospho-potassique et quand il est bien raciné, on pourra le herser comme la luzerne pour faire sauter les mauvaises plantes à racines superficielles. Ainsi soignée, la durée d'une culture de lotier-fourrage (*lotière*) est extrêmement longue. — Enfin on peut aussi associer le lotier avec de bonnes graminées que l'on sèmera en même temps (fromental, dactyle, brôme).

D'après une communication à l'Académie d'agriculture faite en 1920 par M. le Dr Henri de Rotschild, le lotier est indiqué pour les régions pauvres (il y en a pas mal dans notre département.) Il repousse sous la dent des animaux même pendant les périodes de sécheresse et s'accomode des terrains ingrats. Au point de vue alimentaire, en ce qui concerne la protéine notamment, il y a des différences peu marquées entre le lotier et la luzerne.

Il serait donc à souhaiter que nos exploitants essayent un peu partout cette acquisition, nouvelle pour eux, qui ne se présente pas comme concurrente mais comme auxiliaire de nos anciennes bonnes légumineuses. — La semence de lotier coûte, il est vrai, deux fois plus que la luzerne ou le trèfle (20 à 25 frs le kil.), mais on met deux fois moins par hectare (10-15 kil. au lieu de 20 à 30).

Les fourrages artificiels (luzerne, trèfle, sainfoin, lotier corniculé) dont il vient d'être question, cultivés seuls ou en mélange avec des graminées, durent, comme on le sait plusieurs années. Il y a cependant encore d'autres fourrages artificiels qui ne restent sur le sol que quelques mois et que pour cette raison on appelle « fourrages annuels ».

La culture de ces fourrages annuels dont la statistique ne donne pour notre département qu'une assez vague approximation, mériterait d'être étendue aussi bien dans la plaine que dans la demi-montagne. Non seulement on augmenterait ainsi la production fourragère, mais encore on aurait du fourrage *vert* durant une grande partie de l'année et en temps de *«disette»* on pourrait remplacer le foin de pré, les trèfles et les luzernes qui ont manqué par suite des mauvaises conditions atmosphériques. A ce titre, les fourrages annuels nous rendraient de très grands services puisqu'ils nous permettraient de conserver du bétail qu'il faudrait vendre précipitamment dans de mauvaises conditions pour le racheter plus tard.

Ces crises de mévente sur le bétail se voient malheureusement encore trop souvent chez nous où l'on fait de l'élevage.

Même dans la zone viticole et séricicole où à côté de la vigne et du mûrier on fait aussi des céréales, on a, pour effectuer les travaux des champs, des chevaux ou des vaches. C'est pour nourir ce petit cheptel qu'on se trouvera bien aussi d'un supplément de fourrage surtout pour la saison *« d'été »*. Certes on possède déjà un peu de prairie naturelle et de la luzerne, mais si la malencontreuse sécheresse arrive, il faudra parfois acheter du foin ou de la paille, cela s'est vu, cela se verra encore.

C'est en vue de cette disette qu'il faut prendre quelques précautions par l'introduction des *« fourrages d'été »*.

Deux de ces fourrages sont déjà connus mais pas assez répandus à notre gré : le « *maïs* » et la « vesce ». Il n'y a qu'à les développer encore un peu.

A noter que le « maïs-fourrage » doit être semé très drû (150 à 200 kil. à l'hectare) afin d'obtenir ainsi beaucoup de tiges fines, feuillues et peu ligneuses, surtout si l'on n'a pas de hache-maïs. Dans les très bonnes terres bien fumées on pourrait essayer la culture, nouvelle pour nous, des maïs étrangers qui sont extrêmement productifs en fourrages. Ces maïs exotiques vendus par le commerce sous les noms de « *maïs géant, dent-de-cheval, caragua* », etc. atteignent jusqu'à 4 mètres de hauteur. — On peut semer tous les 15 jours de mai en juin. Le maïs est consommé vert ou séché au soleil ou encore conservé en silos.

Quant à la vesce, on la sèmera, soit à l'automne, soit au printemps, mais toujours en mélange avec une céréale destinée à soutenir les tiges des vesces. Les semis de printemps pourront commencer en mars et être continués jusqu'en juillet, tous les mois, afin de ne pas manquer de vert. Cette plante rendra donc de grands services à défaut de foin ou de luzerne.

Reste un autre fourrage d'été, peu connu chez nous et à propager. C'est le «*Moha ou millet de Hongrie*». Cette plante a une croissance rapide dans les terres légères, profondes et une résistance à la sécheresse qui la classe en tête. Le fourrage est excellent en vert ; il est également accepté en sec. On peut par des semis échelonnés depuis le printemps le faire consommer à partir de juillet jusqu'en septembre.

Comme légumineuse annuelle, nous nous en voudrions aussi de ne pas citer le « *trèfle incarnat* » déjà connu chez nous, ne serait-ce que pour rendre hommage à ses réelles qualités. C'est surtout dans notre demi-montagne qui comprend une certaine partie des cantons d'Antraïgues, Thueyts Montpezat, Valgorge, Joyeuse et les Vans que nous voudrions voir le trèfle incarnat plus répandu. Ce serait pour ces régions un peu deshéritées et dépeuplées une plante qui servirait à deux usages : comme fumure et comme fourrage. Il faut en effet pas mal d'humus pour maintenir les sols granitiques, gréseux, siliceux et par suite trop légers qui se trouvent dans ces régions. Or le fumier que l'on y produit n'est pas toujours suffisant et en tous cas son transport n'est pas partout pratique dans ces terres accidentées. Notre trèfle incarnat jouera d'abord dans ces situations le rôle d'engrais vert. Cette plante n'est pas trop difficile et elle poussera bien dans ces granits et ces gneiss auxquels elle fournira de l'humus une fois enfouie. Enfin en second lieu on peut compter avoir ainsi également un bon fourrage printanier. Donc en principe, il n'y a qu'à la semer de suite après la moisson du seigle en déchaumant superficiellement. Tout l'été et l'hiver, la trèfle incarnat maintient le sol léger, retient les éléments solubilisés et en mai suivant, à la floraison, on peut en affourager le bétail et enfouir le reste comme engrais vert. Après cette fumure verte, on pourra encore repiquer des betteraves ou semer des raves. Le fourrage de trèfle incarnat, fauchable avant le trèfle commun, est excellent en vert pour les vaches laitières et les chevaux.

Il est temps maintenant de clore cette liste, déjà longue, de fourrages artificiels en signalant, à l'attention de nos lecteurs, encore deux plantes intéressantes: la navette et la moutarde blanche.

La « navette » conviendrait très bien pour nos climats et nos sols calcaires du Bas-Vivarais. Semée en août on la récolterait en « *Avril* ». Ce serait donc le « premier » fourrage vert, le plus précoce de tous.

Quant à la « *moutarde blanche* » c'est un fourrage d'automne que l'on peut récolter jusqu'aux premières gelées et qui se sème en août.

D. Munttviller

LES PRAIRIES NATURELLES

Dans son remarquable ouvrage intitulé « la vie économique et les classes sociales en Vivarais, au lendemain de la guerre de cent ans » Mr Jean Régné, archiviste à Privas, s'exprime ainsi ; « chanvre, légumes, vins, amandes, noix, châtaignes, miel, laitage, ne constituent pas dans l'ensemble du Vivarais, la principale source de profits, mais bien plutôt le grain et le foin. Sèche ou humide, la prairie se rencontre un peu partout, depuis la région de Vagnas, jusqu'à celle d'Annonay. Dans le mandement d'Antraïgues, où beaucoup de prés ne reçoivent que la rosée du ciel, les prés sont mis en culture tous les vingt ans ; c'est la mode du pays.

« En même temps que les châtaigneraies, les Cévénols du Randonnal et de la Borne arrosent leurs prairies méthodiquement et périodiquement. Déjà au XVème siècle, grâce à un système savant de rigoles et de béalières, l'eau y circule en tous sens et sur les pentes gazonnées, l'herbe pousse drue et grasse entres les files non moins luxuriantes de châtaigniers et d'arbres fruitiers. La récolte du foin y peut atteindre un rendement de 6 à 7 quintaux par sétérée ».

Cet intéressant passsage nous montre, au Moyen âge, l'ardéchois assurant, à la fois, la prospérité de ses arbres fruitiers et de ses prairies par l'entretien de son sol propre et suffisamment frais.

Depuis lors, il n'y a pas eu peut être de notables progrès réalisés à ce sujet, et certains veulent attribuer la disparition des châtaigniers des pentes les plus ingrates, à l'abandon dans lequel on les a laissé tomber. Quoi qu'il en soit, les surfaces fauchables et celles pâturées ont subi, depuis une cinquantaine d'années, les variations suivantes :

	Prairies de fauche	*Surfaces pâturées.*
1882	41.121 Ha	14.755
1892	45.061	16.533
1902	47.121	46.867
1912	46.000	54.000
1922	50.065	54.968
1926	50.055	58.763

De 1882 à 1892, la surface des prairies irriguées s'élève de 22.290 à 22.910 et celle des prairies non irriguées passe de 18.831, à 22.151.

La conclusion à tirer de l'ensemble de ces chiffres est que l'étendue fauchable n'a subi qu'un faible accroissement, tandis que les parties pâturées ont gagné considérablement du terrain aux dépens des terres labourables délaissées par suite de l'exode rural et, par voie de conséquence, du manque de bras.

La région calcaire est la moins pourvue de prés. Ce n'est que sur les limons déposés dans leur partie basse par l'Ardèche, le Chassezac, et la Beaume, qu'on récolte des petites quantités de fourrages naturels.

Sur les penchants des Cévennes granitiques le système d'irrigation, établi jadis, n'a pas été partout convenablement entretenu, les canaux de dérivation en maints endroits, se sont obstrués ou détériorés rendant les arrosages impossibles ; les fougères et genêts, non contenus par l'intervention des propriétaires, débordés de travail, se développent librement et envahissent les parcelles gazonnées.

Par contre, les plateaux élevés de Coucouron, de St Eulalie et de Lachamp- Raphël avec, comme prolongement vers le Sud-Est, celui du Coiron, conservent mieux leur productivité. Recouverts de dépôts volcaniques plus ou moins épais, disposés à plat ou légèrement bosselés, ils possèdent des réserves considérables d'éléments nutritifs et donnent une herbe courte, mais serrée, fine, savoureuse et remarquablement riche, composée de graminées (fétuque brunâtre, paturin des bois, canche flexueuse, avoine jaunâtre, flouve odorante, crételle), associées à des plantes diverses : achillée mille feuilles, narcisse, statice arméria, gentiane, arnica de montagne, polygala, pensée, cardamine des prés, saxifrage, euphraise officinale, luzule, orchis blanc, anémone de printemps etc...

La végétation est souvent retardée par les gelées printanières ou arrêtée par une sécheresse précoce. Les tentatives faites en vue d'élever les rendements par l'emploi d'engrais chimiques n'ont pas donné des résultats notables, la terre étant sans doute suffisamment pourvue de principes assimilables et régiant surtout sa production d'après les conditions climatiques. Le Coiron fournit, chaque année, des quantités considérables de foin aux nourrisseurs de Montélimar et des autres centres urbains de la vallée du Rhône qui le paient ordinairement des prix élevés. Autrefois, les exploitants comptaient tout spécialement sur le produit de cette vente pour régler leur fermage et nourrissaient parcimonieusement leurs troupaux. Aujourd'hui, l'aisance relative dans laquelle ils se trouvent leur permet de supporter plus facilement les charges qui leur incombent ; aussi préfèrent-ils mieux alimenter leurs animaux.

Les prairies qui couronnent la Chaîne des Boutières présentent un degré de fertilité moindre. Situées à une altitude de 800 à 1.100 mètres, elles tapissent un sol granitique ou gneissique pauvre en chaux et en acide phosphorique.

Cependant, les sources nombreuses favorisent la pousse du gazon qui est toujours serré, mais reste ordinairement bas et glisse sous la lame ou bourre la barre-de-coupe des faucheuses mécaniques.

Dans toute la zone des Hauts-Plateaux, périodiquement les prairies

sont ravagées par un petit insecte, la « Psychée des Montagnes », signalée à plusieurs reprises, au cours du siècle dernier, et qui a causé des dégâts considérables en 1923 et 1924.

Les traitements que nous avons essayés, avec le concours de la Station d'Entomologie de St Genis-Laval, ont pleinement réussi et permettent d'affirmer l'efficacité du son arséniqué contre ces parasites.

De Vernoux à Annonay, le plan incliné qui descend vers le Rhône se trouve interrompu par un large épaulement où la production herbagère occupe la principale place.

Elle y bénéficie d'un climat relativement doux et même un peu brumeux, vers le nord du département.

Ici, les roches cristallophylliennes ont donné une couche végétale de nature assez variable ; siliceuse, légère, perméable et superficielle sur les vallonnements, elle est souvent silico-argileuse, assez profonde et fraîche dans les combes sillonnées par de petits ruisseaux alimentés par de multiples filets d'eau qui sourdent à la surface, mais presque partout on constate un manque de chaux et de phosphates.

Sans avoir la prétention de fixer la proportion exacte des diverses espèces qui composent la flore, nous remarquons qu'il y a peu de légumineuses, le trèfle violet, la minette et le lotier sont toutefois les mieux représentés. Parmi les graminées, on trouve surtout le dactyle pelotonné, le vulpin des prés, la flouve odorante, le ray-grass anglais, la crételle des prés, la fétuque ovine, la houlque laineuse, l'avoine jaunâtre, l'agrostis traçante etc... et enfin il existe des espèces appartenant à des familles diverses dont certaines, comme la pinprenelle, la grande oseille, le pissenlit, la grande berce, le plantin lancéolé, le lamier pourpre, la grande marguerite, le Gaillet, la scabieuse maritime, la sauge des prés, les centaurées, les carex et les joncs, sont indifférentes, et d'autres telles que le colchique d'automne, l'ellébore blanc, le rhinante crête de coq, les renoncules, les mousses, sont nettement nuisibles.

Il ne peut s'agir, dans cette énumération, que des espèces les plus répandues, car la composition botanique varie forcément avec la situation et les soins culturaux, plus spécialement, avec les fumures employées.

La plupart des exploitants ont l'habitude d'épandre, dans leurs prés, pendant l'hiver, une couche de fumier, plus ou moins épaisse, qui est détrempée et délayée par les eaux de pluies ou d'arrosage et, au printemps suivant, ils ramassent, au râteau, la litière, les pailles qui restent à la surface. Par contre, rares sont encore ceux qui font appel aux matières fertilisantes minérales , aussi les rendements restent-ils ordinairement au-dessous de 30 quintaux de foin sec par hectare et exceptionnellement atteignent-ils 3500 kgrs, mais dans ce cas même, la constitution du fourrage pêche par manque d'acide phosphorique et de chaux, éléments essentiels pour la formation de l'ossature animale ; de sorte que le bétail ne peut acquérir une taille élevée ni cette ampleur de forme qu'on doit toujours rechercher

Sans nul doute, le perfectionnement du cheptel reposera spécialement désormais sur les mesures à prendre pour accroître l'abondance et surtout la qualité des fourrages.

Les représentants de diverses espèces domestiques, selon leur degré de sélection et le développement de leurs fonctions économiques, constituent des machines vivantes, dont la puissance de transformation est plus ou moins élevée, mais elles ne possèdent en définitive que des dispositions qui, pour donner les résultats attendus, doivent pouvoir s'exercer par une alimentation appropriée.

Améliorations à réaliser. — Il est reconnu que la végétation spontanée n'est que le reflet du sol qu'elle recouvre, que la flore diffère selon le milieu naturel et qu'il suffit de modifier la composition du terrain pour agir, en même temps, sur celle de la pâture qu'il fournit.

Or, les bonnes plantes de prairies exigent de l'air, de l'humidité et une juste proportion des quatre éléments nutritifs principaux : azote, acide phosphorique, potasse et chaux.

L'aération peut être entravée par un excès d'eau qui gorge la couche meuble et la rend marécageuse, ainsi qu'on peut le constater sur le plateau de Devesset, où des drainages sont à préconiser ; elle est encore souvent insuffisante par suite du tassement, des débris de tiges et de feuilles qui, au moment du fanage, tombent sur le pré et s'y décomposent dans la suite en formant un lit de matières organiques dont l'épaisseur s'accroît chaque année, surtout dans les bas-fonds.

Cet humus, ainsi accumulé devient acide, «aigre», selon la propre expression des praticiens, se recouvre de mousse et d'autres herbes grossières.

Le meilleur moyen d'en tirer parti consiste à pratiquer, tous les printemps, des hersages énergiques pour déchirer la couche superficielle imperméable. D'aucuns conseillent même l'usage des régénérateurs de prairies dont l'action est plus énergique et qui ne conviennent, à notre avis, que dans les parties grasses très favorables à l'engazonnement.

Il serait relativement aisé de maintenir, à peu près partout, une fraîcheur convenable, jusqu'à la première coupe, par un aménagement plus rationnel des cours d'eau, une meilleure répartition des eaux disponibles et la construction de « serves » là où les sources n'ont pas un débit suffisant pour arroser directement les surfaces exposées à la sécheresse.

Mais ce sont les engrais qui offrent le moyen le plus sûr d'augmenter les ressources alimentaires pour le bétail et de les mettre en harmonie avec les transformations que subit ce dernier.

Nous voudrions bien faire comprendre aux intéressés, que leurs vieilles prairies renferment, à leur surface, des réserves considérables d'une matière noire absolument comparable au fumier de ferme dont l'emploi devient, dans ces conditions, tout à fait superflu et qui devrait être exclusivement destiné aux terres labourables ; tandis qu'au contraire, sauf en terrain volcanique, elles sont toujours pauvres en phosphates et souvent en chaux.

Les scories de déphosphoration sont appelées à agir très efficacement à la fois sur la production fourragère et l'amélioration des races animales, dans toute la région d'élevage.

Elles possèdent une action multiple : en mobilisant les principes contenus dans les substances organiques qui s'entassent à la surface du gazon, et agissant ainsi comme un véritable apport de nitrate ; en neutralisant l'acidité du terrain et favorisant le développement des bonnes espèces ; en apportant de la chaux, nécessaire aux diverses plantes de la famille des légumineuses (minette, trèfle, lotier etc..) qui remplacent les mauvaises herbes des sols aigres ; en élevant la proportion d'acide phosphorique, absorbé par la végétation d'abord, et par le bétail ensuite.

C'est naturellement dans les bas-fonds humides que cet engrais donne les meilleurs résultats ; mais on peut l'utiliser, avec profit, sur toutes les formations non calcaires, à condition de le répandre à la fin de l'automne, à raison de 500 kgrs en moyenne par hectare.

Si le sol est abondamment pourvu de chaux et en côteau sec, il y a avantage à accorder la préférence aux superphosphates dont on peut réduire la dose à 400 kgrs par hectare.

Enfin, il conviendrait d'essayer partout la sylvinite qui semble, d'après les premiers essais organisés par nous, augmenter les rendements et élever notablement la proportion des légumineuses aussi bien dans la zone siliceuse du nord, que sur les plateaux calcaires (callovien) du midi de l'Ardèche.

Résultats d'un certain nombre d'expériences relatives à l'emploi des engrais sur prairies naturelles, organisés en 1926 par les services agricoles de l'Ardèche.

LOCALITÉS	NOMS des expérimentateurs	Nature du terrain	PRODUCTION		
			Parcelles témoins	Parcelles ayant reçu de la sylvinite	Parcelles fumées à la sylvinite et au super-phosphate ou aux scories
St-Sernin	Marnas..........	Sablo-calcaire.	350	480	530
id.	Raoux..........	id..	495	690	820
Aubenas...	Plan...........	léger gréseux.	410	«	517
Jaujac.....	Brun...........	siliceux.	«	«	récolte double de celle du témoin.
Prades.....	Fulachier Cyprien	silico-argileux.	250	300	450
Vocance...	Béal...........	siliceux.	500	670	830
id.	Deschaux François	id.	470	610	770

Ajoutons, pour compléter le tableau qui précède, que partout il a été constaté une multiplication rapide de la minette, du trèfle rouge des prés, et autres espèces de la même famille.

V. Richard.

REBOISEMENTS DANS LE BAS VIVARAIS

«Nos rivières, descendant de montagnes trop déboisées, inondent leurs plaines ou les laissent souffrir de la sécheresse.» Franz Schrader.

Cette phrase du grand géographe rappelée par l'Inspecteur des Eaux et Forêts, Flaugère, dans un article concernant le déboisement des montagnes vu des Hauts-Sommets des Cévennes,(1) nous paraît résumer parfaitement le but des reboisements dans le Bas-Vivarais.

Rappel sommaire de la législation en cours sur le reboisement des montagnes.

Législation antérieure à la loi du 4 avril 1882.

La législation des reboisements en montagne a pour but de régler le conflit entre agriculteurs de la plaine et pasteurs des montagnes : les uns demandent de les protéger contre les ravages des eaux des montagnes les autres protestent contre les restrictions de jouissance à leur droit de propriété.

Depuis longtemps, la question a préoccupé le législateur : au début du 19ème siècle, la loi du 16 septembre 1807 fait paraître pour la première fois le mot de *périmètre* dans un projet de constitution de syndicats forcés ; en 1841, un autre projet fut élaboré d'après la théorie de Surell sur la formation des torrents.

Mais il a fallu les inondations de 1859 pour — en attirant l'attention du public — faire promulguer la loi du 28 juillet 1860,« dite sur le reboisement en montagne ». Cette loi accorde des subventions et des primes à ceux qui reboisentet,à défaut de l'initiative personnelle, prévoit des mesures coercitives ; établissement de périmètres et exécution obligatoire de travaux à l'intérieur de ces périmètres : les propriétaires étaient mis en demeure d'exécuter es reboisements ; en cas de refus ils étaient expropriés. Certains reboisements de la série de Montpezat datent de cette époque.

Loi du 4 avril 1882.

Les expropriations dues à la loi de 1860 soulevèrent une telle hostilité que, en dépit de la loi de 1864 sur le gazonnement des montagnes, le pouvoir législatif vota, sous la pression de l'opinion, la loi du 4 avril 1882. Cette loi restreignait l'action du forestier, car elle limitait la constitution des périmètres « à un danger né et actuel ». Dorénavant il n'était permis d'exproprier que les bords et la lèvre du torrent. Les anciens périmètres de la loi de 1860 furent revisés et les nouveaux constitués d'après ce principe: c'est ce qui explique la forme en échiquier des séries de St-Etienne de Boulogne et de Vesseaux, que le touriste rencontre à l'est de la route, col de l'Escrinet

______

(1) «Le chêne » n° 25 1er trimestre 1925.

Aubenas: le service forestier n'a pu périmétrer légalement que les terrains en état de dégradation en laissant en dehors les champs, vignes..

Législation postérieure à la loi du 4 avril 1882.

Les inconvénients de la loi de 1882 furent vite reconnus, mais il fallut attendre la loi du 16 août 1913 pour faire disparaître la mention du « danger né et actuel ». Actuellement le forestier peut reboiser le bassin de réception toutes les fois qu'il s'agira de combattre le ruissellement sur les pentes.

Enfin la loi Chauveau du 28 avril 1922 a fait faire un nouveau pas en avant en permettant de soumettre à un régime forestier spécial les massifs boisés dont la conservation est indispensable à la protection du sol.

De la nécessité du reboisement dans le Bas-Vivarais

Les bienfaits du reboisement ne se comptent plus : le Bas-Vivarais a bien droit, lui aussi, à une part de ces bienfaits ; mais nous nous attacherons uniquement à établir qu'au point de vue précipitations atmosphériques le Bas-Vivarais est dans une situation telle que si les lois actuelles n'existaient pas, on devrait les créer spécialement pour notre région.

D'abord les faits. Dans le régime des rivières cévénoles « la crue d'automne foudroyante, énorme, dévastatrice, est le phénomène capital » (1) Les crues de l'Ardèche sont souvent de véritables trombes d'eau « défiant presque l'imagination (1) » et dépassant en violence tout ce que connaît l'hydrologie européenne. M. Pardé cite des précipitations atmosphériques de :

520 m/m tombées à Privas dans la seule journée du 9 octobre 1907.
971 m/m tombées à Montpezat en 5 jours, de septembre 1890 ;
791 m/m tombées à Joyeuse, le 9 octobre 1827.

et fait remarquer que, de Lyon à la mer, le maximum des chutes d'eau est atteint sur le bassin de l'Ardèche. Aussi, ce cours d'eau, à Vallon, a passé de 2 m. c. 5 par seconde à 7500 m. c. ce qui lui donne un coefficient de torrentialité (rapport du débit maximum au minimum) de 3000 alors que ce cœfficient est seulement de 21 et 33 pour l'Isère et le Drac à Grenoble et de 581 pour le Buech, à Sèvres (P. Mougin).

La forêt serait-elle capable de modifier le climat des Cévennes, de rendre les chutes de pluie plus fréquentes et moins violentes et de régulariser le régime des eaux ?

La réponse à cette question a été donnée par M. Chaudey, Conservateur des Eaux et Forêts à Valence (2), nous résumerons succinctement les raisons qu'il a invoquées.

Pour que les cataclysmes rappelés plus haut se produisent : deux conditions sont nécessaires :

----

(1) « Le Régime du Rhône » par Maurice Pardé.
(2) « Météorologie et Reboisement » Revue des Eaux et Forêts, 1 août 1921.

1/ des vapeurs venant du Sud-est et surchauffées pendant une période de sécheresse de 15 jours à 1 mois.

2/ rencontrant les flancs et les crêtes refroidis préalablement par un vent glacé du nord.

La forêt agirait sur ces deux conditions : d'une part, elle empêcherait la surchauffe des vapeurs méditerranéennes, car non seulement la forêt refroidit l'atmosphère au dessus d'elle et en augmente l'humidité relative, mais en couvrant le sol, elle l'abrite, régularise sa température et par suite diminue son pouvoir absorbant et son pouvoir émissif : pouvoir, absorbant pendant la période de sécheresse qui précède les crues, pouvoir émissif dès que se lève le vent glacé du nord et qui fait que ces plateaux dénudés perdent leur chaleur plus rapidement qu'ils ne l'ont acquise. D'autre part, la forêt s'opposerait au refroidissement des flancs et des crêtes des Cévennes par le vent, car, par suite du degré hygrométrique très élevé de l'atmosphère au dessus des forêts, il suffit d'un très léger abaissement de température pour amener la condensation des eaux et les agriculteurs connaissent le dicton « petite pluie abat grand vent » d'ailleurs, la présence de la forêt contrarierait et même entraverait la marche du vent.

M. Berard, dans son Cours à l'Ecole Forestière, fait remarquer en outre que dans le sens transversal aux Cévennes, le maximun des chutes d'eau se trouve non point au sommet mais bien sur le revers sud-oriental, au dessous de la ligne de faîte et là où la pente est la plus forte. Ici encore, la forêt agira par sa couverture morte dont le pouvoir hygroscopique est très grand, par sa frondaison qui amortit le choc de la pluie et empêche l'affouillement, par ses racines...

Et si le reboisement dans la Basse-Ardèche ne peut faire que toujours les vapeurs du Sud-Est rencontreront comme un immense écran condensateur la barrière presque perpendiculaire à leur direction de la chaîne des Cévennes du Tanargue en particulier, du moins, le reboisement dans le Bas-Vivarais répartirait d'une façon plus espacée les précipitations atmosphériques que l'on peut qualifier de calamiteuses dans notre région. Et on peut être assuré des excellents résultats que l'on obtiendrait, car il suffirait parfois, pour éviter ces crues dévastatrices, d'espacer les averses de quelques jours, voire même de quelques heures ; la forêt remplirait sûrement cette fonction régulatrice.

De l'œuvre déjà accomplie en fait de reboisements

1°) Par les Périmètres de Reboisement

Dans le Bas-Vivarais, l'Administration forestière a établi quatre périmètres :

Périmètre de l'Ardèche supérieure, déclaré d'utilité publique par 13 décrets divers. Il comprend 4.553 hectares sur lesquels 3.616 ont été acquis. Environ 3.080 hectares ont été reboisés, mais environ 500 sont à réfectionner par suite d'incendies. Il a été dépensé 1.183.794 fr. pour achat de terrains et 744.335 fr. pour travaux de toutes natures. Les essences employées ont été le pin sylvestre, le pin à crochet, l'épicéa et l'acacia.

Périmètre de l'Ardèche moyenne déclaré d'utilité publique par la loi du 27 juillet 1895. Il comprend 2.814 hectares sur lesquels 1.889 ont été acquis. Environ 1.249 ont été reboisés mais 650 sont à réfectionner par suite d'incendies ou de non réussite des plantations. Il a été dépensé 440.376 fr. pour achat de terrains et 317.286 pour travaux de toutes natures. Mêmes essences que pour le périmètre précédent moins les acacias.

Périmètre du Chassezac, déclaré d'utilité publique par la loi du 18 juillet 1906. Il comprend 1.787 hectares sur lesquels 862 ont été acquis et 505 reboisés. Il a été dépensé 172.358 fr. pour achat de terrains et 111.450 pour travaux divers.

Périmètre de l'Escoutay, déclaré d'utilité publique par la loi du 29 décembre 1917. Il a une superficie de 2.023 hectares sur laquelle 384 ont été achetés par l'Etat et 304 reboisés. Il a été dépensé 49.381 fr. pour achat de terrains et 37.103 pour travaux divers. Les essences employées ont été le pin noir d'Autriche, le chêne rouvre et le pin d'Alep.

Pour mémoire seulement, nous citerons le périmètre de l'Allier délaré d'utilité publique par la loi du 14 avril 1906 et comprenant 977 hectares dans l'Ardèche.

2°) Par les Reboisements particuliers

Le temps n'est plus où les habitants des montagnes empêchaient les reboisements par une obstruction systématique ; et si certains incendies ont été allumés en souvenir d'expropriations malheureuses, actuellement un revirement complet semble se dessiner dans l'esprit des populations. Le cultivateur a compris que le forestier n'était point un ennemi ; les expropriations ont fait place aux acquisitions amiables ; les travaux de reboisements, gagne pain pour beaucoup, ont été suivis avec curiosité tout d'abord, avec intérêt ensuite et devant les résultats obtenus, le propriétaire a demandé à profiter des subventions en graines et en plants que l'Etat met si généreusement à sa disposition. Il suffit, pour s'en rendre compte de suivre la progression des plants ou des graines délivrés gratuitement ou concédés presque gratuitement (2 francs le mille de plants) ; durant ces quatres dernières années, il a été distribué :

en 1923	98	kilogs de graines et	45.500	plants de résineux ;
en 1924	80	» »	293.000	» »
en 1925	153	» »	517.000	» »
en 1926	231	» »	426.000	» »
soit en 4 ans	562	» »	et 1.281.500 plants.	

Conclusions.

M. Mougin, Inspecteur Général des Eaux et Forêts, estime qu'un taux de boisement minimum de 33 °/₀ est nécessaire pour avoir une influence sur la régularisation du régime des eaux. Pour le bassin de l'Ardèche, en raison de la grandeur des pentes cette proportion de 33 °/₀ ne saurait suffire. Or, sur les 2429 kilomètres carrés qui forment la superficie du bassin de l'Ardèche :

    8,72 °/₀₀   sont couverts par des forêts domaniales ;
  33,78 °/₀₀ .... périmètres de reboisement ;
  35,53 °/₀₀ .... forêts soumises au régime forestier ;
127,71 °/₀₀ .... forêts particulières.

Soit un total de 205, 74 °/₀, de terrains boisés parmi lesquels nous comptons les maigres taillis des cantons de Vallon, Bourg-St-Andéol et Villeneuve de Berg. Nous sommes donc loin des 330 0/00 nécessaires au minimum pour que la forêt puisse jouer son rôle de régulatrice du régime des eaux.

La tâche qui reste à accomplir peut paraître grande encore et certainement la somme de trois millions environ dépensée pour acheter et reboiser près de 5000 hectares, peut paraître exagérée et hors de proportion avec les résultats obtenus. Aux mécontents et aux esprits chagrins qui penseraient ainsi, nous conseillerions volontiers de se rendre à St-Laurent les Bains par Valgorge et Loubaresse. Après Loubaresse et après la traversée des repeuplements de pins de belle venue, la route serpente à travers des landes couvertes de bruyères ; le tournant de la « *femme morte* » est d'une tristesse infinie avec les micaschistes qui scintillent au soleil et la lande à perte de vue. A perte de vue, non, car l'horizon est barré par une muraille vivante, faite d'arbres plantés par nos devanciers. Dans cette région l'Etat a acquis, a reboisé, aménagé des terrains où la forêt de sapins est en voie de formation, et où les reboisements donnent déjà des coupes rémunératrices. Dans un siècle il y aura là un massif comparable aux forêts de Mazan ou des Chambons et entièrement créée de main d'homme Et en passant devant la maison forestière du Chat del Bos, isolée, loin de toute agglomération celui qui aurait critiqué l'Administration Forestière sera obligé de s'incliner devant ceux qui travaillent si haut, si loin, si durement, pour que là-bas dans les vallées, les habitants reposent tranquillement.

Aubenas le 24 juin 1927.

J. Varin d'Ainvelle

LA PRODUCTION ANIMALE

Au cours des siècles, le bétail a joué un rôle prépondérant en Vivarais. Auxiliaire du paysan dans la continuelle lutte qu'il avait à soutenir contre une nature rude pour lui arracher sa modeste subsistance, il lui a fourni, en outre, les moyens de se libérer des avances qui lui étaient imposées.

Et c'est grâce aux produits d'origine animale qu'ont pu naître et se développer la plupart des industries locales: tanneries, mégisseries, draperies, soieries, etc...

Dans les landes parfumées des plateaux calcaires ou sur les penchants gazonnés du Tanargue, le mouton a toujours trouvé la pâture saine et délicate qui lui convient.

La chèvre devait se plaire à brouter les ronces, genêts et autres végétaux ligneux qui bordent les ravines de l'Ardèche moyenne, tandis que l'espèce bovine employée ici à la traction du char ou de la charrue, entretenue là, à la fois pour son travail et pour ses produits, ailleurs exclusivement consacrée à l'élevage, a trouvé place partout.

A travers ce pays accidenté, tourmenté et coupé par des rochers ou des gorges, les équidés étaient appelés à servir de bête de somme et le mulet devait avoir la préférence des montagnards cévénols, avares de leurs fourrages, obligés de se déplacer dans de très mauvais chemins ; aussi, l'industrie mulassière a-t-elle prospéré de tout temps sur le Coiron et dans les autres régions d'élevage.

On pourrait en dire autant de l'engraissement des porcs pratiqué à peu près dans toutes les fermes. Avant que le déboisement n'eût pris le caractère alarmant qu'il affecte de nos jours, en nombreux villages, les porcs étaient conduits à la glandée, dans les taillis de chênes.

Il ne semble pas, cependant, que le département ait jamais offert à l'élevage en général les ressources de ses voisins du Plateau Central et la population animale y a toujours présenté une densité relativement faible.

Elle y était toutefois plus uniformément répartie qu'aujourd'hui, ainsi que le fait ressortir l'enquête cadastrale de 1464, relatée par M. Régné.

En effet, il y avait alors d'importants troupeaux, non seulement dans les régions d'élevage actuelles, mais encore dans le Bas-Vivarais; par exemple à Joyeuse un tenancier déclare 4 bœufs, 6 vaches, 3 veaux et 2 génisses. Il est signalé à Voguë un cheptel de 4 bœufs de labour, 2 vaches et leurs veaux, un mulet, 4 poulains, 2 juments, un cheval 90 ovins et caprins. A Vagnas, un propriétaire possède 3 bœufs de trait, 60 ovins et caprins, une ânesse, des juments et leur poulain.

Aujourd'hui on serait embarrassé pour trouver, dans ces différentes communes, des étables aussi bien garnies.

Si Olivier de Serres, dans son théâtre d'agriculture, nous permet de nous figurer l'état des espèces domestiques existant de son temps en Vivarais, il ne nous renseigne pas sur leur importance.

D'après l'intendant Ballainvillers, à la veille de la Révolution, la plaine ne possédait que 3000 bœufs ou mulets pour le labourage. 3000 mauvais chevaux, mules ou ânes pour le transport. Les moutons, relégués sur les hauteurs qu'ils dévastaient, étaient au nombre de 36.000 têtes. Il y avait, en outre, 10.000 chèvres et 30.000 porcs. (1)

Depuis le milieu du 19me siècle, le cheptel a subi des modifications assez considérables mises en évidence par le tableau qui suit :

Années	ESPÈCES							
	Cheva-line	Mulas-sière	Asine	Bovine	Ovine	Caprine	Porcine	Basse-cours
1882..	8.918	6.824	3.260	83.095	273.740	122.182	120.737	510.219
1892..	10.581	6.390	2.511	88.484	249.552	121.731	114.399	537.658
1902..	10.172	6.388	2.167	106.093	180.908	99.090	119.175	645.000
1912..	12.870	5.730	2.180	95.130	169.010	95.190	99.100	
1922..	10.230	3.940	1.820	72.550	118.610	78.210	69.880	
1926..	10.810	3.766	1.759	78.375	127.270	75.697	75.193	

Il est frappant de constater que le troupeau ovin a diminué de plus de moitié en l'espace de quarante ans.

La population bovine qui s'était notablement accrue jusqu'en 1902, baisse ensuite légèrement pendant la période décennale qui suit et accentue sa chute durant les hostilités pour remonter de nouveau à partir de 1922.

L'espèce porcine subit une dégression presque continue qui s'explique par la réduction du nombre de métairies où se pratiquait l'engraissement des porcs destinés, en majeure partie, à la consommation familiale.

On pourrait croire que l'industrie mulassière, elle aussi, décline sensiblement, par le simple examen des chiffres, alors qu'en réalité elle est plutôt en progression, mais les élèves sont vendus à l'âge de 4 à 5 mois, de sorte qu'il ne figure sur les statistiques que les sujets adultes qu'on remplace souvent dans les petites exploitations par les bêtes à cornes fournissant à la fois du travail et des produits.

On constate, en 1926, une augmentation des effectifs qui fait ressortir l'effort accompli par les éleveurs pour rétablir l'importance numérique du cheptel fortement atteint pendant la grande tourmente. Mais, ce que n'indique pas le tableau qui précède, et qu'on ne saurait passer sous silence, c'est l'élévation de la valeur intrinsèque individuelle résultant de l'emploi de meilleurs reproducteurs.

Les agriculteurs ont enfin compris, à cette époque où l'industrie s'attache à développer sa production par le perfectionnement continu de son matériel, que l'animal est véritablement une machine dont le rendement dépend, avant tout, de l'état de son organisme; que les qualités de celui-ci sont essentiellement héréditaires et perfectibles; qu'il faut les rechercher chez les procréateurs si on veut les trouver réunies chez leurs produits.

V. RICHARD

(1) Baudrillart et Bourdin.

ESPÈCES CHEVALINE, ASINE, MULASSIÈRE.

L'élevage du cheval se pratique dans 2 régions du département : la région du Mézenc ou des Hauts-Plateaux et la région du Coiron, la plus importante, comprenant le plateau du Coiron et ses environs immédiats. Dans ces 2 régions, la race autochtone a été la même à l'origine, d'un pays à l'autre elle a subi des modifications dues au climat, à la configuration du sol, à la constitution géologique des terrains et à des croisements assez récents.

RACE CHEVALINE DU MÉZENC

Origine : Cette race est certainement originaire de la grande race asiatique ; elle s'est développée dans toute la région, ainsi d'ailleurs que dans les départements avoisinants (Haute-Loire, Lozère, Aveyron) à la suite des invasions arabes. La conformation rappelle nettement cette race asiatique : tête large et courte, petites oreilles droites, corps cylindrique, croupe avalée, membres secs, sabots solides, taille de 1 m. 45 en moyenne, robe baie ou alezane. Les aplombs n'ont pas toujours une grande régularité, on constate souvent de la panardise, des jarrets crochus, le squelette manque de développement et les tares osseuses sont assez fréquentes, dûes à l'alimentation insuffisante et au travail des animaux dans des terrains très accidentés ; à signaler encore l'existence assez fréquente de la fluxion périodique des yeux (10 %) causée par les conditions hygiéniques défectueuses et la mise au pâturage par des temps souvent froids et humides ; le manque de sélection des juments entretient d'autre part cette maladie qui est aussi héréditaire.

Aptitudes : La race est bien adaptée au pays ; elle est robuste, rustique, d'un entretien très facile, elle a gardé du cheval arabe son tempérament nerveux et elle fait preuve d'une énergie exceptionnelle.

Nourri exclusivement de foin, ne mangeant jamais d'avoine, le cheval du Mézenc va au pâturage avec les bovins pendant tout l'été ; pendant le reste de l'année (7 mois au moins) il est confiné dans des écuries basses et très souvent humides.

Elevage. Débouchés. — Les poulains naissent au printemps, ils sont laissés dehors tout l'été, mais on les rentre cependant la nuit. Les mâles sont tous vendus aux foires d'automne (Mézilhac, Lachamp-Raphaël, St-Cirgues en Montagne, Le Béage) ils sont emmenés dans les régions voisines, surtout dans la vallée du Rhône, là où ils sont mieux soignés et prennent en général un plus grand développement que dans leur pays d'origine et leurs aplombs s'améliorent ; les femelles sont conservées en général dans le pays.

Améliorations à réaliser : La race du Mézenc, nous l'avons vu, est bien adaptée à la région où elle vit et elle y rend des services exceptionnels, qu'aucune autre ne pourrait rendre sans une acclimatation longue et difficile étant donné l'altitude et le climat rigoureux de ces plateaux. Le mulet seul pourrait remplacer le cheval ; cependant son utilisation n'est pas entrée dans les habitudes du pays, et si l'on fait naître quelques mulets, c'est pour les vendre à 6 mois.

Il est donc absolument indispensable de conserver cette race du Mézenc, et pour accroître son importance numérique et ses débouchés autant que pour empêcher sa dégénérescence, il est nécessaire de l'améliorer.

Cette amélioration doit porter sur plusieurs points :

1/ *Amélioration des reproducteurs.* — *Étalons.* Il existe actuellement quelques étalons de la race du Mézenc : mais il est difficile de trouver parmi ces animaux des modèles à peu près irréprochables ; la reproduction par consanguinité a exagéré les défauts d'aplomb, et elle se manifeste quelquefois par de la fluxion périodique amenant une réforme prématurée de ces animaux, en empêchant leur utilisation avant l'âge de la monte.

D'autre part, l'administration des Haras a créé, depuis 2 ans, un dépôt d'étalons postiers bretons à Coucouron, centre de la meilleure région d'élevage. Le postier breton, par son type et sa conformation, se rapproche suffisamment de la race autochtone pour que l'on puisse attendre de bons résultats de ce croisement, en accroissant chez les produits la taille et la masse autant qu'il est possible dans cette région où les conditions de l'élevage sont bien spéciales. Déjà, il y a environ un siècle, la même administration avait créé à Usclades, petite localité du plateau un dépôt d'étalons lequel a disparu depuis longtemps ; ceci prouve que les Haras avaient apprécié cette race et cherché à la développer ; mais on sait que les croisements des animaux autochtones avec des races étrangères, telles que le normand ou d'autres types légers et très près du sang, ont donné des résultats décourageants. De tout ceci il résulte que pour obtenir une race homogène, on doit suivre avec persévérance la méthode de croisement par le postier breton, car les infusions de sang étranger ont été déjà trop nombreuses.

A côté des étalons de l'Etat, il est donc nécessaire d'introduire des étalons du même type achetés par des particuliers avec subvention de l'Office agricole départemental et prime d'approbation des Haras.

Juments : Du côté des juments la sélection est plus difficile car il faut lutter contre la routine du propriétaire, qui garde des bêtes avec de mauvais aplombs, tarées des jarrets ou fluxionnaires.

Le seul système capable de donner des résultats est la création des syndicats d'élevage avec concours et primes d'encouragement aux meilleures poulinières. Celles-ci dans les régions déshéritées du plateau devraient être mieux nourries, mais la culture des céréales étant absolument rudimentaire. il ne faut pas compter que les propriétaires donnent jamais de l'avoine à leurs chevaux. L'effort de l'élevage doit porter sur les régions les plus fertiles seulement ; dans les autres, mieux vaut favoriser le développement de l'élevage bovin.

Remarquons à ce propos que dans la région du Mézenc, les équidés entrent pour une part relativement peu importante dans le cheptel et que les bovins en constituent toujours les 8/10.

2/ *Amélioration du sol.* Pour nourrir des animaux plus étoffés et plus membrés il faut que le sol s'enrichisse en matières nutritives, c'est là le rôle des engrais, et leur emploi doit accompagner l'évolution de la race. Là encore des encouragements sont nécessaires pour lutter contre la routine.

3/ *Hygiène* : Les soins d'hygiène ont une grande importance pour l'amélioration d'une race. Les conditions de vie des animaux, très favorables l'été, sont très défectueuses l'hiver. Le cheval vit enfermé avec les bovins pendant des mois dans une atmosphère confinée et humide, favorable au développement des affections respiratoires, il devrait avoir son logement à part.

On a aussi l'habitude, pendant l'automne, de laisser les chevaux dehors par des temps très humides et froids ce qui les prédispose aux affections des yeux. En somme, le cheval, dans ces climats, mériterait un logement et des soins particuliers.

RACE CHEVALINE DU COIRON,
ORIGINE, CONFORMATION.

Autrefois, le cheval du Coiron et le cheval du Mézenc étaient certainement du même type, et on retrouve encore, sur le Coiron, des juments avec le type du Mézenc mais de format plus volumieux ; la taille arrive à 1m 55 mais, étant donné la pauvreté du sol en chaux, les membres sont restés relativement grêles.

D'autre part, à côté du type autochtone, on trouve en grand nombre, formant les 2/3 de la population chevaline, des animaux de plus grande taille allant jusqu'à 1m.60, de robe baie ou noire, le plus souvent, un peu plus membrés que ceux de la race autochtone, avec des sabots bien conformés présentant quelques caractères ethniques du percheron nivernais : conformation générale un peu anguleuse et la tête longue aux fortes ganaches. Ces animaux proviennent de l'introduction, dans le pays, il y a 50 ans environ, d'un étalon percheron et d'une jument percheronne pleine achetée par un éleveur du plateau. Ils ont constitué une famille qui s'est répandue assez rapidemment, et les descendants se sont reproduits sans introduction d'éléments étrangers. La consanguinité a donc apporté au développement de cette race ses avantages et ses nombreux inconvénients. Il est à remarquer que dans le Coiron, l'étalonnage privé a seul fourni les reproducteurs, et par une fâcheuse habitude les étalons ont été élevés dans le pays, il n'y a pas eu, depuis 50 ans, d'infusion de sang étranger. Avant la guerre il existait sur le plateau une dizaine d'étalons particuliers se rapprochant plus ou moins du type percheron, mais assez défectueux dans leurs membres.

Actuellement, le nombre de ces étalons a diminué de moitié et la qualité des produits se ressent très fâcheusement de cette consanguinité.

Aptitudes : Comme la race du Mézenc, la race du Coiron a gardé de ses origines la rusticité et l'énergie, elle est très bien acclimatée et convient bien à la région ; elle est mieux nourrie que la race du Mézenc et elle a atteint un plus grand développement.

Elevage. Débouchés : L'élevage présente, au Coiron et dans ses environs immédiats, une grande importance : le nombre des poulinières atteint 800 à

900 têtes. Les poulains naissent en mars ou en avril, et ils passent tout l'été au pâturage où on les laisse souvent la nuit. Les poulinières ont leur pâturages spéciaux et ne suivent pas le troupeau bovin comme dans la région du Mézenc. D'ailleurs les propriétaires ont une grande habitude du cheval et ils savent donner à leurs jeunes animaux l'avoine nécessaire pour qu'ils atteignent le plus vite possible leur développement maximum.

Les mâles sont tous vendus à 6 mois (exception faite pour l'année dernière, où par suite de la baisse des cours, quelques-uns ont été conservés) dans les foires de Berzème du 16 septembre et du 16 octobre et à celle de Privas (29 septembre, 16 octobre, 23 novembre) et ils sont amenés dans la plaine du Dauphiné ; les femelles sont presque toutes conservées.

Améliorations à réaliser : Nous avons vu que la race du Coiron est composée, en grande partie, d'animaux d'origine percheronne et comme le pays convient très bien à l'élevage du cheval, on est certain, d'après les résultats empiriques déjà obtenus, que l'on peut améliorer rapidement la race locale.

A ce propos, remarquons que sur le Coiron les éleveurs ont entrepris depuis longtemps l'élevage du mulet, et, comme les étalons du pays ne leur donnent pas toute satisfaction dans leurs produits, ils ont tendance à délaisser l'élevage du cheval ; il est donc temps d'intervenir à ce sujet.

1/ *Amélioration des reproducteurs. Etalons.* Le principal effort d'amélioration doit porter sur les étalons. Quel étalon devra-t-on choisir ? L'expérience a prouvé que l'on pouvait facilement élever au Coiron des chevaux du poids de 5 à 600 kgrs, les plus recherchés par le commerce : il faut seulement leur donner un peu plus d'os. Pour cela, l'étalon améliorateur devra être pris dans les races se rapprochant le plus du modèle local, et le percheron semble tout indiqué.

Le cheval ardennais également semblerait qualifié pour donner à la race du Coiron les membres qui lui manquent, cependant il vaut mieux ne pas courir le risque de modifier un type bien adapté et apprécié des acheteurs. L'Office agricole départemental s'occupe actuellement de l'achat d'un étalon percheron.

Juments : Pour obtenir une race homogène, il sera indispensable de constituer un syndicat d'élevage, afin de faire une sélection des juments, nécessaire pour uniformiser le type et faire disparaître les tares osseuses apparues à la suite de croisements consanguins.

2/ *Améliorations du sol.* Le chaulage du sol aidera à la transformation de la race en apportant les éléments nécessaires au développement du squelette.

3/ *Hygiène* : Enfin les conditions d'hygiène pourraient être améliorées également. Il est à remarquer que sur le Coiron les écuries sont toujours la partie la plus saine et la plus aérée du logement des animaux. Les propriétaires en prennent un soin particulier — malheureusement les bâtiments de ferme, très anciens, sont souvent trop exigüs, il est aisé de prévoir qu'en l'état actuel des choses, avec les prix très élevés des constructions, l'amélioration des écuries ne pourra se faire que peu à peu.

ESPÈCE MULASSIÈRE

Développement de l'industrie Mulassière dans l'Ardèche : Depuis une vingtaine d'années, la production du cheval a été concurrencée dans l'Ardèche par celle du mulet. Cette concurrence, ralentie pendant la guerre, a repris dans des proportions considérables. Dans le Coiron, à cause du manque de bons étalons, la production du mulet égale cette année celle des chevaux.

Les causes de cette préférence des éleveurs pour le mulet sont les suivantes :

1°. — Les prix payés pour les jeunes mulets sont plus élevés que pour les chevaux : la différence est actuellement de 500 frs en moyenne pour les mules et de 300 frs au moins pour les mulets.

Baudet du Poitou âgé de deux ans appartenant à M. Porte à St-Basile

2°. — Les mulets sont achetés plus tôt que les chevaux, c'est-à-dire dès l'âge de 3 mois pour les forts sujets ; la poulinière a donc moins de lait à fournir et peut travailler plus tôt.

3°. — L'accouchement d'un mulet est bien moins sujet à accidents que celui d'un cheval, et le mulet présente moins de malformations que le cheval.

4°. — Les débouchés pour la vente du mulet sont très importants : le mulet, vendu souvent à 3 mois par des marchands, est emmené dans le Dauphiné,(région de Romans) où il est élevé jusqu'à 30 mois ; à ce moment il est acheté par des Espagnols et des Africains qui viennent constamment s'approvisionner.

Caractères du mulet de pays. — Le mulet né dans la région du Mézenc ou au Coiron, de baudets communs, est un animal de petite taille (1 m 30 à 1 m 40), à membres fins, avec des jarrets souvent crochus, du poids de 300 à 350 kgrs, de caractère souvent difficile, parfois méchant (surtout chez les mules) il est remarquable par son endurance et sa sobriété.

Nous savons déjà que ce mulet est rarement élevé dans le pays, et qu'il s'en va très jeune dans d'autres régions.

Améliorations : Déjà, avant la guerre, un propriétaire d'une région voisine du Coiron avait importé un baudet du poitou, les produits issus de cet étalon furent bien supérieurs à ceux nés de baudets communs ; ils rappelaient nettement le mulet du Poitou mais avec une taille un peu réduite.

En 1924, l'Office agricole a subventionné l'achat d'un autre baudet du Poitou qui a été placé dans la même région que le 1er baudet importé, lequel n'avait vécu que quelques années, les produits obtenus ont été aussi très intéressants, et à l'âge d'un an leur valeur marchande dépasse actuellement de 1500 francs celle des mulets du même âge issus de baudets communs ou même de baudets provenant de croisements des ânesses de pays avec les baudets du Poitou.

En somme le baudet du Poitou a prouvé qu'il était un excellent améliorateur pour la production du mulet dans notre région comme, d'ailleurs dans tous les pays où il a été importé, Il faut donc continuer son introduction dans notre département.

Conclusions générales. — L'amélioration de la production des espèces chevaline et mulassière dans l'Ardèche est sous la dépendance de 4 facteurs qui sont par ordre d'importance :

1°. Emploi de bons étalons (breton pour la race du Mézenc, percheron pour la race du Coiron, baudet du Poitou pour l'espèce mulassière).

2°. — Sélection des juments par la constitution des syndicats d'élevage avec concours et primes d'encouragement.

3°. — Amélioration du sol par les engrais appropriés.

4°. — Amélioration des conditions d'hygiène et de la nourriture des jeunes animaux surtout pour la région du Mézenc.

L. COURIOL.

ESPÈCE BOVINE

Historique. — L'Ardèche étant le dernier contrefort oriental du Massif-Central, les races animales en général et bovines en particulier, réparties dans le centre montagneux de la France, ont eu tendance à étendre leur aire géographique vers les Cévennes Vivaroises qui leur ont servi, en quelque sorte, de confluent, de carrefour, où elles se sont rencontrées, croisées et métissées pour donner une population polymorphe.

Les résultats d'une telle promiscuité devaient être d'autant plus déplorables que les éléments mis en contact présentaient les plus grandes dissemblances : les uns appartenant au type brun, les autres au type blond.

Il semble, cependant, que le premier ait tout d'abord occupé la place et qu'il constitue véritablement la race autochtone mésalliée dans la suite avec ses voisines plus ou moins éloignées.

Les recommandations d'Olivier de Serres aux éleveurs de son époque paraissent écarter tout doute à ce sujet.

Le célèbre agronome s'exprime en effet ainsi, au sujet des reproducteurs : « que le taureau ait le regard furieux et terrible, néanmoins plus doux que facile à émouvoir, pourvu qu'il ne soit lâche, qu'il soit de moyenne hauteur, long de corsage, de couleur rouge-obscur ou noire, ayant le poil fin, mol et délié, large poitrine, courte tête large et velues oreilles, large front et crépu, gros yeux noirs et clairs, les cornes effilées, noires et polies ; grand muffle, camard et noir, larges narines, gros col et pendant fanon ; fesse ronde, ferme genou, grosse et ronde jambe, la corne du pied petite, noire et drue, la queue longue et bien garnie de poils. »

N'est-ce pas là, à peu de détails près, la description du procréateur mâle d'Aubrac tel qu'on le trouve de nos jours dans les meilleurs troupeaux ?

Il est évident que le seigneur du Pradel connaissait suffisamment le cheptel bovin de sa province pour avoir fait la distinction résultant de la différence des races, s'il y en avait eu plusieurs.

Il est, d'autre part, probable que le bétail des Alpes, dont parle Sanson, occupait en ce temps là, tout l'espace compris entre les alpages de la Savoie et les « Montagnes » du Languedoc. Les autres groupes ethniques qu'on trouve actuellement sur ce trajet y ont été importés depuis, ou ont pris naissance par des croisements plus ou moins compliqués dans lesquels se retrouve généralement le type brun.

Si, à présent, on veut faire, en toute impartialité, le rapprochement du Tarentais et de l'Aubrac, on ne constate entre eux, au point de vue des formes, que des différences peu accentuées tenant surtout à ce que le premier se trouve soumis, depuis beaucoup plus longtemps que l'autre, à une sélection rigoureuse qui a effacé les défectuosités, élargi considérablement l'arrière-train, amplifié le format, tout en le maintenant plus près de terre. La divergence des fonctions résulte surtout de l'action du milieu et de l'utilisation des animaux.

Dans la région qui confine à la Suisse, le climat reste constamment humide, les pâturages abondent et, depuis des siècles, le lait constitue le principal, pour ne pas dire l'unique, revenu de la ferme. Les agriculteurs aidés de la nature, remarquablement favorable, ont cherché à développer les facultés laitières de leurs femelles bovines par de multiples moyens dont la sélection peut être retenue comme le plus efficace.

Au contraire, près des plateaux du Larzac et à proximité du Midi, les chaleurs estivales et les fourrages secs devaient produire des animaux nerveux, d'autant plus résistants à la fatigue qu'on leur réserve à peu près tous les travaux de la terre et qu'on les utilise très souvent aux charrois sur route.

Ainsi se sont établies ces différenciations qui cachent les liens de parenté de deux membres de la même famille et qui nous obligent à recourir à l'un d'eux pour doter l'autre des qualités qu'il n'a pu acquérir.

Malheureusement, pendant longtemps, on s'adressa, en Vivarais, à d'autres sources dont le choix, déterminé par les circonstances ou la fantaisie des animaliculteurs, ne pouvait assurer le succès attendu.

Ce fut tout d'abord le bétail du Mézenc qui, parti des Hauts Plateaux, glissa sur les pentes des Boutières et du Tanargue pour se propager ensuite dans tous les sens.

Il n'est pas aisé de fixer, même approximativement, l'époque à laquelle commença cette invasion ; il est probable toutefois qu'elle remonte assez loin dans le passé et, qu'à un certain moment, la race du Mézenc jouissait d'une faveur particulière, car elle a fortement imprimé ses caractères à l'effectif bovin du département.

Au concours régional agricole de 1856 à Privas, il fut décerné un premier prix à M. Cortial, demeurant à St Eulalie, un 3me à M. Bonnefoi, agriculteur à Sagnes et un 4me à M. Marze propriétaire à Privas, pour leurs taureaux de la race du Mézenc ; M. Chauveinc Francis-Casimir, à St Agrève, obtint également un premier prix pour sa vache de la race du Mézenc.

Les autres lauréats de l'Ardèche avaient présenté des animaux de pays.

On a peine à découvrir chez le Mézenc actuel des qualités pouvant expliquer sa diffusion ; cependant conviendrait-il peut-être d'attribuer son lamentable état, moins à ses défauts ethniques qu'aux mauvais traitements dont il a été l'objet ; toujours est-il qu'il se présente sous l'aspect d'un animal grossier, à tête volumineuse, à membres grêles et longs, à poitrine serrée, à bassin étroit, à queue implantée haut, en cor de chasse, à ischions rapprochés et à cuisses plates ; son pelage froment et ses muqueuses roses ressortent fréquemment dans les croisements.

Il a une aptitude laitière médiocre — la production annuelle moyenne par tête varie de mille à douze cents litres — et ne donne à l'abattage que de faibles rendements en viande.

Déjà, en 1861, son état de dégénérescence est nettement mis en évidence par Prinsac, Destremx, Léouzon, et de St Priest membres de la Société d'agriculture qui, après avoir constaté qu'il occupe à peu près tout le département et constitue bien alors la race de l'Ardèche, reconnaissent qu'il présente des signes d'abâtardissement très accentués et ne répond plus aux besoins d'un bon élevage. Toutefois, ils ne sont pas d'accord sur les mesures à prendre pour régénérer le troupeau bovin du département.

La plupart, cependant, sont partisans de sélectionner rigoureusement le bétail de pays, mieux adapté que tout autre aux conditions offertes par le milieu local au point de vue du climat et des ressources fourragères. Tout en reconnaissant l'utilité de la sélection, Destremx propose de remplacer le Mézenc par la race Savoyarde quitte à améliorer plus tard la nouvelle venue, mais il n'est pas écouté et la Société d'agriculture, à sa séance du 1er septembre 1861, adopte le projet de Prinsac, consistant à faire l'acquisition de 6 taureaux de la race d'Ayr destinés à être répartis, en nombre égal, dans les trois arrondissements.

Une polémique, aussi courtoise qu'irréductible, se poursuit et, en 1862, de St Priest écrit au sujet du danger de l'introduction de reproducteurs étrangers: « le taureau d'Ayr passera pour l'un des moins préjudiciables attendu que son règne sera des plus courts. »

Le même auteur nous apprend que le nord de l'Ardèche, depuis un temps immémorial, envoie chaque année, à l'entrée de l'hiver, en Dauphiné et en Savoie, plusieurs centaines de taureaux connus dans ces pays sous le nom de bétail d'Auvergne et qui appartenaient en effet à la race de Salers.

D'autres sociétaires signalent en même temps des introductions de Normands, de Bretons, de Durham, de Fribourgeois et de Schwitz. Toutes ces opérations commerciales ou ces tentatives d'améliorations restèrent sans effet positif et n'eurent pour conséquence que d'accroître la confusion dans l'élevage qui se trouva encore plus complètement désorienté.

Au bout de très peu de temps, chaque élément importé avait plus ou moins imprimé sa physionomie particulière et il en était résulté un assemblage de caractères, une polychromie du pelage, qui, selon la propre expression de St Priest « jetaient dans les foires un désarroi indicible. »

Le Concours régional agricole de 1865 à Privas en est une confirmation.

En effet, dans le « Journal d'agriculture pratique » Henri Domol a écrit: « J'oserai affirmer que les Villard de Lans amenés à Privas, n'avaient rien qui méritât d'être fort encouragé. Les bons étaient purement, comme à Grenoble et à Valence, de beaux Mézencs. Ceux-ci, évidemment, de même souche par les caractères essentiels, avaient une proportion, une harmonie de formes, une distinction de physionomie bien tranchées qui les classaient comme une race plus forte » Il convient de remarquer qu'ils venaient à peu près tous du canton du Mézenc (Lozère). Plus loin, le même correspondant ajoute : « les croisements divers sont la boîte à l'encre des concours. C'est là qu'on met tous les animaux inclassables non pas faute de caractères typiques bien accusés, mais faute d'une qualité. »

D'autres part, le palmarès indique qu'il ne fut accordé que deux prix aux Mézencs d'origine ardéchoise; que Fournat de Brésenaud, Destremx, de la Lombardière, de Canson, de Plagniol etc... obtinrent plusieurs prix pour des sujets appartenant aux races Durham, Ayr, Schwitz, ou résultant de croisements divers: Ayr-Schwtz (noir) Charolais-Ayr Breton (rouge) Schwitz Fribourgeois (noir) Ayr-Mézenc-Suisse (pie-rouge) etc.. Ce qui montre bien la confusion dans laquelle se trouvait entraîné l'élevage. Avec de telles alliances, comment prévoir la couleur seulement du produit dont les ascendants appartenaient à des types aussi opposés que le Charolais et l'Ayr, ou le Breton ?

L'hérédité ainsi troublée par ces croisements désordonnés, les formes ancestrales devaient apparaître et s'associer chez les descendants, suivant les lois mystérieuses de l'atavisme, en dehors de tout contrôle et de toute action des animaliculteurs.

Voilà comment à été formé le bétail commun de la région ; et à présent étonnons-nous de trouver, dans la même localité, des individus se rapprochant du Mézenc, à côté d'autres qui rappellent le Fribourgeois, ou encore d'autres qui représentent le Salers !

Cependant, la Société d'agriculture, qui dès sa fondation, avait brûlé d'un feu sacré pour la régénération de l'espèce bovine, après les essais de croisements malheureux qu'elle encouragea, semble avoir porté ailleurs son attention et, durant de nombreuses années, l'élevage resta privé de toute directive et se trouva soumis à la plus complète anarchie.

Heureusement qu'après d'infructueuses expériences les esprits les plus éclairés, ceux-là même qui avaient le plus regretté leur manque de discernement dans le choix des moyens mis en œuvre pour réformer leurs bêtes à cornes, commencèrent bientôt à comprendre qu'une race n'a chance de prospérer dans un nouvel habitat, qu'autant qu'elle peut y trouver des conditions d'existence au moins aussi favorables que celles du pays d'où elle vient et, faisant un rapprochement entre l'Ardèche et la Savoie, optèrent pour la Tarentaise.

Déjà, en 1865, au moment même où la race du Mézenc était en pleine décadence dans l'Ardèche, Louis Hervé, correspondant de la Gazette des Campagnes, après avoir énuméré les races figurant au concours de Privas, s'exprime ainsi : « n'oublions pas 6 têtes de race Tarentaise au pelage blaireau, c'est-à-dire fauve nuancé de noir, race robuste et précoce, meilleure laitière que la race locale au dire des frères Trappistes de Notre-Dame-des Neiges, qui, à la suite d'essais comparatifs ont décidément porté leur choix sur cette race et la propagent avec succès dans leur contrée. »

Les Frères Trappistes de Notre-Dame-des-Neiges ont eu des imitateurs dans tout le département ; mais leur action est restée isolée et sans résultats notables. Ce n'est qu'en 1862 que la Société ardéchoise d'encouragement à l'agriculture, qui remplaçait l'ancienne Société d'agriculture depuis 1883, créa le service de *l'élevage du bétail*, chargé d'étudier et d'appliquer toutes les mesures propres à perfectionner les formes et développer les aptitudes du cheptel.

La Commission désignée fit choix de la race Tarentaise dont elle introduisit, l'année même, un certain nombre de reproducteurs qui furent vendus aux enchères.

A u concours régional de Privas, en 1893, 3 taureaux et 7 femelles Tarenaises, présentées par des exposants ardéchois, obtinrent presque tous les remiers prix de leur section.

Dans la suite, la Société ardéchoise s'efforça de propager cette race par des achats annuels de procréateurs qu'elle répartissait entre les éleveurs qui en avaient fait la demande. Malheureusement, le nombre des sujets ainsi distribués était relativement petit et, comme il fallait donner satisfaction à des demandes émanant de différents points, le même éleveur ne pouvait recourir à la souche pure qu'à des intervalles de temps très longs, pendant lesquels il revenait au type de pays ; de sorte que, dans chaque région ces importations produisaient sensiblement le même effet qu'une goutte de vin tombant dans un verre d'eau où elle disparaît sans même révéler sa présence.

Si on avait réuni ces géniteurs, dans un petit nombre de localités, ils seraient parvenus rapidement à fixer leurs caractères, à former des familles pures puis des groupes qui, s'étendant progressivement, auraient fini par se rencontrer en envahissant toute la surface. C'est là le rôle des Syndicats d'élevage dont nous parlerons bientôt ; mais avant il convient de noter l'apparition de la race Tachetée.

C'est vers 1900 que se placent les premiers achats de sujets *d'Abondance* effectués en Haute-Savoie pour le compte d'un groupe d'éleveurs de l'extrémité nord du Vivarais. De gros propriétaires tels que MM. Bonnet, Giraud, Nicod, Béchetoille, Seux, implantèrent un peu plus tard la race Montbéliarde aux environs d'Annonay, d'où elle s'est propagée dans les cantons voisins sans cependant être parvenue à y occuper la place principale. Elle forme des noyaux relativement denses à St-Agrève et à Lamastre où de tout temps la production des veaux pour la boucherie a été très importante. Or, dans ces deux centres, on reprochait aux animaux de lait, issus de Tarentais, de donner une viande rouge et d'être délaissés par les acheteurs.

Concours de Vernoux en 1927 (Cl. P. Jacquin)

Les prix élevés atteints actuellement par ces animaux font justice de telles accusations ; néanmoins, la suspicion existe encore et constitue le principal argument dont se servent les partisans du type Montbéliard contre le Tarentais plus spécialement désigné pour la région, en raison de ses habitudes, de sa sobriété et de ses qualités.

RACE MONTBÉLIARDE

Pour tout ce qui concerne l'origine, le développement et les caractères ethniques de cette race, nous ne saurions mieux faire que de renvoyer le lecteur aux ouvrages spéciaux de zootechnie ou aux monographies agricoles du Jura et de la Côte d'Or, récemment parues.

Nous consignerons seulement ici un certain nombre d'observations relatives à son introduction dans l'Ardèche où elle forme deux taches ; l'une en terrain cristallophyllien, comprenant tout le nord du département jusqu'à la vallée de l'Erieux, l'autre sur le Coïron en pleine formation volcanique.

Du premier point d'implantation, aux environs d'Annonay, le bétail montbéliard s'est propagé vers le sud, gagnant successivement les cantons de Satillieu et de St-Félicien.

Taureau sans dent appartenant à M. Crouzet à Boffres.
1er Prix du concours de Vernoux en 1927 (Cl. P. Jacquin).

Il s'établissait, d'autre part, fortement sur le plateau de St-Agrève, grâce à l'active propagande, menée en sa faveur, par M. Chauveinc, ancien président du syndicat d'élevage, en même temps qu'il formait de nouveaux noyaux à Alboussière, à Lamastre, à Vernoux, et à Boffres où très rapidement il a atteint une densité de population et un degré de pureté relativement élevés.

Les bons procréateurs mâles, réservés au début de son introduction, à un petit nombre de grands domaines, ont été mis progressivement à la disposition de l'ensemble des agriculteurs par les groupements d'élevage qui vont en se multipliant et font, deux fois par an, d'importantes acquisitions de reproducteurs d'élite.

Taureau sans dent de M. Brunel à Boffres
1er Prix du Concours de Vernoux en 1927.

Si, en effet, l'introduction de la race remonte au commencement du siècle, elle ne s'est produite réellement d'une manière efficace qu'à partir de 1920, sous l'influence des syndicats d'élevage qui se sont créés depuis lors dans les localités précitées et dont l'activité est mise en évidence par les chiffres rapportés ci-après :

Désignation des syndicats	Date de création	Nombre de sociétaires	Nombre de taureaux achetés	Nombre de sujets inscrits
Alboussière	17 août 1921	40	9	73
Annonay..............	29 avril 1922	87	20	33
Berzème	4 Décembre 1921	27	9	89
Boffres..............	20 novembre 1922	10	21	47
Lamastre.............	27 novembre 1924.	96	17	14
Vernoux..............	12 septembre 1922.	93	16	17
St-Agrève............	20 juillet 1914	106	14	24

Dans toute cette région qui fournit annuellement aux abattoirs des villes du Midi plusieurs milliers de veaux de lait, on devait s'apercevoir bien vite

que les produits Tachetés pèsent, en moyenne, à l'âge de six semaines, 25 à
30 kgrs de plus que ceux issus de sujets communs.

Taureau de 2 ans appartenant à M. Cluzel à Boffres
2ᵐᵉ Prix du Concours de Privas et 1ᵉʳ du Concours de Vernoux en 1927

Lorsque, au lieu de livrer les jeunes à la boucherie, on les conserve
pour l'élevage, ces avantages vont en s'accentuant. Il est vrai qu'on peut se
demander si le Montbéliard, gros mangeur, habitué à vivre sur un sol riche
en phosphates et en chaux, est bien à sa place dans une contrée aussi granitique que le Haut-Vivarais et s'il ne risque pas de dégénérer rapidement
pour devenir inférieur à l'animal bâtard qu'il est appelé à remplacer.

Somme toute, l'abondance et la qualité des fourrages doivent intervenir,
en premier lieu, dans le choix d'une race, puisqu'elles limitent les possibilités
de celle-ci ; mais elles dépendent à leur tour de la richesse du terrain qui
peut être modifiée dans un sens favorable à l'élevage, de manière à permettre l'expansion de nos meilleurs groupes de bovins au delà de leur aire géographique naturelle.

C'est ainsi qu'on voit de beaux Charolais-Nivernais en Bourbonnais sur
des étages du tertiaire, pauvres en chaux et en acide phosphorique ; que dans
le pays de Gex, dépourvu de ces deux éléments au point qu'il n'est pas rare
d'observer des cas d'ostéomalacie, la Tachetée jurassique garde intacte toutes
ses qualités ; qu'on trouve de beaux troupeaux de Normands en Bretagne,
où les conditions d'existence sont très différentes de celles de la vallée de
Caux.

Peut-être aurait-on pu souhaiter voir porter le choix des animaliculteurs de l'arrondissement de Tournon sur un type bovin moins exigeant que le Montbéliard; mais il serait actuellement très imprudent d'abandonner celui-ci qui, d'ailleurs, possède une faculté d'adaptation exceptionnelle, une conformation irréprochable et des facultés laitières de premier ordre dans les situations même désavantageuses, à condition qu'on ne néglige pas la sélection.

Troupeau de M. de Micheaux à Flaviac.

Sa taille tend, par contre, à se rapetisser et son poids à diminuer; mais il est facile de limiter cette réduction du format par la fertilisation rationnelle des prairies, l'application de bonnes méthodes d'élevage et la pratique d'une hygiène bien comprise.

Lorsque les agriculteurs sauront mieux se servir des engrais , dès qu'ils auront compris qu'ils doivent réserver la totalité du fumier de ferme aux terres labourables et répandre régulièrement sur les prés, tous les ans, des phosphates, ainsi que des sels potassiques, à mesure qu'ils développeront la culture des plantes sarclées et des fourrages annuels, le cheptel recevra une nourriture moins parcimonieuse, plus riche, plus digestible, il reprendra intégralement ses attributs ethniques et donnera le maximum de produits.

Sur le Coiron, les dépôts basaltiques, renfermant de fortes proportions d'acide phosphorique, sont recouverts de spacieux pâturages et de belles prairies donnant une herbe très nutritive qui permet au bétail de former un squelette dense, des masses musculaires puissantes et de parvenir tôt à son complet développement; de sorte **que, la nouvelle race, loin de réduire sa stature, l'amplifie** au contraire, en même temps qu'elle perfectionne

Vache appartenant à M. de Micheaux à Flaviac
1er Prix du Concours de Privas, en 1926.

Vache appartenant à M. de Micheaux à Flaviac (Cl. P. Jacquin).

encore ses formes. Comme dans la région granitique, on a recours ici à des procréateurs venant du Doubs et avec lesquels on poursuit le croisement continu, de manière à éliminer graduellement le sang maternel ayant servi de point de départ.

Troupeau au pâturage appartenant à M. Mouton à Berzème
(Illustration économique et financière).

Cette absorption de la population autochtone se fait rapidement ; presque toujours, à la première génération, le produit se rapproche nettement du père par son pelage et sa conformation; sans doute, il y a quelques exceptions et dans la suite on observe des cas d'atavisme, l'apparition des signes d'impureté ; mais la supériorité de l'hérédité paternelle est toujours manifeste et permet d'atteindre rapidement le but visé. Aussi, le syndicat d'élevage de la commune de Berzème, fondé en 1922, a-t-il pu faire inscrire au Herd-Book, pendant les deux dernières années, 69 sujets répondant exactement à la définition de la race au point de vue de la robe, de l'harmonie générale, des caractères particuliers et des aptitudes.

Ces éléments de premier choix ne constituent qu'une faible proportion des représentants tachetés qui forment la majorité du troupeau de cet important centre d'élevage situé à l'extrême limite méridionale de la zone fourragère de l'Ardèche et appelé, cependant, à jouer un rôle très important dans l'amélioration de la production animale du département.

La pratique de la reproduction y est déjà l'objet de la plus grande attention, on sélectionne avec soin les géniteurs des deux sexes. Il est vrai que les étalons montbéliards sont encore réformés trop tôt, de crainte d'accidents au moment de la monte ou de la mise bas, et n'ont pas le temps de fixer leurs caractères individuels chez leurs descendants, mais on les remplace régulièrement par d'autres de même origine et exerçant leur influence dans le même sens.

L'alimentation subit aussi des modifications utiles. Le sevrage est retardé, et certains exploitants prolongent l'allaitement jusqu'à 6 ou 8 mois.

Pendant la belle saison les animaux trouvent au dehors une pâture substantielle ; durant la longue période d'hiver ils sont soumis au régime de la stabulation et reçoivent une ration composée presque exclusivement de foin.

Autrefois, on nourrissait mal le bétail, la plus grande partie des fourrages étant vendue dans la vallée du Rhône ou en Dauphiné ; mais en pénétrant dans les métairies, l'aisance y a créé une certaine indépendance, elle a facilité le paiement des fermages et supprimé ces ventes prématurées ou inopportunes, imposées jadis par la nécessité. Ceux qui ont déjà tenté un premier effort pour accroître le rendement de leur troupeau, par l'emploi de bons procréateurs, reconnaissent l'obligation de le compléter par un meilleur affouragement, surtout des jeunes en période de croissance, et pratiquent une alimentation plus rationnelle.

Ainsi se poursuit méthodiquement la fixation de la race Montbéliarde dont la prospérité est dès à présent assurée.

RACE TARENTAISE

Si la race Montbéliarde a pris possession des plateaux, la Tarentaise se propage rapidement sur les pentes difficilement accessibles où elle se meut avec aisance et tire admirablement parti d'une maigre végétation dont se contentent à peine les vaches étiques de pays.

Nous avons déjà signalé les premiers achats de géniteurs savoyards effectués par la Société ardéchoise d'encouragement à l'agriculture en 1893, et renouvelés dans la suite ; mais ces essais ne donnèrent pas de résultats tangibles en raison de l'insuffisance des moyens dont on disposait pour les

mener à bonne fin et ensuite du manque de continuité de la part des intéressés. Les bons taureaux Tarentais étaient remplacés, avant qu'ils n'aient eu
le temps d'imprimer suffisamment leurs caractères au troupeau de la localité,
par d'autres, issus de croisements ou de toute autre provenance, et leur influence se trouvait bientôt complètement effacée. D'ailleurs, la société était
tenue, pour ne pas créer de jalousies, de donner satisfaction aux nouvelles
demandes avant de continuer à pourvoir les premiers servis, ce qui l'obli-
geait à éparpiller ses ressources, sans lui laisser espérer d'autres profits
que ceux résultant d'une propagande continue pour le type qu'elle permet-
tait d'apprécier.

Vache de race Tarentaise appartenant à M. Bouchet à la Barèze.

Il faut donc encore attendre l'apparition de l'Office agricole et des Syndicats d'élevage pour assister à une diffusion rapide des bovins Tarentais
dans la région de la moyenne Ardèche et les cantons de St-Pierreville, du
Cheylard, de St-Martin de Valamas, sans compter la partie basse de la vallée du Doux.

Dans cette portion du territoire, dix neuf groupements se trouvent répartis qui procèdent à l'expansion ainsi qu'à la fixation de la race par l'introduction de reproducteurs savoyards et l'organisation de concours itiné-
rants dont le but est de favoriser la sélection.

Leur tâche devait être rendue particulièrement difficile par la disposition du sol des Cévennes, tourmenté, bosselé, divisé, ingrat, et l'état d'esprit des habitants, particularistes, peu initiés aux questions d'élevage, igno-
rant les progrès réalisés au delà de leur localité, quelquefois, de leur hameau,
que certains n'ont guère quitté.

Et cependant, dés le début, la petite Tarentaise se montrait si gracieuse, si sobre, si rustique et si bien disposée à produire, que toute prévention tombait, toute résistance devenait impossible et qu'un grand nombre de sympathies lui étaient de suite acquises.

Aussi, les commandes de taureaux en Savoie ont-elle pris rapidement une importance croissante ; elles ont porté, pendant les trois dernières années, sur un total de 106 sujets répartis entre les groupements locaux qui ont fait également l'acquisition, pour le compte de leurs membres, de plusieurs dizaines de femelles, de sorte que la race existe actuellement à l'état pur dans la circonscription de chacun des syndicats d'élevage des Cévennes Vivaroises.

Elle domine même dans certains centres et représente partout une fraction élevée de l'effectif bovin. D'autre part, sa supériorité s'impose à mesure qu'elle s'adapte à son nouvel habitat et, dès à présent, on peut affirmer que son avenir dépend uniquement des soins dont elle sera l'objet, le milieu naturel lui étant favorable ; car, si à certains endroits, les ressources herbagères sont médiocres, par contre elle retrouve sur les cîmes gazonnées de Coucouron, de St Cirgues en Montagne, de Lachamp-Raphaël, de Mézilhac, de Borée et de St-Martin de Valamas, de véritables alpages offrant une pâture délicate sous un ciel fréquemment brumeux.

Taureau Tarentais appartenant à M. Fulachier à Prades

Les bovins tarentais, nés en Vivarais, répondent à la description qui suit : pelage fauve, avec extrémités légèrement plus foncées, muqueuses, cornes et onglons noirs, tête courte, regard éveillé, mufle large, naseaux très ouverts, encolure élégante à fanon réduit chez la femelle et moyen chez le mâle, ligne de dessus droite, bien musclée, queue mince, longue, implantée suivant la ligne du sacrum sans proéminence sensible, poitrine profonde, côte arrondie, bien cerclée, flanc réduit, bassin spacieux, ischions écartés, cuisse convexe, membres fins, aplombs irréprochables, ensemble harmonique, allure dégagée, alerte, distinguée.

Ils ont des aptitudes multiples et on les exploite ordinairement pour le travail, le lait, les jeunes et la viande.

Sans être comparables aux Aubracs, ils effectuent sans difficultés les labours et les charrois, d'ailleurs peu importants dans la zone d'élevage.

Les veaux, à l'âge de six semaines, pèsent en moyenne 90 kgrs et sont recherchés par les acheteurs qui les paient, proportionnellement à leur poids, un prix légèrement plus élevé que ceux de pays.

Lorsqu'elle n'allaite plus, la vache Tarine donne couramment 15, quelquefois 18 et même 20 litres de lait par jour et 2.000 par an.

A l'âge adulte, les mâles pèsent de 600 à 700 kgrs selon le degré de fertilité de la région et les soins qu'ils ont reçus.

Génisse Tarentaise sans dent, appartenant à M. Fulachier à Prades.

Améliorations à réaliser. — La propagation des deux races choisies doit être poursuivie dans leurs régions respectives sans la moindre défaillance par les syndicats d'élevage dont il convient de continuer la multiplication jusqu'à ce qu'il en existe un dans chaque commune où on pratique l'élevage bovin. Il faut qu'avec le concours financier de l'Office agricole, ces associations soient en mesure de substituer aux mauvais géniteurs mâles de bons étalons possédant les qualités requises. Il est nécessaire qu'elles poursuivent parallèlement la sélection en instituant, annuellement, des concours d'élevage permettant de visiter tous les animaux améliorés, d'inscrire au livre généalogique ceux qui se rapprochent suffisamment du modèle adopté et d'inciter les propriétaires de sujets défectueux à les éliminer de la reproduction. En outre, il y aurait intérêt à ce que les élèves soient présentés, à partir de six mois, comme cela a lieu à Boffres, pour qu'on puisse écarter les individus « manqués » ou mal venus et les empêcher de nuire à l'œuvre poursuivie.

Dans la suite, l'examen deviendrait de plus en plus sévère jusqu'au premier vélage des femelles qui seraient soumises au contrôle laitier permettant d'apprécier leurs aptitudes.

On suivrait ainsi les animaux les plus remarquables dans leur évolution, leur production et aussi dans leur descendance qui ferait l'objet d'une attention constante, afin de parvenir rapidement à la création de familles d'élite, véritables points de départ de groupes homogènes à valeur intrinsèque élevée.

En même temps que par ce moyen on développerait les fonctions économiques, il serait nécessaire de pratiquer une alimentation rationnelle. L'allaitement des jeunes devrait durer au moins 4 à 5 mois. De très bonne heure on pourrait, en vue de diminuer le prix de revient de la ration, écrémer le lait destiné aux veaux en ayant soin de remplacer les matières grasses par de la farine d'orge ou de manioc, à raison de 60 gr. par litre.

Il conviendrait que le sevrage fut effectué lentement, progressivement, pendant la belle saison, dans des pâturages bien entretenus dont l'herbe tendre présentât une composition et une digestibilité comparable à celle du lait.

Durant l'hiver, il serait nécessaire de faire entrer dans la ration des élèves des aliments aqueux (betteraves, carottes, navets, topinambours) et des produits concentrés (tourteaux, avoine concassée, châtaignes cuites etc.) de manière à ne pas fatiguer ou détériorer l'appareil digestif et à assurer, à l'organisme, une quantité suffisante d'éléments nutritifs.

Il faudrait enfin augmenter la production et la qualité des fourrages par l'application de phosphates et des sels potassiques aux prairies.

Les étables mériteraient également une plus grande attention. Elles sont généralement mal disposées, basses, étroites, obscures, à plafond disjoint et à sol irrégulier, imprégné de purin, à murs décrépis, fissurés, couverts de poussières et servant de refuge aux germes dangereux. Trop souvent on trouve encore réunis dans l'étable tous les animaux de la ferme, au grand préjudice de la propreté et de la salubrité du local qui laissent beaucoup à désirer.

Cette promiscuité devrait cesser dans toutes les exploitations. Il serait possible, dans la plupart des cas, sans avoir à engager de grandes dépenses, d'aménager plus convenablement l'habitation des bêtes à cornes, de manière à les rendre plus faciles à tenir propres, plus hygiéniques et à ce qu'elles se prêtent mieux aux diverses opérations que comporte le service de la vacherie.

V. Richard.

ESPÈCE OVINE

Le territoire ardéchois, avec ses vastes landes, offre à l'espèce ovine des conditions de salubrité et une nourriture exceptionnellement favorables.

Perméable et sain sur toute son étendue, il permet d'éviter les diverses maladies, telles que la cachexie aqueuse, ou les épidémies qui déciment les troupeaux dans beaucoup d'autres régions.

L'herbe des plateaux calcaires de l'Urgonien ou des « Gras » de même que celle des penchants granitiques du Tanargue ou des revêtements volcaniques du Coiron est toujours fine, savoureuse et souvent riche.

Elle convient aussi bien à l'engraissement qu'à l'élevage des bêtes à laine et on lui doit attribuer une influence prépondérante sur la qualité de la viande du mouton des Cévennes, dont la réputation, cependant bien établie, est encore au-dessous de la vérité.

Jusqu'à la fin du siècle dernier, l'élevage des ovins était en honneur dans le département et se pratiquait dans presque toutes les fermes de la zone montagneuse où les propriétaires avaient l'habitude de vendre, en septembre, leurs troupeaux aux habitants du pays des vignobles, auxquels ils les rachetaient vers le commencement du printemps suivant.

Mais la pénurie de bergers devait également se faire sentir dans ce pays, que certains croient encore abondamment pourvu en main-d'œuvre et où on ne trouve plus, pour garder les troupeaux, que des vieillards incapables de se livrer aux travaux pénibles des champs ou des enfants de l'assistance publique manquant généralement d'expérience.

Aussi, constate-t-on une réduction continue du cheptel ovin qui a diminué de plus de moitié depuis 1882, tout en présentant cependant un réel intérêt.

Olivier de Serres n'a-t-il pas dit à son sujet :

« Au premier rang du menu bétail est mis celui à laine pour son très grand service employé à exquisement nourrir l'homme et convenablement le vêtir. Pour lesquels services et plusieurs autres, je dirai encore ceci que c'est comme un corps sans âme qu'une métairie sans bétail. »

Cette appréciation garde toute sa valeur encore aujourd'hui que la France est tributaire de l'étranger pour la plus grande partie des laines travaillées dans ses usines, qu'elle ne produit plus suffisamment de viande pour les besoins de sa consommation, qu'en conséquence, les moutons peuvent fournir d'importants bénéfices sans compter les économies qu'ils permettent de réaliser, en utilisant une pâture qui serait perdue sans eux et en laissant à la bergerie leurs déjections qui ne coûtent rien à l'exploitant et dont la valeur fertilisante est bien supérieure à celle du fumier des grands animaux domestiques.

Leur répartition dans le département a été déterminée par les conditions naturelles et économiques des divers milieux plus ou moins favorables à son élevage ou convenant mieux aux autres espèces.

Les chiffres qui suivent se rapportent à la statistique agricole de 1926 :

ARRONDISSEMENTS.	POPULATION OVINE
Largentière...............	55.906
Privas...................	49.386
Tournon...................	21.987

Parmi les cantons les plus importants, citons ceux de :

Thueyts.................	17.628 têtes
Villeneuve-de-Berg........	10.302
Les Vans.................	7.527
Bourg-St-Andéol..........	6.735

On ne saurait s'étonner de pareilles inégalités entre les trois arrondis-sements. Selon la propre expression d'Olivier de Serres «le menu bétail fuit le gros à cause de sa corpulence ; car en valeur il ne le cède à aucun ». Dans le Nord du Vivarais, on préfère se livrer à la production des bovins qui utilisent mieux les fourrages assez abondants. Par contre, les ovidés tirent un meilleur parti des pâtis du Bas et du Moyen Vivarais, mais c'est encore sur les ondulations volcaniques qu'ils prospèrent le plus et où on trouve les troupeaux les plus nombreux, dépassant fréquemment 200 têtes.

Ils sont d'ailleurs l'objet d'une exploitation très différente suivant les régions.

Dans la vallée du Rhône, et principalement vers le sud, on cherche surtout à produire l'agneau de lait qui se vend à des prix rémunérateurs. Les brebis viennent souvent des zones voisines et sont *luttées* par des béliers de races précoces. Dans le passé on se servait du Southdown, actuellement on préfère les Charmois qui donnent des produits bien « gigotés », très appréciés de la boucherie.

Sur les bas plateaux calcaires ou basaltiques on pratique plus spécialement l'élevage de l'agneau gris dit « bourru » qui est vendu à l'âge de 2 mois; on conserve également un certain nombre de femelles appelées à remplacer celles du troupeau qui doivent être réformées ou qu'on livre à la vente lorsqu'elles sont devenues antenaises.

Les éleveurs du Coiron, pour reconstituer leurs troupeaux, vont, vers la fin de l'hiver, aux foires de Jaujac, de Mayres, de St-Andéol de Vals, et même de Joyeuse, acheter, à des prix relativement bas, des brebis venant de la région du Tanargue et qu'ils font servir à la reproduction jusqu'à l'âge de 5 à 6 ans.

On obtient en moyenne 3 portées tous les deux ans ; c'est-à-dire une tous les 8 mois, ordinairement en février, en septembre et en juin de l'année suivante.

Seuls les agneaux, nés en dehors de ces époques, sont vendus comme agneaux de lait quand ils atteignent le poids de 20 kgrs. environ; les autres sont gardés plus longtemps jusqu'à ce qu'ils pèsent de 35 à 40 kgrs.

Le régime est toujours celui du pâturage pendant la belle saison et du foin sec en hiver. Jamais on ne distribue d'aliments aqueux ou concentrés.

Les mères, à l'âge adulte ou à la réforme, parviennent au poids moyen de 50 kgrs.

Elles forment une population hétérogène, où on trouve toutes les particularités des diverses variétés du type des Pyrénées, plus ou moins altéré, par des infusions de sang étranger. La face longue et tranchante, prolongeant un front court et étroit, presque toujours sans cornes, est ordinairement blanche, mais elle porte aussi parfois des points foncés. Le corps cylindrique, allongé, manque d'ampleur, et les cuisses, insuffisamment musclées, paraissent d'autant plus minces qu'elles surmontent des membres trop longs. Le poids varie de 35 à 45 et même 55 kgrs suivant la nature du sol. La toison, presque blanche, présente quelquefois de légères taches rousses. Elle est plus ou moins étendue ; une proportion élevée de sujets ont le dessous du ventre et de l'encolure complètement nu, les mèches pointues et ouvertes. D'autres, au contraire, portent sur tout le corps une laine demi-fermée et assez fine ; ce qui indique de multiples croisements dans lesquels sont sûrement intervenues les variétés *Caussinarde*, *Lozérienne*, *Dauphinoise* et de *Mielly* venue du côté de Lyon.

En 1862, il a été réparti par la Société d'agriculture de l'Ardèche, un bélier mérinos et un bélier Southdown dans l'arrondissement de Largentière, deux béliers Southdown dans l'arrondissement de Privas et deux béliers Southdown dans l'arrondissement de Tournon. Tous ces reproducteurs provenaient de l'Ecole vétérinaire d'Alfort ou de la ferme Impériale de Vincennes et coûtaient 300 frs pièce.

Depuis, il s'est produit probablement d'autres importations de ces races par des particuliers, mais elles ne semblent pas avoir exercé une heureuse influence au point de vue zootechnique et économique.

Pendant ces dernières années, l'Office agricole a également procédé à l'introduction de béliers charmois qui paraissent donner de meilleurs résultats en corrigeant les défauts déjà signalés du type local, dont les gigots acquièrent une plus grande épaisseur et tendent à prendre la forme dodue qui a valu aux moutons de la *Charmoise* leur grande réputation.

Dans les parties les plus fertiles, la taille de ces animaux paraît cependant un peu petite et certains propriétaires envisagent le croisement de leurs brebis avec les béliers *berrichons*.

En l'état actuel de la population, il n'y a aucun inconvénient à faire intervenir ce dernier élément qui a certains traits de ressemblance avec celui de pays et peut l'améliorer sans rien lui enlever de ses qualités.

Dans la chaîne des Boutières et vers les sommets du Tanargue on entretient un groupe de bêtes à laine de petite taille, à corps massif, présentant une forte proportion de toisons noires, et qui dérivent du *bizet*, encore assez répandu dans la Haute-Loire.

Ces animaux, très rustiques, atteignent un poids moyen de 30 à 32 kgrs. et donnent une viande très savoureuse.

Les femelles sont assez prolifiques et les agneaux, à l'âge de deux mois, pèsent de 15 à 18 kgrs.

Avenir de l'élevage de l'espèce ovine dans l'Ardèche. — La prospérité de la production ovine dépend, avant tout, de la possibilité de se procurer des gardiens de troupeaux.

Peut-être, à ce point de vue, pourrait-on recourir au berger communal en lui accordant une participation aux bénéfices, de manière à en faire une sorte d'associé et à relever ainsi sa situation morale en même temps qu'on l'encouragerait à soigner convenablement le bétail qui lui est confié.

Enfin, il n'est pas impossible de prévoir, pour certains domaines, le métayage, limité exclusivement à l'exploitation du mouton. Le bailleur et le métayer y trouveraient certainement leur profit.

Au point de vue de l'amélioration proprement dite du cheptel, elle tient, en premier lieu, à la sélection des reproducteurs pratiquée en vue d'assurer la transmission de leurs caractères et de former un groupe homogène.

On dispose, d'ailleurs, d'excellents sujets femelles dans beaucoup de centres et particulièrement au Coiron où il serait facile de trouver plusieurs centaines de brebis de premier choix.

Il suffirait de bien utiliser ces bonnes portières et d'éliminer les mauvaises. A cet effet, les syndicats d'élevage de l'espèce ovine rendraient les plus grands services en organisant des concours dont le rôle est beaucoup plus efficace qu'on n'est porté à le supposer. Ensuite, ces associations mettraient à la disposition des propriétaires de bons béliers présentant toutes les qualités désirables. Il ne serait pas inutile de prendre ces étalons dans des races pures (charmoise ou berrichonne) capables d'élever le poids des sujets, sans nuire à la qualité de leur viande.

ESPÈCE CAPRINE

A en croire la légende, l'Ardèche serait le pays de prédilection de l'espèce caprine qui règnerait en souveraine dans la vieille Helvie où elle exercerait une influence prépondérante sur la prospérité présente et l'avenir de l'agriculture.

La réalité est un peu différente, et le département, qui possède seulement 75.697 chèvres, ne se distingue nullement de ses voisins par la place réservée à la « vache du pauvre », dotée de vertus exceptionnelles, selon les uns, affligée de tous les défauts, suivant les autres.

Depuis quelques années, la controverse entre les deux clans paraît s'être envenimée. Les partisans de l'intelligent quadrupède n'oublient pas de faire ressortir qu'il est pratiquement réfractaire à la tuberculose ainsi qu'à la plupart des autres maladies contagieuses, qu'il fournit, par conséquent, un lait remarquablement sain, pouvant être consommé cru, ce qui permet d'utiliser au maximum sa valeur nutritive dont la supériorité n'est pas discutée.

Ses adversaires, l'accusent de montrer une dent impitoyable à l'égard des jeunes arbres, qu'il retranche sans cesse, de causer tout particulièrement la perte des plantations de châtaigniers et d'entraver le reboisement des surfaces dénudées de la Basse-Ardèche. Ils n'oublient pas de remarquer qu'il est sujet à la fièvre de Malte, qui se transmet à l'homme et a déjà fait des victimes aux environs de Largentière.

La vérité, comme toujours, se trouve, sans doute, entre ces extrêmes; la chèvre rend incontestablement de très grand services dans toutes les mairairies insuffisamment pourvues de fourrages ou dont les pâturages sont trop secs pour l'entretien de vaches laitières.

Très sobre, et tirant admirablement parti d'une maigre végétation, inutilisable pour les autres espèces domestiques, elle donne aux familles de cultivateurs les plus déshéritées le lait pour les nourrissons et les malades, des chevreaux achetés à des prix relativement élevés, depuis que les ganteries ne trouvent plus à s'approvisionner en peaux dans le pays, et enfin un fromage d'excellente qualité.

Mais il faudrait limiter son parcours aux pâtis dépourvus d'espèces ligneuses, ou ne portant que des arbustes sans valeur, et lui interdire rigourensement l'accès des jeunes reboisements, surtout des châtaigneraies en voie de reconstitution.

La population caprine de l'Ardèche appartient à la race des Cévennes résultant du croisement du type des Alpes avec celui des Pyrénées dont un certain nombre de représentants ont été amenés dans le pays avec les troupeaux transhumants.

Le métis ainsi obtenu atteint une taille assez élevée de 0 m 80 à 0 m 90, il est bien charpenté, de couleur brune quelquefois grise, rustique, prolifique et bon laitier.

Les cas de parturition double sont fréquents et la mère nourrit ordinairement ses deux chevreaux.

En moyenne, la chèvre des Cévennes donne 450 litres de lait par an; mais beaucoup de sujets dépassent 500 et quelques-uns arrivent même à 600 litres.

Ce rendement pourrait être aisément augmenté par une sélection méthodique, qui produirait un effet d'autant plus rapide qu'elle porterait exclusivement sur les facultés laitières, aucune autre fonction économique n'étant à considérer.

ESPÈCE PORCINE

Les Cévennes, avec leurs vastes châtaigneraies et leur importante culture de pommes de terre, offrent des ressources abondantes et de première qualité pour l'alimentation des porcins.

De temps immémorial, les habitants de cette région escarpée ont l'habitude de faire entrer le lard dans le menu de leurs repas, dont il constitue la partie la plus substantielle, et de se servir de la graisse de porc comme assaisonnement ; aussi, l'animal qu'on traite généralement avec répugnance, est-il l'objet, de la part des petits propriétaires vivarois, d'une constante sollicitude, sinon de soins toujours judicieux.

Pendant son jeune âge, il consomme les déchets de la cuisine et va au pâturage, où on l'attache parfois au piquet, puis il est engraissé avec des tubercules, de la farine de seigle et des châtaignes.

Les grands élevages sont très rares, la plupart des exploitants se contentant d'entretenir deux ou trois sujets dont un est réservé aux besoins de la ferme et les autres sont vendus lorsqu'ils atteignent le poids de 150 à 200 kgr.

Ces ventes ont lieu à domicile ou sur les marchés d'Aubenas, de Privas, de Lamastre, du Cheylard, de Vernoux, d'Annonay, et de quelques autres localités du département.

La population porcine subit l'influence de l'exode rural et baisse à mesure que le nombre des entreprises agricoles diminue.

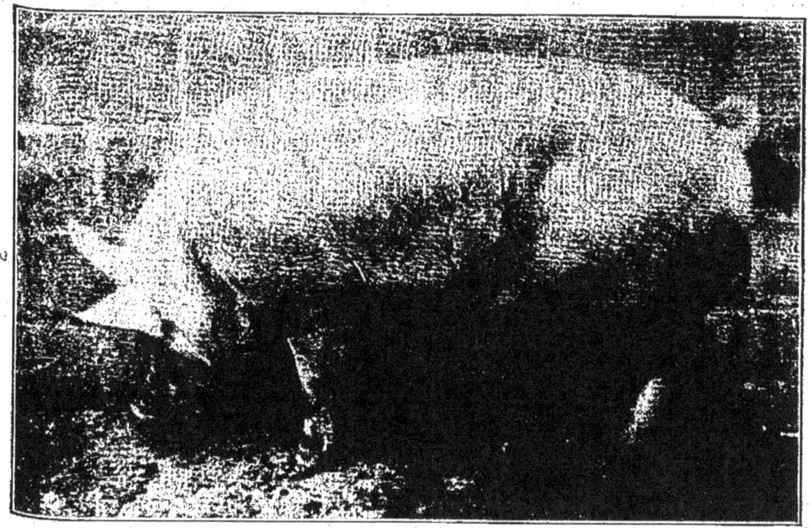

Verrat de la race Miélan appartenant à M. Coulange.

Elle appartenait primitivement au type Ibérique, à profil presque droit, à oreilles dirigées obliquement en avant, à corps relativement court et à larges taches noires qui réapparaissent encore après de multiples croisements entre ses représentants, venus du Massif Central, plus spécialement du Limousin, et ceux de la race méditerranéenne.

Il s'est produit, à la longue, par suite du manque de méthode dans la pratique de la reproduction, une véritable dégénérescence de l'espèce ; les éleveurs choisissant, presque toujours, les procréateurs mâles et femelles parmi les porcelets obtenus chez eux et appartenant à la même famille, il en est résulté une consanguinité d'autant plus dangereuse qu'elle associait sans cesse des défauts croissants sans pouvoir renforcer des qualités inexistantes. La fécondité des mères a diminué progressivement et les produits ont acquis une conformation disharmonique, une tête et des membres grossiers, un tronc étriqué. Ils sont devenus tardifs et leur poids est allé en diminuant.

En vue de combattre cet abâtardissement, la Société ardéchoise d'encouragement à l'agriculture, dès ses débuts, reconnut la nécessité d'introduire des verrats appartenant aux meilleures racés anglaises et françaises ; mais ce n'est qu'à partir de 1920 que les éleveurs ont nettement accordé leurs préférences aux procréateurs *craonnais* dont ils font d'importantes acquisitions tous les ans, par l'intermédiaire de l'Office agricole.

Le *large white* est encore préféré par un petit nombre de propriétaires de porcheries industrielles à cause de sa grande précocité et de sa propénsion à l'engraissement.

Enfin, aux environs de Bourg St-Andéol, on a tenté l'élevage du porc de Miélan qui donne d'assez bons résultats, mais ne semble pas devoir franchir les limites de la localité.

Réformes à réaliser. — La critique la plus grave qu'on puisse formuler à l'égard des méthodes suivies dans l'exploitation des suidés en Vivarais, a trait au logement de ces animaux qui consiste, le plus souvent, en une sorte de bauge étroite, privée d'air et de lumière, à sol fangeux, impossible à tenir propre et laissé presque toujours dans un état de saleté repoussant.

Cet habitat insalubre, cause de maladies ou d'une mauvaise nutrition chez ses occupants, devrait être remplacé par un dispositif moderne, comprenant des loges aérées, convenablement pavées, à murs crépis, blanchis de temps en temps, afin qu'il ne deviennent pas le refuge de poussières et de germes dangereux.

En possession d'une porcherie hygiénique, les éleveurs auraient moins à craindre les multiples accidents qui déciment les portées.

Il leur resterait, cependant encore, à pratiquer une sélection rigoureuse des géniteurs, en se servant de verrats craonnais, comme élément améliorateur, et de truies de pays bien conformées, rustiques et prolifiques.

En outre, les jeunes gorets devraient être allaités avec plus de soin, étant reconnu que de l'alimentation qu'ils reçoivent dès leur naissance dépendent leur précocité et, dans une très large mesure, leur faculté d'assimilation.

ANIMAUX DE BASSE-COUR

Il est mal aisé de fournir des précisions sur le nombre actuel des animaux de basse-cour, les éléments d'appréciation faisant défaut. Toutefois, les dernières statistiques officielles accusent les résultats suivants :

	1882	1892	1908
Poules........	247.214	36.4.933	400.000
Oies.........	1.044	1.042	2.000
Canards........	6.897	7.889	8.000
Dindons.......	4.084	4.251	5.000
Pintades.......	654	703	1.500
Pigeons.......	25.335	24.524	20.000
Lapins.........	12.5.021	12.0.314	200.000

Les produits de ces petites espèces domestiques ayant considérablement augmenté de valeur, leurs effectifs se sont notablement accrus et dépassent de beaucoup ceux indiqués par les chiffres du tableau qui précède.

L'élevage des poules surtout s'est développé et toutes les fermes possèdent, aujourd'hui, de grands troupeaux de volailles ; malheureusement, la sélection est négligée et les sujets communs, qui représentent la presque totalité de la population, sont généralement défectueux.

On trouve, cependant, réparties dans le département, quelques races telles que la *Faverolle*, l'*Orpington*, la *Leghorn*, la *Rhode-Island* etc. pures ou croisées.

SERICICULTURE

Historique. — C'est vers le commencement du XVIme siècle que le mûrier blanc fit son apparition dans les Cévennes et que l'éducation du ver à soie commença à être pratiquée en Vivarais.

Cent ans plus tard, Olivier de Serres fit paraître un traité intitulé « *la cueillette de la soie* » et dans lequel il indiquait la manière d'élever le précieux insecte, en même temps qu'il s'efforçait de propager la culture de l'arbre d'or, non seulement là où croît la vigne, mais encore dans la région parisienne.

Toutefois, la Provence et le Comtat Venaissin, surtout, occupaient alors le premier rang au point de vue de la production des cocons et notre région venait bien après ses voisines : le Dauphiné et le Languedoc.

D'après les observations recueillies par le seigneur du Pradel, au cours d'une longue expérience de plus de 30 années, les vers à soie d'une once de graine ne consommaient, en ce temps là, que 500 kgrs de feuille et donnaient un rendement moyen de 5 à 6 livres de soie, valant 10 à 12 écus.

Il semble bien qu'à ce moment là il existait déjà des magnaniers expérimentés qui, moyennant un modique salaire de 3 ou 4 écus par mois, se chargeaient de la conduite des éducations. Celles-ci devaient être importantes, à en juger par certains passages du Théâtre d'agriculture où l'auteur parle de « magniaux » provenant de 10 à 12 onces de graine et « coûtant moins à nourrir qu'un troupeau de 20 à 25 brebis pour lequel il était nécessaire d'entretenir et de payer un berger toute l'année ».

Il ressort nettement de ces documents que si Olivier de Serres n'a pas été, ainsi qu'on le prétend couramment, l'introducteur de la culture du mûrier dans sa province, il en a été le fervent propagateur et que, de son temps, l'élevage des vers à soie était très répandu dans la contrée.

Cependant, après lui, la sériciculture ne se développa pas sans arrêt. En 1688 elle subit une première crise qui la mit en péril et dont on peut se rendre compte de la gravité par le passage suivant, emprunté à un chroniqueur de l'époque : « une maladie qui s'était manifestée dans les magnaneries en réduisit suffisamment les produits pour dégoûter les propriétaires de se livrer aux nouveaux travaux de plantation de mûriers. »

L'année 1693 fut si mauvaise que, non seulement on cessa les plantations de mûriers, mais que, ça et là, on procéda à des arrachages.

Les Etats Généraux, en 1700, achetèrent, probablement en Espagne, pour 20.000 livres de graine, afin que les particuliers « pussent s'en pourvoir à des prix raisonnables » et aussi dans le but de régénérer l'espèce des vers à soie.

Deux ans plus tard, ils ordonnèrent aux conseils des paroisses d'infliger, pour chaque pied de mûrier arraché, une amende de 25 livres.

Cette mesure sauva les mûriers ; la maladie ne tarda pas à décroître et la production de cocons reprit un nouvel essor qui fut encore arrêté vers 1736, mais pour peu de temps seulement.

Dans la suite, elle se développa rapidement à mesure que l'usage des étoffes de soie gagnait les classes moyennes et que la consommation nationale allait ainsi en augmentant.

Vers le milieu du XVIIIème siècle, un nouvel effort est tenté pour étendre la culture du mûrier blanc, et l'élevage des vers à soie devient l'objet d'une attention croissante. (1)

L'administration, elle-même, cherche à favoriser ses progrès et crée, en 1764 des primes à la sériciculture.

Un peu partout, on se livre à la conduite de chambrées ; malheureusement les conditions nécessaires à une bonne réussite ne sont pas toujours réalisées « les vers étouffent sous un tas de feuilles ; à peine s'aperçoit-on qu'ils muent ; on ne les laisse pas jeûner à ce moment ; aussi, un tiers des chenilles périt au premier et au 2ème âge.

« En 1764, le sieur Larmartelon sauve la récolte d'un fabricant en faisant ouvrir l'atelier de tous côtés et, avec le concours des États du Languedoc, il poursuit publiquement ses expériences, au cours des deux années suivantes, dans un atelier en plein air, gardé par des grenadiers. » (2)

Pendant cette période, beaucoup de magnaniers du Vivarais, allèrent dans les contrées voisines, principalement aux environs d'Alais et de Nîmes faire l'élevage des vers à soie. Le propriétaire fournissait la feuille, la moitié de la graine et le combustible, l'entrepreneur prenait à sa charge les autres frais. Le produit était partagé par moitié.

On estimait alors qu'entre des mains habiles, une once de vers à soie pouvait donner 80 à 100 livres de cocons, mais la plupart des sériciculteurs étaient heureux d'en obtenir 30 à 40. Il y avait, en effet, comme de nos jours, d'ailleurs, des insuccès dûs à des causes diverses qui compromettaient l'évolution des vers.

C'est ainsi, qu'en 1740, en 1750, et en 1787, la récolte de cocons fut réduite dans une forte proportion et les prix s'élevèrent en conséquence.

Pendant la Révolution et le premier Empire, la sériciculture subit une nouvelle épreuve et, en 1802, il se forma, sous les auspices du Préfet de

---

(1) En 1863, les Etats particuliers du Vivarais, réunis à Aubenas visitent les plantations de mûriers et les tables de vers à soie du sieur Payan ; cet agriculteur expérimenté à qui les visiteurs font des grands éloges produit cinquante quintaux environ de cocons, ce qui suppose, à 30 ou 50 livres de cocons par once, un élevage de 100 à 150 onces, (voir la « Soie en Vivarais » par Mr. Elie Reynier, Professeur à l'Ecole normale d'instituteurs de Privas).

(2) l'Etat économique du Languedoc, à la fin de l'ancien régime.

l'Ardèche, une « *société libre d'émulation* » qui porta tout d'abord son attention sur le mûrier dont le dépérissement était rapide. Elle s'occupa ensuite de la maladie de l'insecte, signalée par Dautheville sous le nom de Muscardine (1).

Le département voit ainsi sa production de cocons augmenter rapidement et passer de 700.000 kgrs en 1808 à 1.222.000 en 1812. Il vient en tête de la sériciculture française et fournit plus du 1/5 de la soie récoltée dans le pays. Après la Restauration jusqu'en 1850, cette prospérité ne fait que s'accentuer à la faveur des hauts prix atteints par les cocons (2).

La culture du mûrier progresse de plus en plus vers le Cheylard, Vernoux, Lamastre, St-Félicien, Satillieu et Annonay, tout en continuant à prendre de l'importance dans la partie méridionale : Bourg St-Andéol, Viviers, Vallon, Joyeuse, Largentière et Aubenas, considérés comme les centres producteurs de la plus belle soie du monde.

L'élevage des vers à soie devient l'objet d'une activité croissante ; les quantités de graine mises en incubation, dans chaque ferme, vont sans cesse en augmentant et les éducations de 10, 12 et même 20 onces sont fréquentes.

On cherche, d'autre part, à perfectionner les moyens de chauffage ; la feuille est coupée à l'aide de couteaux spéciaux ; des inventeurs (Vasseur, Richard, Darcet, etc..) s'efforcent de simplifier et de réduire le travail du sériciculteur en même temps qu'ils s'appliquent à élever les rendements. Le croisement des races françaises et milanaises est tenté dans le même but par le Docteur Maurin, à Viviers ; des moniteurs et des professeurs sont chargés d'enseigner la culture de l'arbre d'or et la meilleure utilisation de sa feuille etc..

C'est la période des grands projets et des belles réalisations pour les magnaniers Cévenols qui déploient un ardent enthousiasme dans les chambrées, dont les revenus leur assurent une aisance inconnue jusqu'alors, élève leur état moral et intellectuel à tel point que certains ont voulu attribuer à cette influence la vivacité d'esprit des populations de la Basse-Ardèche.

Hélas ! une ère aussi florissante devait être brusquement interrompue par l'apparition d'une affection du ver à soie appelée *Gatine* ou *pébrine* et qui, favorisée par une série d'années humides de 1845 à 1857, ainsi que par le manque de soins dans le grainage, se répandit de la Provence vers les Cévennes, l'Italie, la Grèce et jusqu'au Caucase.

La production de l'Ardèche, après s'être élevée à près de 3 millions et demi de kgrs de cocons en 1850, tombe à 550.000 kgrs, en 1857, et le rendement par once n'est plus que de 10 kgrs.

Pendant 16 années, la sériciculture est menacée d'un anéantissement total sans qu'aucune lueur d'espoir vienne la soutenir. On importe, à grands frais, de la graine d'Extrême Orient et on suit, sans succès, les procédés recommandés par les donneurs de conseils.

---

(1) La soie en Vivarais, par E. Reynier, Professeur à l'Ecole normale de Privas.
(2) En 1818, le prix de vente était de 6 fr. le kilog.

Cependant, en 1865, Pasteur commence ses recherches au Pont-Gisquet, près d'Alais, et 4 ans plus tard, en 1869, il expose son système qui, d'abord combattu, est finalement appliqué et, une fois de plus, la sériciculture échappe à la catastrophe ; mais elle ne reprendra plus son ancienne opulence et nous verrons désormais la quantité de graine mise en incubation diminuer, ainsi que le nombre des éducateurs.

Années	Nombre de séricieulteurs	Nombre d'onces mises en incubation	Poids des cocons produits en kilog.	Rendements moyen en cocons frais par once de 25 gr.
1872	40.000	178.000	1.743.780	9.8
1882	32.886	80.424	2.008.750	24.977
1892	23.725	50.206	1.663.074	33.125
1902	23.902	47.219	1.641.616	34.765
1912	19.528	33.751	1.624.639	48.130
1922	11.750	17.334	776.006	44.820

Pendant ces dernières années, il s'est produit, en raison des cours plus élevés, de petites oscillations qui dévient légèrement la courbe descendante sans cependant en modifier le sens.

1923	13.875	19.959	933.724	47.46
1924	15.805	21.729	1.094.124	29.93
1925	14.923	19.650	861.873	39.93
1926	14.597	20.205	341.921	41.66

Les diverses communes participent inégalement à ce résultat global. Nous énumérons seulement les plus importantes en indiquant le poids des cocons qu'elles ont fourni à l'industrie, en 1926 :

Désignation des communes.	Poids des cocons obtenus
Lablachère	22.000
Rosières	19.000
Vinezac	19.000
Labeaume	16.000
Vallon	15.000
Les Assions	13.000
St. Etienne de Fontbellon	13.000
Lagorce	12.000
Laurac	12.000
Chassiers	12.000
Joyeuse	11.000
Paysac	11.000
Gravières	11.000

Chambonnas......................	11.000
Alba...........................	10.000
Beaulieu.......................	10.000
Banne..........................	10.000
Lachapelle s/ Aubenas.........	10.000
Lussas.........................	10.000
St. André de Cruzières........	10.000
St. Sauveur de Cruzières.......	10.000

Depuis la guerre, les efforts tentés en vue de relever cette branche de l'activité nationale sont restés à peu près sans effet, pour diverses raisons, dont les principales sont : le manque de main d'œuvre et l'extention prise par d'autres cultures — plus rémunératrices — en maints endroits du département consacrés jadis aux plantations de mûriers.

Il convient de remarquer, en effet, que la sériciculture et la viticulture sont deux voisines rivales, qui se disputent les préférences des exploitants de la Basse-Ardèche, ceux du Haut-Vivarais, ayant déjà abandonné la première pour l'élevage du bétail ou la producsion des fruits. Or, si la soie se vend à des prix élevés, elle ne rapporte pas des profits aussi considérables ni aussi réguliers que ceux fournis par la vigne pendant ces dernières années.

On ne saurait donc s'étonner de voir diminuer, en même temps les « mises en éclosions ». le nombre des chambrées et la quantité totale de cocons obtenue.

Par contre, le rendement moyen va en augmentant presque régulièrement, mais il ne représente encore que la moitié de celui auquel on pourrait prétendre ; aussi peut-on dire que si, malheureusement, il ne reste guère d'illusions sur la possibilité de ranimer l'ardeur des populations cévenoles pour le merveilleux papillon qui les enthousiasma jadis, on est en droit d'attendre de nouvelles améliorations des méthodes d'élevage permettant d'accroître la récolte de soie.

PRATIQUE DE L'ÉLEVAGE

Achat de la graine et incubation.— Généralement les sériciculteurs reçoivent la graine des industriels à qui, implicitement, ils s'engagent à fournir leur récolte. Cette manière de procéder paraît très avantageuse pour les deux parties, chacune d'elle étant intéressée à la réussite et cherchant à l'assurer dans toute la mesure de ses moyens.

En réalité, l'éducateur sacrifie ainsi son indépendance, et, s'il bénéficie d'un prix réduit, il perd sur la qualité de la marchandise ; en effet, les graineurs consentent, aux industriels, un rabais assez élevé, mais s'ils ont un lot de graine de première qualité, ils préfèrent le conserver pour le vendre directement à leurs clients, afin de le faire servir à une utile propagande ; de sorte que, selon la propre expression de l'un d'eux, « si toute la graine sortant d'une maison sérieuse est vraiment bonne, on peut dire que celle qui est livrée directement est toujours de premier choix et par conséquent supérieure à celle fournie par l'intermédiaire des filateurs. »

L'incubation a lieu de façons très différentes. Sans parler des vieux procédés d'éclosion au sein, beaucoup de femmes portent encore le précieux sachet sous leurs vêtements et, pour réaliser une élévation progressive de la température à mesure qu'approche le moment de l'éclosion, elles mettent jusqu'à 5 jupons.

En commençant, la graine est placée sous le plus haut, puis successivement sous chacun des autres, jusqu'au plus bas, sous lequel elle séjourne en dernier lieu.

Pour obvier aux inconvénients que présente une telle méthode, certaines magnanières ont imaginé de fixer, sous leurs jupes, un panier dans lequel se produit l'incubation.

D'autres pratiquent celle-ci dans des lits ; il en est, heureusement, de mieux avisées qui préfèrent confier cette opération à une bouillotte qu'elles mettent à l'extrémité d'une caisse, tandis qu'elles disposent la graine dans une boîte, sur le côté opposé, et recouvrent le tout d'une toile à larges mailles, en guise de couvercle.

Chaque jour on approche légèrement la boîte de la bouillotte, de manière à avoir l'augmentation de température voulue.

Ce système très simple devrait être adopté dans toutes les petites magnaneries où il donnerait d'excellents résultats, surtout si on prenait la précaution de ne pas boucher la bouteille pour qu'elle laisse échapper de la vapeur d'eau nécessaire à une bonne éclosion.

La *Couveuse*, ou Castelet des Cévennes, ou éclosoir, est de plus en plus employée, mais très peu savent s'en servir, la température est rarement bien réglée et on oublie presque toujours de poser, au fond de l'appareil, une soucoupe renfermant de l'eau destinée à maintenir dans l'air le degré d'humidité nécessaire.

Enfin, dans quelques exploitations, on voit la graine répartie au fond d'un récipient reposant lui-même sur un support mobile situé dans une chambre où à la cuisine et qu'on approche progressivement de la cheminée ou du fourneau, jusqu'à l'apparition des premiers vers.

Inutile d'ajouter que ce dernier procédé réunit le mieux les conditions du succès, pourvu, toutefois, qu'il soit appliqué avec discernement et qu'on ne laisse pas tomber la température ou qu'au contraire on ne l'élève pas trop.

Dans la grande majorité des cas, l'incubation a lieu en 8 ou 10 jours, à la grande satisfaction des intéressés qui croient que plus elle est rapide, plus grandes sont les chances de réussite.

En réalité, il faudrait qu'elle durât au moins deux semaines ce qui serait facile à obtenir en partant de la température de 12° et en l'élevant chaque jour d'un demi degré. Une hâte trop grande oblige à chauffer exagérément et les vers venus dans ces conditions, surtout s'ils ont été privés d'air, manqueront de vitalité, contracteront facilement, dans la suite, la plupart des maladies, particulièrement la grasserie, qui est actuellement la plus redoutable.

Entre l'apparition des premières et des dernières larves, il s'écoule un temps très variable, souvent trop long. C'est, en effet, à ce moment là qu'on devrait chercher à aller assez vite pour ne par créer une trop grande différence entre les premières et les dernières levées. En général, il convient de ne pas dépasser quatre jours, tous les vers éclos dans la même journée étant mis à part.

Magnaneries.— Il ne semble pas, qu'au point de vue de leur installation, beaucoup de magnaneries présentent une supériorité sensible sur celles du XVIIme siècle auxquelles on reprochait de manquer d'espace, d'air et de clarté.

Encore, fréquemment, la coconière consiste en un réduit exigu, possédant, comme ouverture, une porte tenue constamment fermée et de rares fenêtres masquées avec d'épaisses couvertures de laine interceptant l'air et la lumière.

Il est juste d'ajouter qu'on trouve, cependant, de plus en plus des locaux mieux aménagés, bien éclairés et dont l'aération est assurée de multiples façons, par des baies assez nombreuses, des trappes ou *ventouses*, et un plafond mobile interrompant, ou au contraire permettant, la communication avec le grenier qui reçoit l'air de l'extérieur à travers la toiture.

Le chauffage est réalisé au moyen de fourneaux, sorte de cornets étroits légèrement élargis tout près du sol, mais on a encore maintes fois recours aux brasières, placées le long des murs, et qui dégagent, à l'intérieur de la pièce, une abondante quantité de gaz carbonique dont les effets sont plus ou moins rapides et apparents, mais toujours préjudiciables, et parfois se traduisent par un échec complet.

Enfin, on voit rarement la grande cheminée de cuisine qui décore presque toute les magnaneries italiennes et qui aurait une si heureuse influence chez nous où on redoute le temps d'orage provoquant l'étouffement des chambrées. Grâce à cette large ouverture, on pourrait faire des flambées de broussailles, de genêts ou de bruyères et provoquer un déplacement d'air immédiat.

La disposition intérieure est presque toujours assez bien comprise ; les tables superposées, espacées d'environ 40 centimètres dans le sens vertical, sont formées par des planches de châtaigniers juxtaposées. On se sert peu de cadres garnis de grillages en fil de fer galvanisé formant un fond à claire voie qui doit être recouvert de papier favorisant le développement de la moisissure sur la litière.

L'espace est presque toujours insuffisant, les éducateurs se trouvant parfois à court de bâtiments appropriés ou aimant à voir leurs vers serrés. Pour chaque once de graine mise en incubation on ne réserve guère que 40 à 50 mètres carrés ; cet inconvénient est d'autant plus préjudiciable que l'aération laisse fréquemment à désirer, en vertu de vieux préjugés selon lesquels l'atmosphère du local ne doit pas communiquer directement avec celle de l'extérieur.

Conduite de l'éducation. — Il y a peu à dire au sujet de la conduite proprement dite de l'élevage ; le délitage a lieu une fois entre deux mues consécutives ; on le pratique à la main, en enroulant les feuilles avec les vers qu'elles soutiennent et portant le tout à la nouvelle place qu'il devra occuper.

Depuis quelques années, cependant, grâce à une campagne active menée contre cette routine déplorable, l'usage du papier perforé tend à se vulgariser.

La température est surveillée assez attentivement par la grande majorité des éducateurs qui s'efforcent, de façons très diverses, à corriger les variations qu'elle subit ordinairement à cette époque de l'année.

Il est regrettable, lorsque le printemps reste froid, qu'on cherche, par un chauffage excessif et surtout en obstruant toutes les ouvertures ou en calfeutrant la magnanerie, à atteindre 16 ou 17° Réaumur. L'asphyxie est, dans ce cas, à craindre et peut causer la perte complète de la chambrée, ainsi que nous avons pu le constater au cours de la campagne séricicole de 1926.

Combien il serait préférable de maintenir la coconnière à 2 ou 3° seulement au-dessus de la température du dehors, en observant les règles d'une bonne hygiène, et d'attendre, sans se presser, un temps propice. Un excellent sériciculteur a pu, en effet, prolonger son élevage jusqu'à 60 jours et en obtenir des résultats très satisfaisants.

Dépendant, dans une certaine mesure, des facteurs précédents, l'alimentation règle, en définitive, la production. Nous avons déjà vu que primitivement on distribuait aux vers-à-soie environ 500 kgrs de feuille par once et qu'on obtenait 5 à 6 livres de cocons.

Dans la suite, on a augmenté progressivement cette consommation et les rendements sont allés en s'élevant parrallèlement. Actuellement, on évalue à 1200 kgrs la quantité de feuille de mûriers distribuée aux vers issus de 30 grammes de graine et donnant en moyenne 48 kgrs de cocons.

En *Italie*, certains éducateurs dépassent 2500 kgrs de feuille par once mais ils obtiennent ordinairement plus de 90 kgrs de cocons. Dans une chambrée indemne de maladies, il y a donc une corrélation entre le poids de la nourriture absorbée et celui de la soie produite, aussi a-t-on intérêt, d'une part, à réaliser les conditions propres à exciter l'appétit des vers et, d'autre part, à le satisfaire régulièrement. Nous verrons que si ce principe paraît évident il n'est pas toujours appliqué.

Pendant le premier âge les larves reçoivent de la feuille de *sauvageons* qui est la plus nutritive; cependant si elle est trop avancée et dure on se sert de celle fournie par les jeunes pousses. On la coupe généralement jusqu'à la 2e mue et, dans beaucoup d'exploitations, on « *distribue* » ainsi au commencement et vers la fin de chaque « *dormie* » ; malheureusement, dans beaucoup d'autres on utilise la feuille entière qui recouvre les chenilles immobiles et gêne leur respiration.

Le nombre de repas varie beaucoup selon la main d'œuvre disponible; cependant, le plus souvent, il est de cinq au commencement, puis de 4, à partir de la 2e mue, et enfin de trois pendant la grande *frèze*.

Evidemment, le manque de personnel interdit aux cultivateurs des Cévennes d'imiter ceux du Milanais et du Frioul qui donnent à manger à leurs chambrées toutes les deux heures. Mais peut-être est-ce moins là que réside la réussite qu'en la manière dont la nourriture est préparée et conservée.

Lorsque les plantations de mûriers sont éloignées de la ferme on est obligé de cueillir la feuille en grandes quantités à la fois et de l'enfermer dans des draps où elle est pressée puis placée dans des chars étroits ; et, comme le trajet est long, les ouvriers fatigués succombent à la tentation de s'étendre sur le lit moëlleux qu'elle leur offre, de sorte qu'il se produit, à l'intérieur de la masse, une fermentation de nature à provoquer la flacherie, ainsi que le fait a été maintes fois constaté.

Il est vrai qu'en arrivant à la métairie on aura soin de secouer et d'aérer le chargement, mais ce n'est pas toujours suffisant pour éviter un échec.

Pépinière de mûriers appartenant à M. Poudevigne à Rosières

De plus en plus, la feuille est conservée dans des chambres saines, aérées, fraîches, dont les volets, tenus clos, empêchent le soleil de pénétrer et où elle est disposée en couche mince, puis secouée fréquemment jusqu'à la distribution. Elle n'est cependant pas encore partout l'objet d'une telle attention ; on ne prend pas toujours les précautions indispensables pour qu'elle ne soit pas en contact avec des objets pouvant la contaminer (surtout lorsqu'elle est humide) et la rendre impropre à la consommation des vers-à-soie.

Beaucoup ne savent pas que si on peut la cueillir même par un temps de pluie ou à la rosée, il faut qu'elle soit bien ressuyée quand on la distribue.

Enfin on ne voit nulle part un lavabo ou tout autre dispositif laissant supposer qu'on se lave les mains avant de donner chaque repas.

Plantation de mûriers nains en cordons de M. Poudevigne à Rosières

Élevage aux rameaux.— Le principal grief que font à la sériciculture ceux qui la délaissent, c'est d'occasionner un travail considérable et d'exiger des soins méticuleux qui ne peuvent être confiés qu'à des ouvriers consciencieux, de plus en plus difficiles à trouver.

Pour obvier à cet inconvénient on préconise, depuis plusieurs années, l'élevage aux rameaux dont la pratique remonte d'ailleurs beaucoup plus loin dans le passé que ne le laissent supposer la plupart de ceux qui croient en avoir été les promoteurs.

Cette méthode tend, incontestablement, à se propager et le nombre de ses partisans va sans cesse en augmentant.

Ce n'est guère qu'en 1922 qu'elle fut essayée, par les praticiens du département, sur l'initiative des frères Giraud, industriels à Vals-les-Bains qui nous invitèrent à constater les résultats et accordèrent des récompenses aux novateurs les plus méritants. Avec l'aide financière de l'Office, nous organisâmes, dans la suite, des concours qui n'ont cessé de marquer une progression continue, tant au point de vue de la quantité des concurrents inscrits, qu'à celui des succès enregistrés.

Est-ce à dire qu'on doive considérer ce nouveau procédé comme une panacée capable de résoudre toutes les difficultés et de faire disparaître tous les aléas dont se plaignent les éducateurs ? C'est là une illusion que caressent surtout ceux qui ne croient pas nécessaire de suivre les praticiens de près, dans les efforts qu'ils déploient pour mettre au point une méthode encore insuffisamment étudiée.

D'après les observations rassemblées au cours de cinq années, nous croyons pouvoir avancer :

1°. — que l'élevage aux rameaux ne permet une économie de main d'œuvre appréciable qu'autant qu'il est pratiqué à partir de la 2ème ou de la 3ème mue, mais qu'on doit alors effectuer plusieurs délitages, ce qui nécessite une installation spéciale.

2°. — qu'il exige beaucoup moins d'attention et procure des revenus plus réguliers que celui à la feuille détachée surtout dans les grandes chambrées et lorsque le magnanier manque de compétence.

3°. — que, toutefois, il ne donne pas des rendements supérieurs à ceux obtenus par la méthode ordinaire lorsque celle-ci est appliquée rationnellement.

4°. — qu'en conséquence, on doit surtout le recommander à ceux qui ne réussissent pas régulièrement ou dont le personnel est trop réduit pour leur permettre d'utiliser la quantité de feuille qu'ils possèdent.

5°. — qu'on ne peut, cependant, en obtenir des résultats satisfaisants qu'à condition de suivre, dans sa conduite, certaine règles qui s'imposent.

Les déboires subis dans ce mode d'éducation résultent principalement de ce qu'on a cru qu'il était possible de réduire d'un tiers la surface utilisée dans l'ancien système, sous prétexte que les vers ne sont pas tous sur le même plan horizontal et qu'ils disposent d'un plus grand espace avec la même étendue de table. Ce raisonnement n'est exact qu'en partie et il se vérifie surtout par l'inconvénient qu'il laisse prévoir. En réalité, pour se développer régulièrement, tous les vers doivent recevoir la même quantité de nourriture ; or, s'ils sont serrés, une partie seulement arrive à la surface, où se trouvent les feuilles, et les autres restent dans les rameaux dépouillés ; ils prennent ainsi rapidement du retard sur les premiers qui, plus hardis, leur disputeront toujours avantageusement la place. Au moment de la montée à la bruyère les retardataires manqueront de vigueur, resteront dans les branches mêmes, et donneront des cocons légers, minces, déformés, peu appréciés des acheteurs.

Ce déchet sera encore plus considérable si la 3ème et la 4ème mues ont eu lieu dans les rameaux, car le retard s'étendra sur un plus grand laps de temps et créera, dans le développement des chenilles, une irrégularité plus accentuée. Il faut donc, en premier lieu, donner aux vers une superficie convenable de 60 à 80 mètres carrés par once.

Il convient, d'autre part, de ne pas oublier que les vers restent à peu près immobiles audessous de 16°. Si on veut qu'ils se déplacent et se répartissent convenablement à la surface des rameaux, il est indispensable que la température soit supérieure à celle adoptée dans l'élevage à la feuille détachée et dépasse toujours 16° Réaumur.

Une activité convenable étant ainsi maintenue dans la chambrée, on ne saurait trop recommander d'éviter toute parcimonie dans la distribution des repas. Très souvent on est impressionné par l'épaisseur de rameaux qu'on est obligé de disposer sur les tables pour fournir la quantité de feuille nécessaire, et presque toujours celle-ci est insuffisante.

Le délitage doit également être considéré avec beaucoup d'attention. Divers dispositifs ont été préconisés pour faciliter cette opération. Le *petzonni* comprenant deux barres longitudinales suspendues au plafond par des fils de fer soutenant, de distance en distance, des traverses fixées par des liens d'osier, résout assez bien la question. Lorsque l'épaisseur du lit est jugée suffisante, on place à sa surface une nouvelle série de traverses, puis des rameaux, sur lesquels montent les larves, et on coupe ensuite les liens pour que tout le fond tombe ; cependant comme ce procédé ne permet pas d'avoir des tables superposées, on ne peut l'adopter dans nos petites magnaneries.

Le « *Cavalone* », en forme de toit à larges pans de 3 mètres, permet de mieux utiliser l'espace et semble avoir la préférence des praticiens qui lui reprochent néammoins de ne pas retenir les vers à cause de son fond à claire voie, ou de favoriser le développement de la moisissure lorsqu'on recouvre ce dernier de papier. Peut-être pourrait-on éviter de pareils inconvénients en utilisant le treillage en fil de fer galvanisé, à mailles assez étroites pour ne laisser échapper que la litière qui s'éliminerait ainsi automatiquement sans jamais gêner la bonne marche de l'élevage.

C'est, d'ailleurs, dans un même but que certains conseillent de se servir des tables ordinaires à double fond, le plus haut étant formé de liteaux espacés de quelques centimètres, de manière à laisser tomber les débris fermentescibles sur le plus bas qu'on nettoierait de temps en temps.

Signalons également l'installation de Mr. Coste Hyppolite, de St-Julien de Serres, qui diffère du Petzoni en ce que, au lieu de faire choir le branchage en coupant les liens d'osier, on soulève les traverses supérieures, supportant les rameaux garnis de vers, au moyen d'une série de poulies et de cordes, de manière à dégager la partie inférieure et de pouvoir enlever le bois inutile.

Notons enfin que les Arméniens, qui se sont établis dans la région de Joyeuse et ne pratiquent que l'élevage aux rameaux, cessent de distribuer la feuille détachée à la 2e mue. Ils donnent alors à leur chambrée la totalité de la surface qui lui est réservée jusqu'à la fin et effectuent, entre deux mues consécutives, un délitage en déplaçant les rameaux chargés de vers. Il faut environ une journée de trois personnes pour déliter ainsi six onces.

De ce qui précède il résulte que l'élevage aux rameaux doit subir encore quelques perfectionnements qui, en faisant disparaître les difficultés qu'il présente, en rendront la pratique à la fois plus aisée et d'un plus grand rapport.

Maladies des vers-à-soie et désinfection des magnaneries. —

Avec les moyens dont on dispose actuellement pour les prévenir ou les combattre, les maladies des vers à soie ne devraient plus être à craindre et cependant on a constaté des cas de pébrine, il y a deux ans, dans le sud de l'Ardèche; la muscardine s'observe, de temps en temps, dans les magnaneries défectueuses ou mal tenues ; la flacherie cause également des pertes pendant les années pluvieuses; les « *têtes claires* » font encore le désespoir de beaucoup d'éducateurs; et, enfin, la grasserie persiste dans la grande majorité des chambrées dont elle compromet plus ou moins la réussite.

La plupart de ces affections sont héréditaires et disparaîtront lorsque le grainage me laissera plus à désirer; quelques unes, comme la grasserie, se manifestent surtout à la suite d'une éclosion mal conduite, toutes sont favorisées par de mauvaises conditions d'hygiène et des négligences dans l'alimentation.

Elles sont généralement transmissibles; aussi, doit-on, en plus des mesures déjà signalées, avoir bien soin de désinfecter les magnaneries tout de suite après le décoconnage.

Cette opération est effectuée de façons très différentes et avec des produits les plus variés : sulfate de cuivre, chlorure de chaux, eau de Javel, formol.

D'après les résultats des expériences de M. Paillot, directeur de la station d'entomologie du Sud-Est, à St Genis-Laval, le cuivre n'aurait qu'une action insignifiante sur les germes dangereux, et le formol lui serait bien supérieur.

Nous conseillons donc d'employer ce produit de la manière suivante:

Dès que l'élevage est terminé, procéder au lavage des tables et des montants, avec de l'eau chaude, dans laquelle on a fait dissoudre du carbonate de soude (ou cristaux) en ayant soin de brosser énergiquement les planches. Puis laisser le matériel ainsi nettoyé exposé au soleil pendant 15 jours à 3 semaines. Le placer ensuite, de nouveau, dans la coconnière et effectuer des pulvérisations avec un mélange formé de 2 kgs de formol du commerce *(formaline)* et 100 litres d'eau, de manière que la surface des murs, du plancher, du plafond et de tous les objets situés à l'intérieur de la pièce soient abondamment humectés. Pendant que les parois et le contenu du local sont encore mouillés, faire brûler du soufre à raison de 3 kilogs pour 100 mètres cubes (correspondant à la capacité nécessaire par once de vers élevés) en ayant soin de boucher toutes les issues, ouvertures et fissures par lesquelles le gaz sulfureux pourrait s'échapper.

Deux jours plus tard, aérer la pièce et lui donner même une autre affectation, à condition de ne pas y introduire des matières ou des meubles pouvant apporter des microbes nuisibles aux vers-à-soie.

Conclusions. — L'exode rural ne permet pas d'envisager le développement de la sériciculture française dont l'avenir dépend cependant des mesures à prendre pour assurer la pérénité et même l'accroissement de sa production.

Ces mesures doivent tendre d'une part, à élever et à régulariser le rendement moyen par once et d'autre part à maintenir le prix des cocons à un chiffre acceptable. Le premier but peut être atteint :

1'. — par un meilleur grainage et un service de contrôle beaucoup plus sévère.

2º. — à l'aide d'une incubation plus rationnelle pratiquée collectivement dans des chambres d'éclosions convenablement surveillées.

3°. — au moyen d'une désinfection des magnaneries mieux comprise et de l'application des règles d'une bonne hygiène.

4° — en donnant plus d'espace, d'air, de lumière et de nourriture aux vers pendant leur évolution.

L'éducation des magnaniers, à ces divers points de vue, pourrait être faite, à peu de frais, par des moniteurs et monitrices compétents, comme nous en connaissons, qu'on chargerait à chaque campagne de conduire plusieurs chambrées où les échecs sont fréquents.

Pour éviter l'avilissement des prix nous pensons que le commerce des cocons doit être soumis au libre jeu de l'offre et de la demande, qu'il importe de fournir aux producteurs les moyens de se renseigner sur les cours et qu'enfin il faut créer entre eux une solidarité d'intérêts, comparable à celle existant dans l'industrie de la filature.

Ces conditions paraissent devoir être remplies par la constitution de syndicats communaux qui pourraient aisément pratiquer l'étouffage des cocons de tous leurs adhérents et libérer ces derniers de l'obligation de se débarrasser, à bref délai, d'un produit périssable. La facilité de conservation de la récolte étant ainsi acquise, non pas seulement par quelques-uns, mais par la majorité d'abord et plus tard par tous les magnaniers, ceux-ci auraient d'autant plus de commodités pour se défendre que les syndicats locaux formeraient une Fédération départementale qui se réunirait, au commencement de chaque campagne, afin de déterminer la conduite à tenir à l'égard des acheteurs et de pouvoir donner ensuite des directives utiles à l'ensemble des sociétaires.

Nous avons la conviction qu'en présence d'une telle organisation, les vrais industriels comprendraient que le meilleur moyen de servir leur entreprise consiste à unir leurs efforts à ceux des laborieuses populations qui peinent pour leur assurer une matière première dont ils ne sauraient se passer.

V. RICHARD

PISCICULTURE

Inventaire des ressources piscicoles

Pour établir avec une précision suffisante l'étendue du domaine piscicole du département de l'Ardèche, et connaître son rendement au point de vue économique, il est indispensable de faire un classement de ses cours d'eau et de calculer, d'une part, le développement des *Eaux courantes*, en négligeant dans chaque ruisseau, les parties qui s'assèchent en été et n'offrent aucun intérêt pour la pisciculture, et d'autre part, l'étendue des *Eaux stagnantes* (lacs et étangs).

Les *Eaux courantes* se distinguent en *Rivières à Salmoniées*, aux eaux claires, fraîches et limpides, où la truite domine ; *Rivières à cyprinides*, rivières plus lentes et plus chaudes (perches, barbeaux, vérons, anguilles, écrevisses) et enfin, *Rivières mixtes*, hébergeant à la fois des Salmonides et

— 207 —

des Cyprinides, soit en même temps soit en des points différents de leur cours.

Cette classification a été établie en 1923 par le Service des Eaux et Forêts, en exécution de l'art. 7 du Décret du 20 février 1923, instituant dans chaque département un Comité Départemental de la Pêche et de la Pisciculture fluviales.

Le Tableau suivant indique la longueur utile et le rendement annuel moyen des cours d'eau du département.

	Longueur utile dans le département	Rendement moyen annuel en kilogr.
Rivières à salmonides....	721	21.040
Rivières à cyprinides.....	12	270
Rivières mixtes..........	650	37.260
	1.233 kiloètres	58.570 kilogrammes

Eaux stagnantes

Le département de l'Ardèche ne renferme que deux lacs non vidables : le lac d'Issarlès et le lac Ferrand, et un lac vidable : le Réservoir de Ternay.

1° *Lac d'Issarlès.* — Le lac d'Issarlès est un lac clos, situé à 997^m d'altitude, dans la commune de même nom. Il a 5 kilomètres de circonférence et sa superficie est de 91 hectares environ. Sa profondeur au milieu est de 107 m. et son niveau demeure sensiblement le même. Il ne reçoit aucun ruisseau et n'a même pas d'écoulement, sauf un petit canal d'arrosage. Il occupe le cratère d'un ancien volcan et doit être alimenté par des eaux souterraines, seule l'évaporation semble régler son niveau. Il appartient à la Cie Electrique de la Loire et du Centre, et seul, le garde-pêche est autorisé à pêcher, il emploie les lignes de fond, le tramail, l'araignée à mailles de 55$^{m/m}$ d'une longueur de 200 m. et de 2 m. de hauteur, et enfin, le « pic suisse » engin de 150 m. de longueur et de 20 m. de hauteur, à mailles de 58 $^{m/m}$.

Dans le lac d'Issarlès on ne rencontre que trois espèces de poissons : la Tanche, la Truite Arc-en-Ciel et l'Omble-chevalier ; les deux premières espèces ont été introduites et y prospèrent bien ; la tanche s'y reproduit naturellement. Mais la truite arc-en-ciel se raréfie de plus en plus et ne paraît pas s'y régénérer. L'ombre-chevalier est au contraire l'espèce naturelle dominante et la seule qui semble devoir être propagée.

La production annuelle de ce lac est loin d'atteindre celle qu'il devrait donner, eu égard à son étendue. Le garde-pêche affirme qu'il ne capture en moyenne que 150 kgs de poissons dont 125 kilogs d'ombles-chevaliers et 25 kgs de tanches et de truites arc-en-ciel. Comme il est seul autorisé à pêcher et que le braconnage est impossible, nous pouvons considérer ce rendement annuel comme certain ; mais, répétons-le, il pourrait être beaucoup plus considérable.

2° *Lac Ferrand.* — Ce lac est situé sur la Commune de Montpezat, à 1200 m. d'altitude et sa superficie n'est que de 1 hectare environ. Sa profondeur au milieu atteint 6ᵐ. C'est un lac clos qui n'a ni affluents ni émissaires : il ne déverse ses eaux dans la Fontaulière qu'au moment de la fonte des neiges ou à la suite des fortes pluies. Il ne renferme que la tanche et en petite quantité ; le produit de cette pêche est insignifiant et nous ne le faisons pas entrer en ligne de compte. Le droit de pêche appartient à la marquise de Marcieux, il n'est pas amodié.

L'introduction de la truite Arc-en-Ciel dans le lac Ferrand serait à conseiller ; mais il faudrait, au préalable, capturer les tanches qui détruisent le frai et dévorent les jeunes alevins. Cette truite pourrait peut-être prospérer et se reproduire dans cette eau close, alors qu'elle tend à descendre les cours d'eau dans lesquels elle est immergée et où elle ne se reproduit pas. Toutes les tentatives entreprises dans ce but ont échoué. Il est fort possible qu'au lac Ferrand l'expérience soit plus concluante ; elle mériterait tout au moins d'être tentée.

3° *Réservoir de Ternay.* — Ce réservoir a été construit, il y a une cinquantaine d'années, par l'Etat et la Ville d'Annonay et son exécution a été déclarée d'utilité publique par Décret du 25 Décembre 1861. On a barré le petit ruisseau de Ternay qui n'était ni navigable, ni flottable et dont le droit de pêche appartenait aux propriétaires riverains. Mais ceux-ci ayant tous cédé leurs terrains à l'Etat soit à l'amiable, soit par suite d'expropriation pour cause d'utilité publique, ce cours d'eau a changé de nature dans toute la longueur sur laquelle s'étend le bassin et, depuis, le droit de pêche appartient à l'Etat pour une part, et à la ville d'Annonay pour l'autre part. Ce réservoir constitue donc une propriété mixte, publique et privée, non assimilable aux fleuves et rivières du Domaine Public. Sa superficie est de 24 hectares au plan d'eau supérieur et sa plus grande profondeur est de 34ᵐ 35. Il est situe sur le territoire des communes de Savas et de St Marcel-les-Annonay, à l'altitude de 514 m. Le barrage de retenue a un volume de 32.000 mètres cubes de maçonneries et à coûté un million de francs. La capacité du réservoir est de 3.000.000 de mètres cubes.

En 1897, les poissons que l'on rencontrait dans l'Etang du Ternay étaient : la carpe, le barbeau, la tanche, le véron, le saumon, l'omble-chevalier, la truite et la féra. Tous ces poissons, sauf le véron avaient été introduits par l'Administration, des Ponts-et-Chaussées et par les permissionnaires de pêche.

Le saumon, introduit en 1878 et l'omble-chevalier en 1885 ont disparu complètement du Réservoir. La truite qui existe aux sources du ruisseau de Ternay ne descend qu'accidentellement dans l'Etang et ne s'y rencontre que passagèrement. Enfin, la féra, introduite également en 1885 n'y a pas prospéré et elle a disparu également.

Actuellement la faune piscicole de l'Etang de Ternay comprend, la perche, le chevaine, le gardon, la brême, quelques grosses carpes, la tanche et la truite arc-en-ciel.

Le droit de pêche est amodié à la société de pêche la « Gaule Annonéenne » d'Annonay moyennant une redevance annuelle de 350 frs ; il appartient à l'Etat pour les 2/5 et à la Ville d'Annonay pour les trois autres cinquièmes.

Le rendement moyen annuel peut être évalué comme suit :

A. — Salmonides : Truites, Ombles Chevalier = 1000 à 1500 kgs.
B. — Cyprinides ; Carpes, tanches, brêmes, gardons etc.. = 2000 kgs.
Soit environ : 3000 kilogrammes.

En résumé, la production moyenne annuelle du domaine piscicole du département de l'Ardèche se décompte de la façon suivante :

A. — Eaux courantes
- Salmonides : 700 klm. 18000 kgs de poissons
- Cyprinides : 12 — 270 — —
- Rivières mixtes : 600 — 37260 — —

Totaux 1312 klm. 55530 kilogr.

Production moyenne par kilomètre : 42 kilogrammes.

B. — Eaux stagnantes
- Lac d'Issarlès 91 ha 150 kilogr.
- Lac Ferrand 1 ha » »
- Etang de Ternay 24 ha 3000 »

Totaux 116 ha 3150 kilogr.

Production moyenne par hectare : 25 kilogr.

C'est donc environ 60000 kgs de poissons divers qui sont capturés chaque année dans les cours d'eau de l'Ardèche (le Rhône excepté) et livrés à la consommation.

En évaluant à 15 fr. 00 le kilogramme, (la truite vaut actuellement 30 frs le kilog.), le revenu moyen annuel de nos cours d'eau représente une somme de 900.000 francs.

A cette valeur commerciale du poisson il convient d'ajouter le produit des droits de pêche du Domaine Public, soit en moyenne 4.000 fr par an, (Rhône excepté).

Repeuplement

Depuis longtemps les Pouvoirs Publics se sont préoccupés, tant au point de vue économique, que de l'alimentation, de l'importance de la production de nos cours d'eau et de la mise en valeur de la pêche fluviale.

L'Administration des Ponts et Chaussées, et, ensuite, celle des Eaux et Forêts ont été chargées de la surveillance et de la Police de la Pêche ; une réglementation sévère est intervenue pour protéger le poisson, favoriser sa reproduction et le défendre contre le braconnage. (Lois du 15 Avril 1829, 15 Avril 1830, 6 Juin 1840, Ordonnances des 28 Octobre 1840, et 28 Février 1842 ; Loi du 30 mai 1865, Décret du 5 septembre 1897 et Loi du 28 Novembre 1898).

Nous n'entrerons pas dans les détails de ces différentes règles de police édictées dans l'intérêt de la conservation du poisson. Nous nous bornerons à indiquer ici quels sont les moyens employés dans le département de l'Ardèche pour le réempoissonnement des cours d'eau et la mise en valeur des eaux piscicoles.

Il n'apparaît pas, qu'avant 1898, des sacrifices pécuniaires importants aient été consentis par l'Etat, ou par le Département, au repeuplement des cours d'eau. La reproduction naturelle était bien suffisante, dans les rivières à Salmonides notamment, sans l'intervention directe de l'homme.

En 1898, il fut créé à Bourg-St-Andéol, un établissement interdépartemental de pisciculture pour la reproduction artificielle du poisson et l'élevage des alevins. Cet établissement était subventionné d'une part par l'Etat, 1/3 environ, et d'autre part, par les départements de l'Ardèche et de la Drôme. Il a fonctionné jusqu'en 1914, époque à laquelle il a été supprimé. Après la guerre il n'a pas été rétabli.

Bien qu'installé dans des conditions assez rudimentaires et ne disposant que de ressources réduites, l'Etablissement de Pisciculture de Bourg-St-Andéol a fourni un contingent très important d'alevins divers qui ont été immergés dans les principaux cours d'eau du département.

Les œufs mis en incubation provenaient en partie de reproducteurs élevés et entretenus à l'établissement dans des bassins aménagés à cet effet ; le surplus a été acheté au commerce ou obtenu dans des Etablissements similaires de l'Etat, celui de Thonon en particulier.

Pendant la période de son fonctionnement, (1898 à 1914), le montant des subventions affectées à cet établissement se répartit de la façon suivante :

       1º Subvention de l'Etat....................... 4656 fr. 80
       2º   —   du Département de l'Ardèche. 5307 fr. 05
       3º   —   —   · de la Drôme.. 4948 fr. 85
                                        Total :   14912 fr. 70

La production en alevins de toutes espèces de poissons pendant la même période, a été de :

Espèces de poissons	Département de l'Ardèche	Départem. de la Drôme	Totaux
Truites communes	541.000	540.500	1.081.500
Truites arc-en-ciel	254.200	279.500	533.700
Ombles-chevaliers	21.000	21.000	42.000
Salmo-alsaticus	8.000	8.000	16.000
Carpes	1.500	3.000	4.500
Saumons	1.060	1.860	2.920
Totaux :	826.760	853.860	1.680.620

D'après les tableaux qui précèdent, le mille d'alevins ressort à : 14.912.70 : 1680 = 8 fr. 87 ou 8 fr. 90.

Il est vrai que les frais de surveillance, de manipulation et d'entretien du matériel, des soins à donner aux reproducteurs conservés à l'établissement, n'entrent pas en ligne de compte. Ils étaient assurés par un préposé des Eaux et Forêts attaché à ce service et dont le traitement était payé par l'Etat.

Pendant la période de guerre (1914-1918) il n'a été fait aucun déversement d'alevins.

En 1919, M. Sauzet, propriétaire et pisciculteur au Cheylard a fourni à l'administration des Eaux et Forêts, pour la somme de 910 fr., 5.000 alevins de 2 mois, de truite commune qui ont été déversés dans les rivières de la Drôme et de l'Ardèche.

En 1920, une épidémie est survenue et a anéanti toute la production, soit environ 18000 alevins.

En 1921, un crédit de 1200 fr. a été employé pour l'achat, à l'établissement Sauzet, de 10.000 alevins de truite commune qui ont été répartis dans les principaux cours d'eau du département.

A partir de 1922, l'établissement Sauzet n'a plus fonctionné.

Mais le Conseil Général de l'Ardèche a affecté, depuis, un crédit annuel de 1.000 fr. qui, ajouté à une subvention de l'Etat de pareille somme, a permis d'acheter au commerce des œufs embryonnés de truite commune et de truite arc-en-ciel qui ont été mis en incubation dans des « Appareils Carajat ». L'achat des œufs et leur répartition sont assurés par le Service des Eaux et Forêts qui s'est procuré, à cette intention, un certain nombre de ces appareils cellulaires mis gracieusement à la disposition des municipalités ou des sociétés.

De leur côté, les Associations ou Sociétés de pêche reconstituées, ont procédé également chaque année dans les cours d'eau compris dans leur rayon d'action, à l'immersion d'une quantité considérable d'alevins de truite commune ou d'œufs embryonnés provenant d'achats au commerce ou de stations d'incubations créées par quelques-unes d'entre elles.

Enfin, le Personnel Forestier a procédé, ces dernières années, à des essais de fécondation artificielle qui ont donné quelques résultats heureux, avec l'emploi d'un appareil Carajat dont nous donnons ci-après, une sommaire description.

Le « Pisciculteur Carajat »

Nous avons dit que les œufs, une fois fécondés et embryonnés, étaient mis en incubation, en rivière même, au moyen de l'appareil appelé le « Pisciculteur Carajat ». Il n'est pas déplacé, de donner ici une sommaire description de cet appareil et de faire connaître son usage si simple qui tend à se vulgariser, surtout en pays de montagne, ou le transport des alevins est long et onéreux.

Le « Pisciculteur Carajat », adopté depuis 1921 par l'Administration des Eaux et Forêts, est un appareil cellulaire ayant l'aspect d'un rayon d'abeilles, de forme rectangulaire, établi en feuilles de carton imperméabilisé ; les alvéoles ont trois centimètres de longueur et huit millimètres de côtés. Chaque cadre contient cinq cents alvéoles dans chacune desquelles est placé un œuf de truite. Deux grillages à mailles très fines, servant de couvercles, sont maintenus en place à l'aide de trois agrafes en fil de fer ; ces grillages empêchent les œufs de s'échapper et les bestioles nuisibles de pénétrer dans les cadres.

Les œufs sont introduits très rapidement dans les alvéoles à l'aide d'un « chargeur » et trois hommes garnissent vingt pisciculteurs à l'heure.

Les œufs peuvent être transportés sans crainte dans l'appareil, grâce à l'humidité de l'air contenu dans chaque cellule. Il est bon, toutefois, d'envelopper l'appareil à transporter dans du papier mouillé ou un linge également humide. On groupe par ballots les appareils, et, ainsi emballés, les œufs peuvent supporter un trajet de *quarante huit heures*, en ayant soin de les maintenir au frais.

Pour immerger l'appareil, amener progressivement les œufs à la température de l'eau ; puis, le suspendre par deux fils de fer perpendiculairement à la rive, de façon que le courant frappe directement une des grilles de l'appareil. Si le courant est trop fort, lester le pisciculture à l'aide d'une pierre un peu lourde qui le maintiendra dans la position verticale.

L'air empêchant la pénétration de l'eau dans les cellules, il est nécessaire d'imprimer à l'appareil immergé des mouvements d'aval à l'amont jusqu'à élimination complète des bulles d'air.

Il faut enfin bien abriter les appareils contre les rayons du soleil ; la trop vive lumière contrarie l'éclosion et gêne les jeunes alevins.

Les alevins ne doivent être mis en liberté qu'au moment précis où il achèvent de résorber leur vésicule. Ce moment peut-être connu de la manière suivante : Diviser le nombre 300 par le degré moyen de la température de l'eau ; le quotien obtenu donnera le nombre de jours qui doit s'écouler depuis la date de l'éclosion jusqu'à la résorption de la vésicule.

Pour obtenir de bons résultats, l'appareil doit être immergé de préférence dans un Canal, à faible courant, la pression de l'eau pouvant comprimer œufs et alevins contre le grillage aval de l'appareil. Dans un fort courant installer une clayonnage en amont de l'incubateur. Enfin, éviter à tout prix, sous peine d'insuccès certain, *de retirer l'appareil de l'eau* durant tout le temps de l'incubation.

Pour permettre de contrôler la marche de l'incubation et vérifier l'éclosion lorsqu'elle se produira, il suffit de maintenir horizontalement dans l'eau l'appareil-témoin et de glisser, au-dessous, une glace ou une plaque de fer-blanc. Il est alors très facile d'apercevoir les alevains et de se rendre compte de ce qui se passe dans les cellules.

Il importe, enfin, de vérifier fréquemment la température de l'eau, cette température varie pendant la durée de l'incubation et il faut en prendre la moyenne pour connaître l'époque à laquelle il convient de donner la liberté aux alevins.

Les résultats obtenus en 1924 et 1925 et dans la 11e Conservation (Drôme, Ardèche, Vaucluse) à l'aide de l'appareil Carajat (1) sont les suivants :

---

(1) Note de M. Chaudey Conservateur à Valence.

1924. — 231.000 œufs mis en incubation ont produit 187475 alevins, Réussite. 81 p %, Coût des alevins 58 f. 85 le mille.

Les alevins achetés au Commerce ont coûté 133 fr 39 le mille.

1925. — 166.000 œufs ont produit 122.262 alevins. Réussite 74 p %. — Coût des avelins 58 fr 21 le mille. Dans ce nombre sont compris 20500 œufs emportés par une crue ; sans ce désastre, la réussite aurait été de 84 p. %, et le prix de revient du mille d'alevins abaissé à 51 fr environ. Achetés au commerce, les alevins ont coûté 130 fr le mille.

Sociétés de pêche constituées dans le département de l'Ardèche.

« Il faut semer pour récolter. »
« Tout pécheur devrait considérer comme un devoir de faire un effort person-
« nel pour la remise en état de nos rivières. Il peut faire cet effort en s'affi-
« liant à une Société s'occupant du repeuplement et de la lutte contre le
« braconnage. » (1)

Nous indiquons ci-après les Sociétés de Pêche constituées dans le département de l'Ardèche avec leur siège respectif, le nombre d'adhérents de chacune d'elles et enfin, leur rayon d'action.

Numéro d'ordre	Désignation de la Société	Siège	Nombre d'adhérents	Rayon d'action	Observations
1	Gaule Annonéenne.	Annonay	327	Réservoir de Ternay, Deume, Cance : 26 kil.	
2	Société Pêche et Chasse de Vanosc.	Vanosc	66	Cance sup. et affl. : 18 kil.	
3	Union des Pêcheurs à la Ligne Drôme-Ardèche.	Tournon	240	Doux et affluents : 60 kil.	
4	La Truite de St-Agrève.	St-Agrève	50	Erieux Sup. et affl. : 23 kil.	
5	La Truite de l'Erieux.	St-Sauveur-de Montagut	100	Erieux en amont des Ollières : 33 kilom.	
6	L'Auzène.	id.	80	Auzène et affluents : 11 kil.	
7	Union Riveraine du Bateau.	Gluiras	35	Erieux moyen : 7 kilom.	
8	Truite Vernousaine.	Vernoux	60	Dunières : 12 kilomètres	
9	Truite de Lavoulte et de l'Erieux.	Lavoulte	100	Erieux inférieur : 15 kil.	
10	La Loche de Privas.	Privas	196	Ouvèze sup. et affl... 20 kil.	
11	Le Hameçon d'Aubenas.	Aubenas	80	Ardèche (amont et aval d'Aubenas): 20 kilom.	
12	Le Chassezac.	Aux Vans	47	» Ste-Marguerite-Lafigère à Chassagnes : 40 k.	
13	Union des Pêcheurs à la Ligne.	Le Teil	205	Lône du Rhône : 600 m.	
14	Le Brochet Vivarois.	Viviers	56	Rhône : Lot n° 51.	
15	Les Amis de la Ligne.	Satillieu	40	Ay : 30 kilomètres.	
16	La Brême de Bourg St-Andéol.	Bourg-St-Andéol	82	Rhône : Lot n° 53.	
17	La Truite Coironnaise.	Darbres	70	Auzon et affluents: 14 kil.	
18	La Truite d'Ajoux.	Ajoux	45	Auzennet et affl. : 12 kil	
	Totaux ...		1879		

(1) Extrait de la « Pêche illustrée » — Décembre 1924.

Ces Sociétés groupent près de 1900 adhérents à l'heure actuelle et ce nombre augmente tout les ans. Les ressources dont elles disposent sont employées à l'achat d'œufs embryonnés ou d'alevins divers pour le réempoissonnement des cours d'eau situés dans leurs zones respectives, à l'attribution de primes aux Agents chargés de la surveillance et de la police de la pêche ; enfin, quelques-unes se proposent de faire assermenter un ou plusieurs gardes-pêche, afin de renforcer le personnel de surveillance, par trop insuffisant, en regard du développement des cours d'eau à surveiller et de l'intensité du braconnage.

Ces initiatives locales sont peu nombreuses, encore, en raison des ressources financières très limitées dont disposent ces Sociétés qui ne peuvent installer des laboratoires d'incubation ni entretenir des bassins d'alevinage. Leur action se borne à acheter au commerce des œufs embryonnés et de les mettre en incubation dans des appareils Carajat dont l'usage se vulgarise bien en Ardèche.

Toutefois, la « Gaule Annonéenne » possède une petite station d'incubation avec bacs et elle élève chaque année un assez grand nombre d'alevins qu'elle immerge ensuite, à l'âge de 2 à 3 mois, dans les cours d'eau du Nord du Département.

Il y a lieu d'adresser des éloges à cette Société qui s'est attachée au repeuplement intensif et contribue efficacement à la répression du braconnage Elle a mis en incubation, en 1926, dans son laboratoire de St-Marie à Annonay, 60.000 œufs de truite commune et immergé 57.000 alevins âgés de 2 mois environ, dans les rivières de la Deume, la Cance, L'Ay, ruisseau et le Réservoir de Ternay où elle a, en outre, déversé 8 kgrs de goujons. Cette année, elle se propose d'immerger 40.000 alevins de truite commune, 5000 de truite Arc-en-ciel et 5000 saumons des fontaines ; elle a déjà effectué un déversement de 115 kgr. de poissons blancs (carpes, tranches, goujons, gardons), dans le Réservoir de Ternay où le droit de pêche lui est amodié. Cette Société, il est vrai, est la plus importante du département et groupe 327 membres actifs ; les cotisations annuelles ont été portées à 10 fr. pour les adhérents jeunes et alertes ; le prix de 5 fr. a été maintenu en faveur des plus âgés.

Nous devons ajouter que l'Administration des Eaux et Forêts a alloué, à cette Société, des subventions assez élevées, prélevées sur les fonds du « Produit des Jeux », en récompense des louables efforts et des lourds sacrifices pécuniaires qu'elle s'impose en vue du repeuplement intensif des cours d'eau.

Il serait bien désirable que les autres sociétés suivent son exemple et cherchent à l'imiter dans la mesure de leurs moyens.

Il conviendrait également que ces associations fassent assermenter un ou plusieurs de leurs membres en qualité de gardes-pêche. L'Administration des Eaux et Forêts attache le plus grand intérêt à ce que l'action de son personnel soit renforcée par les gardes particuliers des Sociétés de Pêche.

Enfin, dans le but d'unifier et de coordonner leurs efforts, les Sociétés de Pêche devraient se grouper en une Fédération Départementale ou Régiomale. Disposant de moyens plus puissants, la Fédération dresserait un programme d'action pour chaque société fédérée, centraliserait les demandes de subventions de l'Etat, les classerait par ordre d'urgence et les transmettrait, avec son avis, à l'autorité compétente. Elle assurerait ensuite la répartition des fonds qui seraient mis à sa disposition par la Commisssion de Répartition du Produit des Jeux. L'étude et la préparation des dossiers seraient plus facile et surtout plus rapide, et bon nombre de petites sociétés recevraient les concours financiers qu'elles sont en droit d'attendre alors qu'actuellement sont seules retenues et présentées les demandes émanant de sociétés importantes dont le programme offre un intérêt général tant au point de vue du repeuplement des cours d'eau que de la répression du braconnage.

Privas, le 20 Juin 1927.

L'Inspecteur des Eaux et Forêts

A. Ferrouillet

APICULTURE

D'après la statistique, on peut évaluer le nombre de ruches d'abeilles en France à près de 2 millions et le rendement moyen de chaque ruche (suivant les années), de 3 à 5 kilogs (mais ce chiffre va en s'améliorant chaque jour).

Nous sommes dépassés de beaucoup par l'Allemagne et l'Espagne et également par l'Italie.

Le département de l'Ardèche est loin d'être au 1er rang, en France, pour le nombre de ruches, et encore moins pour le rendement en miel.

Il semble, d'après les enquêtes faites tous les 10 ans depuis 1852 jusqu'en 1902 (il n'y en a plus eu depuis 1902), que les départements les plus riches sont ceux de Bretagne ; mais le miel récolté dans cette région de l'Ouest est produit par les abeilles qui vivent sur les fleurs de bruyère et de sarrasin et on sait que ce miel est brun-rougeâtre et de qualité très ordinaire.

Il y a certainement une trentaine de départements qui nous dépassent au point de vue du nombre de ruches en exploitation. Et si nous sommes encore dans un bon rang avec 25.000 ruches, cela est dû simplement à notre situation naturelle avantageuse, bien que nous n'ayons rien fait jusqu'ici pour tirer parti de cette situation.

La question de quantité n'est pas la seule intéressante, il y a aussi la qualité de nos miels. Si les miels de chez nous n'ont pas la renommée des miels de Narbonne et de Chamonix, s'ils ne sont pas connus comme le miel du Gatinais, la raison en est que nous n'en produisons pas suffisamment pour l'exportation, nous consommons à peu près tout sur place et personne ne s'ingénie à faire connaître nos produits. Le jour où notre production viendra à s'accroître, la renommée des miels d'Orgnac et de Vallon, qui est grande déjà, grandira encore. Il y a quelques années, grâce à quelques tentatives d'exportation, Orgnac avait déjà pris une certaine célébrité. Malheureusement quelques déficits dans la production ont arrêté toute propagande nouvelle, rendue inutile pour insuffisance de produits à vendre.

Produire davantage, tel doit être notre programme. Le jour où nous serons exportateurs en Angleterre ou ailleurs, les qualités de nos miels attireront sûrement l'attention des acheteurs et la production du miel sera peut-être une ressource sérieuse pour notre département.

Mais ce jour-là il conviendra de mettre en garde les consommateurs sur nos différents crus. Certainement que peu de départements en France, présentent des territoires aussi variés que chez nous ; nous avons des hauts plateaux de 1000 à 1600 m. d'altitude, des plaines le long du Rhône, des terrains granitiques, des terrains calcaires ; et il est certain que le miel que l'on récolte dans les pays où le sainfoin occupe de grandes surfaces et où les plantes de la famille des labiées sont nombreuses, ne peut être comparé au miel provenant des châtaigniers, des bruyères et des genêts qui forment comme des communes entières de notre département, et ne peut être comparé non plus au miel butiné par les abeilles sur les fleurs fanées de nos riches plantations fruitières. Si nous savons nous y prendre, lorsque nous deviendrons exportateurs, cette diversité de nos miels, au lieu de nuire, pourra servir au contraire à notre propagande.

Jusqu'à ces dernières années l'apiculture était restée chez nous à peu près ce qu'elle était il y a 500 ans. Les procédés étaient restés les mêmes et la répartition des ruches sur notre territoire à peu près semblable à ce qu'elle était autrefois.

On peut dire qu'il n'y a pas un seul canton de la plaine ou de la montagne où cette intéressante industrie se trouve inexistante. Les cantons donnant le plus de miel au point de vue de la quantité sont : les Vans, Valgorge, Joyeuse. Le canton de Privas est un de ceux qui semblent avoir fait le plus de progrès au point de vue de la quantité depuis quelque temps. Et quant à Vallon et à Bourg St Andéol, si la statistique indique une production moindre, la quantité est compensée par la qualité. Les communes donnant le plus sont :

Banne qui est en tête de la liste, peut-être parce qu'au point de vue géographique, on pourrait presque dire que c'est un carrefour de divers terrains géologiques et conséquemment de fleurs fanées qui doivent convenir aux abeilles.

Puis viennent, en tête également, les territoires des communes de Sablières, St-Mélany, Beaumont et Dompnac qui appartiennent géologiquement au terrain de schiste séricitéuse ainsi que les autres communes voisines que nous citons en allant du sud au nord: Malarce, Thines, Montselgues, Laval d'Aurelle, St-Laurent-les-Bains. Les grandes étendues de bruyères qui couvrent ces terrains, conviennent sans doute aux abeilles, ce qui doit expliquer l'importance qu'avait le nombre de ruches dans cette région, au moins en 1902, époque de la dernière statistique officielle, et en 1904 à la suite d'une enquête personnelle. En dehors de cette région, on peut signaler encore quelques communes intéressantes: St-Julien-du-Serre dans le canton d'Aubenas, Creyseilles dans le canton de Privas, Toulaud dans le canton de

St-Péray, St-Victor dans le canton de St-Félicien, Vocance et Vanosc dans le canton d'Annonay, la commune de Montpezat, celle d'Issarlès dans le canton de Coucouron, St-Julien Boutières et St-Agrève.

Ce qui frappe dans cette énumération, c'est que si nous consultons la grande enquête de 1464 au sortir de la grande guerre de 100 ans, dont les estimateurs durent sans doute relever assez bien le nombre de ruches (Résumé qui se trouve dans le livre de M. Jean Régné archiviste de l'Ardèche: La vie économique au lendemain de la guerre de cent ans en Vivarais), nous constatons, qu'à peu de chose près, les mêmes communes qui étaient en tête en 1464 le sont encore en 1904. Cela semble confirmer l'opinion établie que de générations en générations rien n'a été changé, pour ce qui concerne les ruches d'abeilles, depuis 500 ans.

Lorsqu'on examine les encouragements qui, jusqu'ici, ont été accordés à l'apiculture, on n'est pas très étonné qu'elle soit restée en retard. Personne ne s'est occupé d'elle. Les membres de l'ancienne société d'agriculture sous l'empire, ne faisaient même pas figurer le miel dans le programme de leurs expositions publiques (1). La Société d'agriculture actuelle a fait un peu mieux en distribuant quelques récompenses. C'est un principe établi que les masses agricoles (et les apiculteurs n'ont pas moindre ce défaut) avancent rarement de leur propre mouvement vers le progrès. C'est pour les pousser à hâter le pas que les gouvernants et les sociétés de tous genres sont obligés quelquefois d'intervenir. Cette raison, ajoutée à tant d'autres, explique l'organisation d'une Société d'apiculture dans l'Ardèche.

En général, encore de nos jours, l'apiculture est pratiquée telle qu'elle était pratiquée par nos ancêtres. L'habitation des abeilles est presque toujours constituée par un simple tronc d'arbre. On utilise pour cela les châtaigniers creux. Dans tous les pays où les châtaigniers n'existent pas, c'est souvent quatre planches clouées que l'on utilise. Enfin dans la région montagneuse qui reste longtemps sous la neige, j'ai vu des ruchers placés sous auvent ou un abri quelconque ; mais le plus souvent, en général, il n'y a rien de pareil, les installations de la montagne ne diffèrent pas de celles de la plaine.

Les opérations apicoles sont aussi très réduites et rudimentaires. On se contente de récolter le miel tous les ans, en arrachant pour ainsi dire quelques rayons pleins de miel à l'aide d'un assez long fer, en forme de couteau d'un côté et recourbé de l'autre, pendant qu'une autre personne enfume copieusement les abeilles. Les essaims voyageurs sont en général hospitalisés dans des ruches vides et lorsqu'il il y a des essaims qui s'échappent, on les poursuit (ce que tout le monde sait) en « tembourinant » sur une vieille poële. Tout ce qui vient d'être dit concerne l'apiculture ancienne, c'est aussi la pratique la plus répandue encore dans nos campagnes ardéchoises; mais le

(1) Nous devons à cette Société l'introduction d'une ruche à capote. Cette tentative n'a pas réussi. Cela nous montré du moins combien il faut être circonspect lorsqu'il s'agit de s'engager dans les innovations; cela montre aussi la nécessité lorsqu'on veut aller de l'avant de consulter les initiés. La Société d'apiculture rendra des services dans cet ordre d'idées.

progrès s'est déjà fait un peu partout. Les apiculteurs mobilistes sont de plus en plus nombreux et il n'y a plus de doute que dans quelques années ils seront la majorité, à condition que chacun se pénètre bien de cette idée que pour réussir dans nos méthodes nouvelles, il faut faire appel à quelques avances de capitaux: l'achat en commun d'un extracteur doit être envisagé etc, etc. On trouve aujourd'hui des apiculteurs mobilistes disséminés un peu partout. Les instituteurs, les curés, et les pasteurs ont été les plus zélés propagandistes de nos nouvelles méthodes. L'initiative de la Direction des services agricoles, cherchant à coordonner tous les efforts, la création d'une Société d'apiculture qui ne date que de quelques mois, ont donné des résultats tels que nous avons quelques droits d'avoir confiance dans l'avenir.

A. SERRET.

*Président de la Société d'Apiculture
de l'Ardèche*

LES INDUSTRIES AGRICOLES

INDUSTRIES LAITIÈRES

La statistique agricole accuse, pour le département, 45.000 sujets femelles de l'espèce bovine ayant mis bas et donnant 550.000 hectolitres de lait, dont douze mille seulement ont été, jusqu'à présent, utilisés à la fabrication industrielle du beurre et du fromage.

La laiterie de St Eulalie, appartenant aux frères Schopffer, construite et aménagée avec soin, depuis la fin des hostilités, permet de traiter 3000 litres de lait par jour; ce n'est cependant qu'en période d'été qu'on parvient à trouver cette quantité dans un rayon suffisamment restreint. En hiver, les apports quotidiens ne dépassent guère 600 litres; de sorte que, pour l'année entière on arrive à un total de 6000 hectolitres servant à l'obtention du gruyère, genre Emmenthal, et du « Petit bleu », pendant la morte saison.

M. Roche, à Champis, s'est spécialisé dans la fabrication du Camembert. Toutefois, lorsqu'arrive la période des grandes chaleurs, il se livre à celle du « Petit bleu » et du beurre dont il est plus facile d'assurer le succès.

En 1926, il s'est formé, à St-Agrève, une société anonyme ayant en vue la préparation de la poudre de lait, pour l'alimentation des nourrissons, et la fabrication des biscuits.

Elle dispose d'un établissement convenablement outillé pour travailler 4500 litres par jour. Dès son arrivée, le lait est écrémé à 85 %, puis chauffé à la vapeur, dans un cylindre à double paroi et où la dessication s'opère. La matière solide est envoyée ensuite dans un moulin qui la réduit en poudre fine.

Le rendement moyen serait de 13 %.

Cette société fait également du Gruyère et du « Rebrochon ».

Il existe aussi, depuis peu, une beurrerie à Châteauneuf de Vernoux ; et une nouvelle fromagerie est en voie de création à Chalencon.

Pour approvisionner la plupart de ces laiteries, on va chercher le lait à domicile au moyen de voitures à chevaux ou de camions-automobiles.

D'une manière générale, il est reproché, aux fournisseurs, de ne pas s'appliquer suffisamment à effectuer la traite de façon à assurer au produit une conservation et une transformation convenables.

C'est ainsi que de multiples analyses, opérées par divers laboratoires, ont révélé dans le lait un nombre de microbes anormal et une acidité variant de 16 à 27°,5 à l'acidimètre Dornic; ce qui rend trop aléatoire la bonne maturation du fromage pendant l'été.

Des réformes s'imposent dans l'aménagement et l'entretien du logement des animaux; la façon de recueillir le lait à la mamelle et de le préparer ensuite pour la livraison, afin d'éviter tout échec de fabrication imputable à la mauvaise qualité de la fourniture et dont, en définitive, l'agriculteur supporte la plus grosse part des préjudices.

D'ailleurs, les habitudes de propreté et d'hygiène s'imposent également aux producteurs qui obtiennent, eux-mêmes, les dérivés du lait, ce qui est le cas général.

Les fermières, vendent ordinairement leur beurre à des prix relativement bas, sans doute à cause du manque d'organisation du marché, mais surtout parce que, mal installées, privées des ustensiles essentiels, elles ne parviennent pas à soustraire la matière grasse à l'action des ferments, ni à en extraire complètement la *babeurre* qui suinte souvent quand on coupe la motte, nuit à sa conservation et la déprécie.

L'usage d'écrémeuses, de barattes bien comprises et de malaxeurs, qui se répand de plus en plus, complétant les modifications apportées aux étables et à la traite, doit permettre de retirer du lait des profits toujours croissants.

L'arrondissement de Tournon, principalement les communes de Vernoux, de Boffres et d'Alboussière, exportent, dans le courant de l'année, environ 50.000 hectolitres de lait pour l'approvisionnement des villes de la rive gauche du Rhône.

Enfin, on peut estimer à 150.000 hectolitres, la quantité de lait fournie par les chèvres et dont une partie est convertie en un excellent petit fromage connu sous le nom de «Picodon».

Les essais de coopération, tentés avant la guerre, sont restés sans résultat en raison des faibles aptitudes laitières de la population bovine et de l'obligation d'étendre démesurément la circonscription du groupement pour réunir une quantité de lait suffisante, ce qui augmentait exagérément les frais généraux. Il est reconnu, en effet, qu'on doit pouvoir trouver 5.000 litres de lait, environ, dans un rayon de 7 à 8 kilomètres. Cependant, la propagation et le perfectionnement des races Montbéliarde et Tarentaise, dans le département, la multiplication des voies de communication, la vulgarisation des moyens de transports rapides, ne laissent plus subsister cet inconvénient et doivent inciter les exploitants de la région d'élevage de l'Ardèche à imiter ceux des Charentes, ou des Savoies qui, grâce à l'association, possèdent des beurreries et des fruitières puissantes, leur procurant la possibilité de retirer de leurs animaux le maximum de profits.

Les coopératives permettent en effet :

1° d'obtenir une plus grande quantité de beurre ou de fromage avec la même quantité de lait ;

2° d'accroître la qualité des produits.

3° de les rendre homogènes et de créer une marque qui leur confère une valeur marchande plus élevée.

4° d'étendre les débouchés.

5° de diminuer le prix de revient ;

6° de supprimer les intermédiaires.

7° d'utiliser les sous-produits (petit-lait, babeurre etc»..

8° d'élever le rendement du troupeau bovin des coopérateurs.

CAVES ET DISTILLERIES COOPÉRATIVES

Historique. — Le mouvement coopératif ne s'est dessiné, dans la région viticole de l'Ardèche, qu'en 1924.

Il a pris naissance à *Orgnac*, petite commune limitrophe du Gard, de 371 habitants et où il a suffi de 15 vignerons résolus pour faire construire la première cave, très modeste sans doute, puisqu'elle atteignait à peine 1100 hectolitres ; mais, suivant le bon exemple ainsi donné, les hésitants adhérèrent bientôt au nouveau groupement qui comptait 30 sociétaires à la fin de la première année de fonctionnement.

La capacité des cuves, étant devenue insuffisante, dût être portée à 3000 hectolitres.

En même temps, nous étions appelé à *St-André de Cruzières* pour fonder une deuxième société dont l'existence légale date du 5 février 1925 et qui réunit de suite 77 membres lui assurant un apport de 750.000 kgrs de vendange, correspondant à 5000 hectolitres de vin.

Comme dans le cas précédent, les prévisions furent bientôt dépassées et on dût procéder à un agrandissement en 1926, de manière à élever à 7200 hectolitres la contenance totale de la cave.

Les viticulteurs de *Vallon* entraient, à leur tour, dans la voie de la vinification en commun et constituaient, le 10 mai 1925, une association de 116 membres pouvant réunir 1.200.000 kgrs de raisins.

Un an plus tard, se créaient, dans des conditions analogues, les coopératives vinicoles de *Voguë* et de *St-Sauveur de Cruzières*, à peu près de même importance et appelées à rendre les mêmes services que les précédentes.

Enfin, trois autres sont, à l'heure présente, en formation à St Sernin, à Aubenas et à Vagnas.

La multiplication rapide des caves coopératives prouve que les petits vignerons, se rendant compte qu'ils ne possèdent pas une installation convenable pour traiter et conserver leur récolte selon les procédés rationnels, veulent profiter des avantages qui résultent de l'application des principes scientifiques de l'œnologie moderne sans s'imposer des charges trop lourdes.

Organisation et fonctionnement. — Ils parviennent à ce résultat grâce au concours de l'Etat qui fait dresser gratuitement les plans et devis des constructions, par le service du Génie rural, accorde directement aux coopératives des subventions égales au douzième des dépenses prévues et leur permet d'obtenir, de la Caisse Nationale de Crédit agricole, pour une durée maxima de 25 ans, au taux de 3 %, des avances représentant deux fois le capital souscrit par leurs sociétaires (1)

Le montant total des frais a varié, selon les années et les difficultés de transport des matériaux de maçonnerie, de 70 à 90 frs pour 150 kgrs de raisins à traiter.

---

(1) La loi du 5 août 1920 prévoit même que ces avances pourront atteindre 6
capital souscrit.

Pour être en mesure de solder ces dépenses, il suffit que chaque sociétaire souscrive une part de 25 à 30 frs par hectolitre de vin de sa récolte, la subvention de l'Etat n'étant généralement attribuée qu'après le règlement des travaux.

Sans être absolument indentiques, les modèles de bâtiments adoptés offrent les commodités voulues pour l'exécution des diverses opérations de fabrication et de conservation du vin.

Cave coopérative de Voguë. Vue extérieure.

Leur équipement comprend une bascule, un conquet dans lequel est versée la vendange qu'un élévateur amène dans un fouloir rotatif, d'où elle arrive à l'intérieur des cuves par des tuyaux et des manches.

Des wagonnets sur rails, deux pressoirs hydrauliques et une pompe à grand débit, complètent ce matériel actionné généralement par un moteur électrique.

Au moment de la récolte, les raisins rendus à la coopérative, sont reçus et mélangés sans distinction d'origine ni de variétés à condition qu'ils se trouvent en bon état.

Les sociétaires n'ont pas à intervenir pendant la cuvaison et la conservation du produit.

Il leur est attribué 1 hectolitre de vin pour 150 kgrs de raisins fournis (1). Le Conseil d'administration reçoit les offres de prix des acheteurs

______

(1) Seule la cave d'Orgnac a élevé cette proportion à 160 kgrs de raisins pour 100 litres de vin.

et les fait connaître à chacun des membres de la coopérative qui reste libre de les accepter ou de les refuser.

Cave coopérative de Voguë. Vue intérieure montrant les 2 rangées de cuves superposées.

Cave coopérative de Voguë. Vue intérieure, pressoirs hydrauliques.

Avantages : L'hectolitre de vin était ordinairement obtenu avec 125 à 130 kgrs de raisins, il reste, pour la part de la société, environ le septième du total de la récolte qui sert à payer les frais généraux et de fabrication, l'amortissement des emprunts contractés etc..

Au bout de 15 ans de fonctionnement, les capitaux engagés seront remboursés et, en fin d'année, il y aura un reliquat important qui pourra être réparti entre les adhérents, au prorata de leurs apports de vendange.

En attendant, les coopératives viticoles procurent à leurs membres des avantages incontestables en les dispensant d'un travail considérable, depuis le foulage jusqu'à la livraison de leur récolte ; en leur évitant l'achat et l'entretien d'ustensiles vinaires très coûteux ; en assurant à leur vin une importante plus-value dûe à sa meilleure qualité, à la suppression du « non logé » ou du « mal logé » à la commodité d'approvisionnement offerte aux commerçants qui, à l'abri de la fraude, peuvent fournir à leur clientèle un produit irréprochable et sont disposés à le payer plus cher.

D'autre part, le conseil d'administration se trouve mieux placé que les simples particuliers pour se renseigner sur les cours et saisir le moment où ils atteignent le niveau le plus élevé, aussi voit-on coter, depuis peu, les vins de l'Ardèche au dessus de ceux du Midi , tandis que dans le passé c'était l'inverse qui avait lieu.

Utilisation des sous-produits : Enfin les sous-produits de la cuvée, qu'autrefois on perdait en totalité ou en partie, trouvent une utilisation lucrative.

Des distilleries sont annexées à la plupart des caves collectives qui leur fournissent le marc dont elles disposent. (1) Or, de ce produit, qui était cédé en grande partie aux distillateurs ambulants par les petits cultivateurs, à raison de 10 frs les 100 kgrs, on retire par quintal métrique, même dans de mauvaises conditions comme celles de 1927 au moins 4 litres d'alcool à 100° degré, représentant une valeur totale de 40 francs environ.

D'autre part, une cave de 10.000 hectolitres peut obtenir, tous les deux ans, pour 10.000 fr. au minimum, de crème de tartre; et il est à prévoir que, très prochainement, certaines distilleries seront outillées pour extraire du marc — par diffusion à chaud — en même temps que l'alcool, l'acide tartrique qu'il renferme dans la proportion de 2% et qui vaut actuellement 6 frs le kgr.

Enfin, les coopératives retirent des lies, que le commerce achète ordinairement à bas prix, une quantité d'alcool égale à celle fournie par le même poids de marc et, en outre, pour 10 à 12 frs, par 100 kgrs, de tartrate de chaux.

Conclusions. — Il est naturel, dans ces conditions, de voir se multiplier rapidement ces organismes qui constituent la mesure la plus efficace contre le retour des crises viticoles et la pénurie de main d'œuvre rurale.

Leur rôle doit également s'étendre à mesure que les vignerons seront

---

(1) Il existe actuellement 4 distilleries annexées aux caves coopératives de Vallon de Voguë, de St André et de St Sauveur de Cruzières.

plus impérieusement obligés de soigner leur culture, de mieux choisir leurs cépages, afin de réduire le prix de revient du vin et d'accroître sa valeur marchande en répondant mieux aux exigences du marché.

Nous pensons aussi que les coopératives auront à intervenir dans l'organisation des moyens de protection contre la grêle et les autres fléaux qui menacent sans cesse la vigne.

AUTRES INDUSTRIES

Nous signalons encore, comme se rattachant à l'agriculture :

L'industrie des *marrons glacés* de l'Ardèche, représentée par un certain nombre d'établissements situés à Privas et à Labégude.

La Brasserie Générale du Midi dont le siège est à Ruoms.

Les Mégisseries et tanneries d'Annonay très anciennement connues et considérées, à juste titre, comme les plus importantes de toute la contrée du Sud-Est.

Enfin, *les filatures, les moulinages et les tissages*, surtout répandus aux environs de Privas et de Vals-les-Bains.

V. RICHARD

QUATRIÈME PARTIE

LES ASSOCIATIONS AGRICOLES

Société ardéchoise d'encouragement à l'agriculture. — Le 8 septembre 1858 fut constituée, à Privas, la première société d'agriculture de l'Ardèche composée de 200 membres actifs, nommés par le Préfet, de 50 correspondants étrangers et de membres honoraires.

Elle prit pour devise : « La France veut être agricole ». L'année suivante elle fonda un bulletin qui lui servit, pendant toute sa durée. jusqu'en 1880, à faire connaître ses décisions à ses adhérents, à leur signaler les évènements qui pouvaient intéresser l'agriculture locale et à vulgariser les meilleures méthodes d'exploitation du sol

Il lui parut nécessaire, d'autre part, d'encourager les initiatives individuelles, de créer une véritable émulation chez les praticiens, par l'organisation de concours, à tour de rôle, dans les principaux centres du département.

Mais une décentralisation devint bientôt indispensable pour assurer, dans les diverses régions agricoles, l'application de mesures de nature à faire évoluer l'entreprise rurale dans un sens favorable, et la société décida, au cours de l'année 1862, la formation d'un Comice dans chacun des trois arrondissements.

Elle exerça encore une heureuse influence en procédant à des répartitions de procréateurs de choix, de semences et de plants de bonne qualité. Elle intervint, en outre, auprès des Pouvoirs Publics et fit appel à leur sollicitude en émettant des vœux.

Cependant, à partir de 1875, son bulletin parut moins régulièrement et, cinq ans plus tard, ses dirigeants durent opérer son fusionnement avec celle « *des industries, sciences, arts et lettres* », pour la sauver du naufrage.

D'ailleurs, cet arrangement fut de courte durée et, le 28 décembre 1883, la société reprit son caractère exclusivement agricole sous l'appellation de « *Société ardéchoise d'encouragement à l'agriculture* » qu'elle a conservée jusqu'à présent.

Tout en poursuivant l'œuvre commencée par son devancier, le nouvel organisme a créé un journal mensuel : « *l'Avenir agricole de l'Ardèche* » qui compte actuellement 6500 abonnés. Il a favorisé l'éclosion de groupements locaux ayant des objets divers tels que : syndicats agricoles, caisses de crédit mutuel, caisses d'assurances mutuelles qui forment,avec ses propres élé-ments, des Fédérations départementales.

AUTRES GROUPEMENTS DÉPARTEMENTAUX.— Sous le nom de **Vivarais Apicole** a pris naissance, à Privas, le 12 février 1927, une société départementale d'apiculture qui autorise les plus grands espoirs par l'accroissement rapide du nombre de ses adhérents — s'élevant déjà à 145 — et les premiers résultats de l'œuvre qu'elle a accomplie en distri-buant, gratuitement ou à prix réduit, des ruches à cadres, des brochures sur la conduite raisonnée du rucher etc. Elle s'efforce de combattre les vieux préjugés et d'amener ses sociétaires à une plus humaine conception des soins à donner aux abeilles.

Société forestière de l'Ardèche.— Sous l'égide de la loi du 1er juillet 1901, il a été fondé, le 30 avril 1918,à Aubenas. la Société forestière de l'Ardèche ayant en vue : 1o d'étudier les meilleures méthodes de reboisement à appliquer dans la région ; 2o d'effectuer des recherches particulières sur la maladie de l'encre des châtaigniers, afin de parvenir à soustraire les plan-tations au terrible fléau.

Sur l'initiative de son distingué président, M. Couderc, elle a entrepris des essais relatifs à l'emploi de certains porte-greffes, à l'introduction d'es-pèces de châtaigniers de Chine et du Japon, à l'hybridation de ces espèces avec celle d'Europe et avec le chêne de l'Himalaya.

Elle a prévu, d'autre part, une campagne de propagande en faveur du reboisement, par des conférences, des publications, l'établissement de pé-pinières, la distribution de jeunes plants etc....

Société forestière de Villeneuve-de-Berg.— Limitée au canton de Villeneuve-de-Berg,cette association se propose de poursuivre, dans toute la mesure de son pouvoir, et en faisant appel au concours de toutes les bonnes volontés, individuelles ou collectives, la reconstitution des peuplements fo-restiers dont la disparition a causé un préjudice incalculable dans ce coin du Vivarais, en exposant le sol à la dessication, pendant l'été, et au ravine-ment, durant la période des pluies.

Comices agricoles. — De même que la Société d'agriculture, les co-mices agricoles se sont appliqués à perfectionner les moyens de faire pro-duire la terre en diffusant l'emploi de machines modernes, de fumures judi-cieuses, de semences de choix et de races animales convenant le mieux à la région.

Situés dans le Haut-Vivarais, ils ont pour siège : Annonay, Boucieu-le-Roi, le Cheylard, St-Agrève, Lamastre, St-Félicien, St-Martin-de-Valamas, St-Péray et Tournon.

Syndicats agricoles.—Il y a,dans le département,113 syndicats agri-coles ayant pour objet principal de fournir à leurs adhérents (dans les conditions les plus avantageuses) les engrais, les semences, les produits anti-cryptogamiques ou insecticides, en un mot, toutes les matières premières dont ils ont besoin.

Quarante quatre d'entre eux, groupant 6.500 membres, sont rattachés à la Société ardéchoise d'encouragement à l'agriculture ; 59 autres, font partie de la Fédération du Sud-Est et, enfin, quelques uns restent isolés.

Ils sont, en grande partie, communaux ; cependant, il en est un certain nombre de régionaux, parmi lesquels ceux d'Aubenas, de Privas et d'Annonay peuvent être cités comme les plus importants.

Syndicats d'élevage. — Créés, pour la plupart, depuis 1922, les syndicats d'élevage ont spécialement en vue le perfectionnement du chep par la sélection, la pratique d'une alimentation rationnelle et l'application des règles d'une bonne hygiène.

Pour atteindre leur but, ils ont recours à l'achat de géniteurs d'élite, appartenant à des races pures, bien adaptées à la région, à l'organisation de concours d'élevage et de bonne tenue des étables, à la propagation de l'emploi des produits concentrés dans la ration des animaux et des engrais phosphatés sur les prairies etc..

Au nombre de 30, situés dans la zone herbagère du département, ces syndicats se répartissent ainsi :

26 de l'espèce bovine.
1 de l'espèce porcine.
1 de l'espèce ovine.
2 de l'espèce chevaline.

Syndicat viticole de St-Péray. — Constitué le 26 avril 1908, le syndicat viticole de St-Péray a pour objet de défendre les intérêts des vignerons des Côtes du Rhône.

Syndicat d'arboriculture de Lavilledieu. — Cette association, formée sous les auspices de la Cie des chemins de fer du P. L. M, s'efforce de faire adopter, dans sa circonscription, les variétés d'arbres fruitiers les plus recommandables et les meilleures méthodes d'exploitation des vergers.

Crédit Agricole. — Fondée, à Privas, en 1901, au capital de 30.000 frs, divisé en 1200 parts de 25 frs chacune, la Caisse régionale de crédit mutuel agricole de l'Ardèche possède, actuellement, un fonds social de 118.. 700 frs et compte 28 caisses locales ainsi réparties :

Arrondissement de Largentière........ 12
—   Privas............. 9
—   Tournon........... 7

Il existe, en outre, 5 caisses locales rattachées à la Fédération du Sud-Est à Lyon. Les filiales de la caisse départementale groupent 1108 membres dont le montant des parts souscrites s'élève à 79.260 frs.

Les avances consenties au cours des trois dernières années atteignent, en moyenne, par exercice, 385.000 frs et se décomposent en :

Prêts à court terme................. 250.000 frs.
—   à moyen terme................. 25.000 frs.
—   individuels à long terme, ordinaires 75.000 frs.
—   aux pensionnés de guerre....... 35.000 frs.

A ces opérations s'ajoutent les prêts collectifs à long terme, accordés aux coopératives, et qui représentent, pour la période comprise entre 1924-1927, un total de 1.450.010 frs.

Coopératives. — Suivant l'exemple des viticulteurs du Midi de la France, les vignerons du sud de l'Ardèche s'engagent résolument dans la voie de la coopération. Ils ont déjà construit 5 importantes caves logeant, ensemble, plus de 28.000 hectolitres de vin, et 3 distilleries pour le traitement, en commun, de leur vendange et des sous-produits de la vinification.

Il y a, en outre, cinq coopératives de battage, disséminées dans le département, et une coopérative d'arrosage aux Ollières.

SOCIÉTÉS D'ASSURANCES MUTUELLES

Profitant des dispositions de la loi du 4 juillet 1900, les exploitants ont constitué de nombreuses sociétés d'assurances mutuelles contre les divers risques agricoles.

Mutuelles incendie. — Ces caisses, en majorité, de formation récente, sont au nombre de 184 et groupent 6.430 membres effectifs, dont le capital garanti atteint 11.001.096 frs.

La répartition est à peu près uniforme dans le département. Il en existe, en effet :

56 dans l'arrondissement de Largentière.
58   —   Privas.
70   —   Tournon.

Vingt-sept d'entre elles sont affiliées à la caisse de réassurance de Privas ; les autres ont adhéré à la Fédération du Sud-Est, à Lyon, ou restent indépendantes.

Mutuelles bétail. — L'apparition des sociétés d'assurances mutuelles contre la mortalité du bétail remonte à 1900. Leur nombre s'élevait à 72 en 1913 ; il a malheureusement baissé pendant la guerre et n'est plus, actuellement, que de 38. A l'exception de 3, les mutuelles bétail sont restées isolées.

Mutuelles Accidents. — Depuis la mise en application de la loi du 15 décembre 1922 sur les accidents du travail agricole, il s'est constitué 120 caisses locales qui se répartissent comme il suit :

Arrondissement de Largentière.......26
        —   Privas...........41
        —   Tournon.........53

La Caisse départementale de réassurance de Privas, réunit 36 de ces sociétés. Les 84 autres sont rattachées à la Fédération du Sud-Est, à Lyon.

Bureau de la main-d'œuvre agricole. —La Société ardéchoise d'encouragement à l'agriculture, avec l'aide financière de l'Office, assure le fonctionnement du bureau de la main-d'œuvre agricole, dont le rôle consiste à recueillir les demandes et les offres d'emploi, afin de mettre en rapport les ouvriers inoccupés avec les exploitants qui manquent de personnel.

V. R.

SERVICES TECHNIQUES ET ADMINISTRATIFS

SERVICES AGRICOLES

En instituant les Chaires d'Agriculture, le législateur de 1879 eut surtout en vue de faire bénéficier l'exploitation du sol des découvertes scientifiques, dont avait si largement profité l'industrie proprement dite, et voulut que dans notre enseignement public, une place fut réservée à l'agronomie, investie déjà de la lourde charge d'assurer l'emploi rationnel des engrais, la reconstitution du vignoble dévasté par le phylloxéra, la sélection des espèces cultivées, l'amélioration du cheptel, etc.. Les premiers agents départementaux du Ministère de l'agriculture se virent donc spécialement chargés d'initier les jeunes générations, fréquentant les Ecoles primaires supérieures, les Ecoles Normales ou les Collèges, aux nouvelles conceptions de l'entreprise rurale, et eurent bien ainsi à remplir le rôle de professeur.

Cependant, de nouvelles dispositions législatives vinrent bientôt révolutionner l'économie rurale et ouvrir de vastes perspectives aux cultivateurs. Par les lois du 21 mars 1884, sur les syndicats, du 5 novembre 1894 et du 31 mars 1899, relatives au crédit mutuel, du 4 juillet 1900 concernant les assurances mutuelles agricoles, du 29 décembre 1906, afférente à la coopération, l'effort individuel se trouvait secondé, amplifié, par l'action collective, née de la solidarité. Mais ces organismes exigeaient, pour leur création et leur fonctionnement, l'intervention d'un personnel connaissant la règlementation à laquelle ils sont soumis. D'autre part, l'Etat, en accordant des encouragements à la plupart d'entre eux, les soumettait à un certain contrôle réservé à ses représentants. Il envisageait, en outre, d'autres moyens d'intervention pour accroître les rendements par la constitution d'associations syndicales subventionnées et guidées par lui. Il voulait enfin suivre, d'aussi près que possible, les progrès de la production du sol ; de sorte que ces fonctionnaires voyaient leurs attributions se multiplier, s'étendre et les éloigner du point de départ en les obligeant à porter leur activité sur de nombreux objets placés sous leur autorité. Ils devenaient, en même temps que des techniciens, des administrateurs. Ils devaient désormais provoquer et favoriser l'application de toutes les mesures propres à servir les intérêts agricoles de leur département.

Cet état de choses exigeait une consécration légale qui eut lieu le 21 août 1912, date à laquelle les Directions des Services agricoles furent créées et substituées aux Chaires départementales d'agriculture.

Depuis lors, d'autres missions sont venues s'ajouter à celles déjà énumérées. Pendant la guerre de 1914, le ravitaillement civil a été confié, en grande partie, aux Directeurs des Services agricoles. La loi du 2 août 1918, instituant,en France, l'enseignement public de l'agriculture, les a chargés de l'inspection des cours post-scolaires agricoles, des écoles d'agriculture d'hiver et des écoles agricoles ménagères ambulantes. Celle du 9 janvier 1919, en fait les conseillers techniques des Offices agricoles et enfin, d'après une autre plus récente, qui a donné la vie aux Chambres d'agriculture,ils ont accès, à titre consultatif, aux séances de ces dernières.

Les professeurs d'agriculture ont suivi sensiblement la même voie,puisque, placés sous les ordres du Directeur de leur département, ils le secondent dans la vulgarisation des connaissances techniques, l'expérimentation et la démonstration, la formation de groupements divers, l'établissement de la statistique agricole, le service des renseignements,d'enquête et de contrôle etc.. Aussi, croyons-nous devoir redresser ici l'erreur de ceux qui les confondent encore avec le personnel de l'établissement où ils sont appelés à faire des cours. En réalité, ils sont plutôt des techniciens, des organisateurs, des conseillers pour les agriculteurs, des ingénieurs agronomes de l'Etat, que des membres de l'enseignement. Au nombre de quatre, avant la guerre, ils ne sont plus actuellement que deux, alors que, par suite du développement pris par les diverses branches de l'agriculture locale et du service, leur tâche s'est considérablement accrue.

Ecole d'Agriculture d'Hiver. — Créée par arrêté, en date du 1er janvier 1922, et annexée au Collège de Privas, cette institution n'a été ouverte que le 1er novembre 1922. Son recrutement et son fonctionnement technique, assurés par nos soins, ont été, dès le début, des plus satisfaisants. Cependant, il est apparu bien vite que sa place se trouvait plus indiquée au domaine du Pradel, sur lequel nous aurons à revenir, et où son transfert a eu lieu en 1926.

Ainsi placée dans le cadre qui lui convient,disposant d'une installation adéquate et d'un personnel compétent, elle est en mesure de faire acquérir, aux fils d'agriculteurs de la région, une solide instruction professionnelle, basée, à la fois sur les principes essentiels de la théorie, judicieusement adaptée aux conditions naturelles et économiques de la localité, et l'expérience, à laquelle permet de faire appel l'exploitation de la ferme située à côté.

Le nombre des candidats s'est sensiblement accru et on est fondé à espérer qu'il s'élèvera davantage à mesure que les chefs de familles paysannes comprendront mieux leurs intérêts et auront une plus juste conception de l'avenir de leurs enfants, appelés à résoudre des problèmes toujours plus difficiles, posés par les conditions nouvelles de l'exploitation rurale qui est obligée de recourir aux données scientifiques pour supporter la concurrence universelle.

Ecole ménagère agricole ambulante. — S'il est de toute utilité de fournir aux jeunes gens de la campagne le moyen de se préparer à la carrière agricole,il est non moins indispensable de donner aux futures fermières toutes facilités pour devenir des collaboratrices éclairées des cultivateurs, des maîtresses de maison accomplies et des mères de famille avisées.

Le Conseil Général, convaincu de cette nécessité, a décidé, à sa session du 27 mai 1924, la création d'une école ménagère agricole ambulante.Malheureusement, sa requête, en raison du nombre de celles qui la précédaient, n'a pu encore obtenir satisfaction de la part du Ministère de l'Agriculture,mais on est en droit d'espérer qu'elle fera, à bref délai, l'objet d'une décision favorable.

Cours post-scolaires agricoles. — Dès 1920, le département a été pourvu de 10 cours post-scolaires agricoles dont quelques-uns,malheureusement, cessent chaque année de fonctionner par suite du changement des instituteurs chargés de leur direction, ou de l'insuffisance du recrutement.

Par contre, d'autres sont créés dans de nouvelles localités; si bien que leur nombre ne varie pas sensiblement et qu'on en compte actuellement huit en activité,situés dans les communes, d'Audance, de Genestelle, de Gourdon de Jaujac, de St-André-de-Cruzières, de St-Péray, de St-Pierreville, et de Vocance.

En 1926-1927, ils ont été fréquentés régulièrement par un total de 115 élèves.

Les leçons d'agriculture théorique, généralement au nombre de deux par semaine, ont lieu durant l'hiver. Elles sont complétées par des applications, dans les champs d'expériences annexés aux cours, et des exercices pratiques échelonnés sur toute l'année scolaire.

OFFICE AGRICOLE

D'origine toute récente, puisqu'il date seulement de 1919, l'Office agricole a déjà à son actif une œuvre très importante qui se traduit par un accroissement considérable des ressources provenant des diverses branches de l'agriculture locale. Portant à la fois son action sur les productions végétales et animales, il s'est efforcé, en outre, de favoriser les initiatives propres à relever la situation morale de la population des campagnes.

Considérant, qu'avant tout, il convenait de perfectionner les moyens, parfois primitifs, dont disposaient les agriculteurs pour faire valoir leurs entreprises, il s'est attaché à leur montrer les avantages de l'emploi des machines encore peu connues ; et c'est ainsi, qu'il a distribué gratuitement ou à prix réduit : 50 charrues brabants, 40 trieurs, 15 semoirs et distributeurs d'engrais, 13 pulvérisateurs à traction, plusieurs défonceuses,rouleaux, cultivateurs, faucheuses, faneuses, écrémeuses etc.... représentant une valeur de 136.920 fr.

D'autre part,afin de vulgariser l'utilisation des engrais,et de déterminer, pour chaque culture et selon le milieu, la meilleure fumure, il a été établi, tous les ans, avec son aide financière,des champs d'expériences et de démonstrations dont le nombre, pour ne citer qu'un exemple, s'élevait à 167 en 1926.

Les résultats de ce mode de persuasion ne sont pas discutables et consacrent une telle méthode d'enseignement technique.

Déjà, grâce à elle, en nombreux endroits, la fertilisation du terrain devient plus rationnelle et beaucoup d'erreurs, accréditées par l'usage de formules défectueuses, ont pu être corrigées.

Convaincu de l'influence de la qualité de la semence, sur les rendements des diverses espèces cultivées, l'Office a fourni, à prix réduit, aux agriculteurs du département, pour 208.069 frs de blé sélectionné ou trié appartenant aux variétés reconnues les meilleures pour la région.

Il a également réparti 7931 arbres fruitiers d'une valeur de 30668 frcs. Son intervention a été encore des plus heureuses dans la lutte contre les maladies et parasites des vergers de la vallée du Rhône, des prairies en montagnes, etc...

Mais c'est sur la production animale que son effort a été le plus considérable et peut-être aussi le plus efficace. Au cours des cinq dernières années, il a introduit dans le département, 5 étalons dont 2 chevaux et 3 baudets, 195 reproducteurs mâles et 94 femelles des races bovines Montbéliarde et Tarine, 10 béliers charmois, 97 verrats et truies craonnais pour l'achat desquels un crédit de 398.091 frs a été employé.

D'autre part, il a engagé 101853 frs pour l'organisation de concours agricoles, d'élevage , de magnaneries, d'étables et de jardins ouvriers.

Dans un but de vulgarisation, l'Office a constitué, avec l'aide des municipalités intéressées, 51 bibliothèques rurales qui ont occasionné une dépense de 7410 frs, et a distribué, annuellement, à chaque cours post scolaire agricole, une subvention de 150 frs, destinée à effectuer des démonstrations pouvant profiter aux élèves de ces institutions.

Il a, enfin, créé le centre agricole du Pradel qui mérite une mention spéciale.

LE PRADEL

Historique. — Placé à la bifurcation des deux voies romaines de Nîmes et de Gergovie, le Pradel, tire son nom, (Pratellum), de la fertilité de ses champs : Pratum, pratel, prairies.]

Les pavés, les tuiles, les pierres calcinées, les mosaïques, les médailles etc.. mis à nu, depuis des siècles, par la charrue, indiquent qu'un village gallo-romain, détruit par le feu, exista à cette place.

On ne sait pas au juste à quelle époque le Pradel devint la propriété de la famille de Serres. Toutefois, certaines quittances, laissées par l'illustre agronome, indiquent que Jacques de Serres, père d'Olivier de Serres, était, en 1558, possesseur du domaine.

Il semble avoir été prouvé que celui-ci appartenait précédemment aux seigneurs Mirabel qui conservèrent la juridiction du Pradel jusqu'au 15 mars 1571, époque à laquelle ils l'échangèrent avec Olivier de Serres contre « cinq sestiers bled froment de rente annuelle et perpétuelle que le dit de Serres avait coutume de prendre et lever sur certains habitants de St-Jean-le-

Centenier, ses emphytéotes ». (1) La famille de Serres posséda le Pradel jusqu'en 1694. A cette époque, Marie de Serres, dernière descendante de l'auteur du « Théâtre d'agriculture », l'apporta en dot au seigneur de Mirabel. Il resta la propriété de cette maison jusqu'à la mort de Pauline de Mirabel, la veuve du marquis de Surville, célèbre royaliste, mort en 1798. M. de Watré, de noblesse bretonne, fut son héritier et garda, comme un dépôt sacré, le manoir qui fut conservé intact par ses descendants jusqu'en 1868. A cette époque, son possesseur, Auguste Henri de Watré, mourut en laissant deux enfants : Léonce de Watré, et Mme Millet.

Léonce de Watré épousa Mlle Sybille de St-Andéol et vendit sa part du Pradel à sa belle-sœur Emilie Malmazet de St-Andéol

En 1886, la propriété fut partagée par moitié entre Mme Millet, qui eut le « Moulin du Pradel » , et Mlle Emilie de St-Andéol, qui obtint le Pradel proprement dit, qu'elle habita jusqu'à sa mort, survenue le 7 juin 1904.

Son héritière, Mme Léonce de Watré, devint alors propriétaire de la partie des terres précédemment possédées par son mari, mais en 1912, M. Louis Bourdin, Docteur en médecine à Paris, acheta une partie du « Moulin du Pradel », à Mme Millet, et le droit de propriété du Pradel proprement dit à Mme Léonce de Watré qui ne se réserva que l'usufruit.

A son tour, le Docteur Bourdin mourut. Son unique fille épousa, dans la suite, le Comte de St-Andéol et vendit son héritage à l'Office agricole de l'Ardèche.

L'habitation est moderne; elle n'a conservé aucun caractère féodal. Une partie de sa construction date du XVIIIeme siècle ; une autre, des premières années de l'Empire.

Dans ses mémoires, Daniel de Serres, (l'un des six fils d'Olivier de Serres) mentionne que « le dimanche, 7 mai 1628, le Pradel, rendu à M. de Ventadour, par composition, vie et bagages sauvés, fut pillé et rasé et les habitants chassés ».Les « Commentaires du soldat du vivarais » ouvrage du temps, complètent ainsi les mémoires de Daniel :

« Cette maison (Le Pradel) est au milieu d'une plaine fortifiée de hautes murailles, hors d'échelles, de bonnes guérites, une parfaitement bonne porte et tout autour un bon fossé rempli d'eau ». Après le passage de Rohan, Mr de Ventadour, demeura à Villeneuve-de-Berg avec son frère, le marquis d'Annonay, qui lui conseilla d'assiéger le château. Pour l'exécution de ce projet on amena de Bourg St-Andéol, 2 pièces de campagne qui, en 2 jours, emportèrent les guérites et toutes les défenses, non cependant sans que les assiégés aient tué une vingtaine de leurs assaillants. Au bout de quatre jours, le château fut démoli entièrement jusqu'au fondement, les arbres des vergers coupés » (2).

Le Pradel, avant cette dévastation était, au dire des auteurs du temps, un « séjour délicieux » ; l'eau se trouvait habilement et élégamment distribuée dans tout le domaine formant des cascades et de vastes pièces d'eau. Les vergers en quinconces, les parterres émaillés de fleurs, réjouissaient l'œil. »

____

(1) Vaschalde
(2) Védel

Ee 1629, Frank, fils de Daniel de Serres, le fit reconstruire ; mais le manoir perdit à cette époque son caractère de place forte et ne conserva aucun vestige du temps d'Olivier. Il n'a guère changé depuis.

Le Pradel (Cl. du S. I. V.)

Conditions offertes à la culture. — Les derniers possesseurs du domaine désiraient, avant tout, que celui-ci devint la propriété de l'Etat ou du département; aussi, le cédèrent-ils, dans des conditions avantageuses, à l'Office agricole de l'Ardèche.

Cette propriété, d'une étendue de 50 hectares, d'un seul tenant, située près d'une voie ferrée, très bien disposée pour l'emploi des machines agricoles les plus perfectionnées, à sol profond, formé de marnes et de calcaires valanginiens, assez fertile, arrosable sur une partie considérable de sa surfaface, se prête à toutes les cultures représentées dans l'Ardèche, à tous les essais d'instruments agricoles, à toutes les améliorations à apporter dans la production végétale et animale.

Aménagement. — Le Pradel, possédant des terres particulièrement favorables à la culture des céréales, l'Office y a établi un centre d'expérimentation et de sélection du blé. Il espère pouvoir y produire, dans quelques années, une semence de choix appartenant aux meilleures variétés de la région.

On y poursuit également des recherches sur plusieurs autres cultures, l'emploi des machines perfectionnées, la culture des arbres fruitiers et des mûriers nains, l'élevage des principales espèces domestiques et des vers-à-soie, l'utilisation du lait. . . etc.

En 1926, l'Ecole d'agriculture de Privas y a été transférée, en même temps qu'on y créait un centre d'apprentissage agricole destiné surtout aux Pupilles de la Nation et aux fils de cultivateurs du département. Un certain nombre d'élèves des grandes Ecoles d'agriculture, pendant leurs vacances, ou après avoir terminé leurs études, sont admis à y faire un stage pour se perfectionner dans la pratique agricole.

Ainsi, le Pradel, doit permettre aux exploitants du sol de se rendre compte des résultats qu'ils sont en droit d'attendre de l'application des méthodes de culture rationnelle, des traitements anticryptogamiques ou insecticides, de l'emploi des semences et des reproducteurs d'élite, de l'utilisation de certaines machines ; et aux jeunes gens désireux de s'instruire, il offre le moyen de devenir de bons chefs d'entreprises rurales.

SERVICES VÉTÉRINAIRES

Placés sous la même direction que ceux de Vaucluse, les services vétérinaires de l'Ardèche sont chargés, d'une part, de renseigner le Ministre de l'Agriculture et le Préfet sur tout ce qui concerne l'hygiène et la police sanitaire des animaux dans le département, d'autre part, de veiller à l'application des lois et règlements relatifs à la lutte contre les épizooties.

Le chef de cet important service a également dans ses attributions le contrôle de l'action des vétérinaires sanitaires, l'inspection des produits alimentaires d'origine animale, de certains établissements tels qu'abattoirs, tueries particulières, ateliers d'équarissage etc...

SERVICE DES HARAS

Le département est compris dans la circonscription de la Direction du dépôt d'étalons de Rodez. Il ne posède plus que deux stations de monte situées l'une à Privas et l'autre à Coucouron.

SERVICE DES EAUX ET FORÊTS

L'administration des Eaux et Forêts assume la surveillance et la gestion des forêts domaniales et des forêts communales ou des établissements publics soumis au régime forestier, la surveillance des pâturages communaux réglementés, la constitution des périmètres de restauration et l'exécution des travaux de toute nature ayant pour but le reboisement et la consolidation des terrains en montagne.

Elle est chargée de la surveillance de la pêche dans tous les cours d'eau du département (Rhône excepté). Elle fait respecter la réglementation de la chasse.

Elle présente les demandes de subventions pour les travaux facultatifs de reboisement, de dégazonnement des montagnes ou d'améliorations pastorales, forestières et touristiques; elle intervient également dans l'attribution d'encouragements aux Fédérations de chasse et de pêche; elle s'occupe de la pisciculture et de toutes les questions qui s'y rattachent. Les forêts classées comme forêts de protection sont placées sous sa sauvegarde. (Loi du 28 avril 1922.)

Enfin, ses agents prêtent leur concours aux propriétaires de bois pour surveiller leurs forêts et y effectuer toutes les opérations relatives aux martelages et estimations des coupes. De plus, dans l'Ardèche, le personnel forestier est chargé de la culture en pépinière du châtaignier en vue de favoriser et d'encourager la reconstitution des châtaigneraies.

Le service des Eaux et Forêts du département de l'Ardèche est rattaché à la XIme circonscription, dont le siège est à Valence. Il comprend l'inspection d'Aubenas, et la Chefferie de Privas.

SERVICE DU GÉNIE RURAL

Le service du génie rural apporte l'aide de l'Etat aux groupements désireux de réaliser des améliorations agricoles. D'où le nom de service des améliorations agricoles qui lui avait été donné en 1903, lors de sa création.

Ces collectivités peuvent être : soit des *associations syndicales* libres ou autorisées régies par les lois de juin 1865 et de décembre 1888, soit des *coopératives de production*.

Les programmes d'électrification rurale ayant été assimilés à des améliorations foncières, la bienveillance de l'Etat s'est étendue aux communes. De ce fait, les attributions du service du génie rural ont été considérablement augmentées.

Les attributions de ce service consistent.

I° A étudier gratuitement les projets.

2° A déterminer les subventions que l'Etat doit accorder. Des fonds spéciaux sont votés chaque année dans ce but.

Le département de l'Ardèche dépend actuellement de la subdivision de Valence, circonscription de Marseille.

Nous examinerons successivement les travaux effectués dans l'Ardèche par les communes et les diverses collectivités agricoles avec le Concours financier de l'Etat, depuis 1920 époque à laquelle le service du Génie Rural a recommencé à fonctionner régulièrement dans la Région.

Electrification rurale

	Nombres de communes de l'arrondissement	communes électrifiées en 1928
Arrondissement de Tournon	127	97
— Privas	111	54
— Largentière	110	75
Totaux	348	226

Améliórations foncières

Depuis 7 ans, 400 kilomètres de chemins d'exploitation, intéressant une superficie de 20.000 hectares out été construits , plus de 500 km restent à étudier.

Peu d'affaires d'adduction d'eau, de drainage, d'irrigations de construction, ont sollicité l'intervention du génie rural.

Coopératives de production

Le service du génie rural a prêté son concours pour la construction des Caves coopératives et Distilleries coopératives du Sud du département.

CONCOURS
DE LA PRIME D'HONNEUR

DE

PRIX CULTURAUX ET DE SPÉCIALITÉS

DANS LE DÉPARTEMENT DE L'ARDÈCHE EN 1925

COMPOSITION DES JURYS

PRIX D'HONNEUR, PRIX CULTURAUX ET PRIX DE SPÉCIALITÉS

Commission chargée de décerner la Prime d'honneur, les Prix culturaux et de spécialités, les Prix spéciaux pour l'outillage agricole, les améliorations des conditions d'habitation du personnel de la ferme, les industries agricoles annexées aux exploitations, les établissements d'enseignement professionnel agricole ;

MM.

LAURENT Albert, Inspecteur général de l'Agriculture, à Paris, *Président ;*

BERNES, Directeur des Services Agricoles du Var, à Draguignan, *Secrétaire ;*

RIVES Charles, agriculteur, aux Escoussols, par Cuxacs-Cabardès (Aude), Membre de l'Office agricole de l'Aude ;

VIDAL, Professeur d'Agriculture, à l'Ecole Nationale d'Agriculture de Montpellier, *Rapporteur ;*

VILLAR, Propriétaire-Viticulteur, à Saint-Vallier (Drôme) ;

CHABROL, Président de la Société d'Agriculture d'Alais (Gard).

PRIX D'HONNEUR DE L'HORTICULTURE

Commission chargée de décerner les Prix d'Honneur de l'Horticulture

MM.

LAURENT Albert, Inspecteur Général de l'Agriculture, *Président* ;
ALLEMAND, Ancien Directeur du Service des Promenades et Jardins de
la Ville de Grenoble, 19, rue Diderot, à Grenoble (Isère).
MARMILLOD, Conseiller Général de la Drôme, à Montélimar (Drôme) ;
DEAUX, Professeur à l'Ecole d'Agriculture d'Ecully (Rhône) ;
GUILLOT, Pépiniériste, à Saint-Marcellin (Isère).

RÉVISION DES DÉCLARATIONS
DES CONCURRENTS

MM.

RICHARD, Directeur des Services Agricoles de l'Ardèche, *Président* ;
AMBLARD, Membre de l'Office Agricole Départemental à Saint-Jean-le-
Centenier ;
RENAUD, Vice-Président de la Société d'Encouragement à l'Agriculture de
l'Ardèche ;

RÉCOMPENSES AUX SERVITEURS A GAGES
ET AUX JOURNALIERS AGRICOLES

*Commission chargée de décerner les récompenses aux Serviteurs à gages
et aux Journaliers ruraux*

MM.

RICHARD, Directeur des Services Agricoles de l'Ardèche, *Président* ;
MUNTVILLER, Professeur d'Agriculture, à Aubenas (Ardèche) ;
CURINIER, Viticulteur, à Flaviac (Ardèche) ;
LACOUR, Propriétaire aux Ollières (Ardèche) ;
MARCHIER, Propriétaire, à Privas ;
SEAUVE, Propriétaire, Président du Syndicat Agricole de Saint-Fortunat
(Ardèche).

DISTRIBUTION DES RÉCOMPENSES

Discours de M. Albert LAURENT
Inspecteur Général de l'Agriculture
de la région du Midi
délégué de M. le Ministre de l'Agriculture

Mesdames,
Messieurs,

Seize ans se sont écoulés depuis l'époque où les agriculteurs de l'Ardèche recevaient, dans un concours analogue à celui-ci, la juste récompense de leurs efforts laborieux et de leur intelligente activité.

M. Durand, Inspecteur de l'Agriculture de la région, ancien Directeur de l'Ecole d'agriculture d'Ecully, trop tôt disparu et dont le souvenir est resté vivace parmi les arboriculteurs, présidait cette cérémonie dont les principaux lauréats furent alors :

MM. Astier François, viticulteur à Soyons ; Giry Antonin, à Peaugres ; Gazel Victorin, à Largentière ; Bastide Gabriel, à Privas ; Cros Joseph, à Freyssenet ; Dantresssengle Jean-Baptiste, à Vanosc, etc. . .

Que d'évènements survenus depuis, que de vides pendant cette longue période au cours de laquelle les agriculteurs ont dû défendre ce sol français auquel ils sont si profondément attachés !

Mais le bruit des armes s'apaise : l'agriculteur retourne à sa charrue, à ce travail de la terre, plus nécessaire que jamais, dans un pays appauvri, où l'on comprend, enfin, sous la pression des évènements, le rôle primordial de la production agricole dans la vie nationale.

Les Offices agricoles sont créés et, d'accord avec les Services agricoles, les Sociétés et les Comices, ils mettent debout un programme d'améliorations patiemment poursuivi, œuvre de longue haleine, dont les résultats sont déjà marqués.

Les concours agricoles qui couronnent le travail de l'agriculteur sont repris ; c'est ainsi qu'après un intervalle prolongé nous nous retrouvons dans cette ville de Privas si accueillante, pour fêter les meilleurs agriculteurs de ce pays.

Qu'est devenue l'agriculture de l'Ardèche pendant cette longue période si troublée ? quelles modifications, rendues nécessaires par le manque de main-d'œuvre ou par l'ouverture de débouchés nouveaux ont été apportées aux méthodes culturales ? Il appartient au rapporteur, très compétent, de la Commission de la Prime d'Honneur, M. Vidal, professeur d'agriculture à l'Ecole Nationale de Montpellier, de l'esquisser tout à l'heure, et il le fera.

brièvement, parce qu'il n'est pas possible, au cours d'une cérémonie de cette nature, de se livrer à de longs développements d'ordre technique.

Je dois d'ailleurs vous dire qu'il est d'usage, maintenant, de publier au cours de l'année qui suit la distribution des récompenses de la Prime d'Honneur, non seulement le rapport de la Commission, mais aussi une étude très complète de l'agriculture du département, de son histoire, de sa situation actuelle, de ses tendances et de son avenir. L'ouvrage qui a été publié l'année dernière sur le département de la Drôme est un modèle du genre. Je ne doute pas que dans ce département agricole, la Prime d'Honneur ne laisse après elle, grâce à la collaboration dévouée de tous ceux qui s'intéressent à l'agriculture, une étude documentaire approfondie, utile à consulter non seulement par les agriculteurs mais aussi par tous ceux qui aiment leur petite Patrie dans les diverses manifestations de son activité.

Et qui ne s'intéresserait à ce département de l'Ardèche, si varié dans ses productions. Je me bornerai, pour ma part, à dire tout le plaisir que j'ai eu à le parcourir, l'année dernière, en tous sens, en appréciant, non seulement, le pittoresque de ses sites, mais aussi et surtout, la manière judicieuse dont la plupart des exploitations des concurrents sont conduites, avec des moyens généralement limités.

Messieurs, on ne fera jamais trop l'éloge du paysan ardéchois qui, dans un milieu souvent difficile, sur un sol accidenté et ingrat, avec des conditions climatériques très dures sur les hauts plateaux, obtient des résultats parfois surprenants, grâce à son énergie, à sa volonté, à son labeur persévérant.

L'ardeur au travail, l'effort patient, consciencieux, l'honnêteté en toutes choses sont plus généralement encore ici que partout ailleurs les qualités maîtresses du paysan, et la réputation des habitants de l'Ardèche qui vont s'installer comme fermiers d'abord et comme propriétaires ensuite dans les départements voisins : la Drôme, l'Isère, le Vaucluse, le Rhône et le Gard, est parfaitement justifiée à cet égard.

On a pu déplorer cet exode, mais il est dans les tendances modernes de comparer la valeur de l'effort au résultat qu'il fournit, et dans la nature humaine de rechercher le mieux être et au point de vue national, on peut se demander d'ailleurs s'il n'est pas indiqué d'utiliser la main-d'œuvre, puisque cette dernière est malheureusement limitée, là ou elle donne son rendement maximum.

Hélas, ce n'est pas le plus souvent un déplacement de la main-d'œuvre agricole d'une région à une autre que nous constatons, c'est l'exode du rural vers la ville, c'est le fils du paysan qui abandonne définitivement la vie rurale, croyant trouver ailleurs la vie plus facile.

Il se trompe. Je me garderai d'établir des comparaisons entre la vie urbaine et la vie rurale, au point de vue du coût de l'existence, de la vie chère, pour employer l'expression consacrée, de la liberté, de l'indépendance et des profondes satisfactions de l'agriculteur qui aime et comprend son métier.

Mais je crois, et de nombreux indices nous le montrent, que nous sommes au bout de la course et à un tournant de l'agriculture. On commence à revenir, et on reviendra de plus en plus. à la terre, ou plutôt on la quitte-moins que par le passé.

L'agriculteur aisé, conscient de son rôle utile, mieux classé dans l'é-chelle sociale, a bien moins de tendances que jadis à considérer comme le plus heureux des événements l'entrée de son fils dans l'usine voisine ou dans un modeste emploi. Ce mouvement débute par l'élite. Bien des jeunes gens qui, après de fortes études, semblaient se destiner à d'autres carrières se consacrent à l'agriculture, achètent ou dirigent des domaines, vivent ex-clusivement à la campagne, sur leurs terres, et nous voyons avec plaisir qu'ils commencent à trouver des jeunes filles très modernes partageant leur goûts ruraux. Le propriétaire tient à vivre dans sa propriété, et ce qu'on a appelé l'Absentéisme est nettement en voie de régression.

Le petit paysan, lui aussi, prend corps, plus fier de sa profession que par le passé, et sa vocation agricole s'affirmerait beaucoup plus si ses parents comprenaient mieux son véritable intérêt, si l'instruction trop générale qu'il reçoit à l'école et aussi, il faut dire, le service militaire urbain, n'al-laient parfois à l'encontre de ses dispositions natives.

Il faudrait aussi moderniser nos villages pour les rendre plus agréa-bles à habiter. Un programme très complet a été tracé par l'Office régional agricole du Midi, dans le concours du Village Moderne, où toutes les amélio-rations possibles ont été envisagées au point de vue de l'hygiène, des servi-ces médicaux, des eaux, de l'éclairage, de la force motrice, des embellisse-ments et des distractions de toute nature.

Mais il ne suffit pas que les jeunes agriculteurs soient fiers de leur mé-tier, — et ils commencent à l'être — il faut aussi que ce métier nourrisse son homme.

Il le nourrira si l'agriculteur sait utiliser toutes les ressources que la science agricole met à sa disposition pour produire et si, d'autre part, les pouvoirs publics facilitent cette production et les échanges.

En ce qui concerne la production, j'ai eu le plaisir de constater dans l'Ardèche :

Le développement considérable du machinisme agricole dans ces der-nières années ; les plus petites exploitations — par suite des difficultés de main-d'œuvre — ont maintenant un matériel moderne et bien adapté à la culture ;

L'emploi de plus en plus généralisé et raisonné des engrais chimiques, grâce à l'activité des syndicats agricoles, emploi corrélatif d'une meilleure utilisation des engrais de ferme, l'extension si logique des prairies artificiel-les et notamment de la luzerne, en même temps que la disparition de la ja-chère, les essais de reboisement ;

Le développement des cultures fruitières dans les vallées abritées du Rhône, de l'Eyrieux, dont elles font la richesse et où les arboriculteurs, pas-sés maîtres dans l'art de cultiver la pêche et les autres fruits, reçoivent sou-vent la visite d'agriculteurs d'autres régions venus se former à leur école ;

La rénovation de la sériciculture, dans ce pays d'Olivier de Serres, Sei-gneur du Pradel, dont le domaine a été acquis par l'Office agricole. Il convient de l'en féliciter ; il y avait là un devoir presque filial à remplir et le Pradel peut, d'ailleurs, devenir, avec son centre d'apprentissage et l'école d'agriculture d'hiver, un domaine expérimental fertile en enseignements de toute nature.

Je signalerai aussi l'utilisation de bons reproducteurs, aussi bien pour les espèces animales que pour les espèces végétales : de bons taureaux, de bonnes semences et ici s'affirme encore, féconde, l'action heureuse de l'Office agricole de l'Ardèche, que préside avec tant de dévouement et d'esprit pratique notre ami, M. le Docteur Astier, que nous voyons aussi à l'œuvre à l'Office régional agricole du Midi.

Sans doute, le bétail manque un peu d'homogénéité. Vous hésitez entre les races, les conditions du nord et du sud de l'Ardèche sont si différentes ! Tout un monde sépare les vallées fraîches d'Annonay des côtaux brûlants d'Aubenas.

Je noterai, enfin, la multiplicité des associations agricoles de toute nature ; caisses de crédit, assurances mutuelles, sociétés d'élevage, syndicats agricoles, etc..., pour lesquels votre dévoué Directeur des Services agricoles, M. Richard, et ses professeurs d'agriculture MM. Muntviller et Delorme sont des conseillers écoutés.

Il ne manquera plus à ce département, et cette lacune sera sans doute comblée, qu'une Ecole ménagère agricole ambulante pour que les jeunes filles aient aussi les moyens d'acquérir, à peu de frais, les connaissances si nécessaires, aujourd'hui, à l'agricultrice.

Mais, il serait vain de produire avec cette ardeur, que l'on reconnaît à nos paysans, de perfectionner constamment l'outillage et les méthodes culturales, si la production ainsi accrue devait se retourner contre l'agriculteur par suite de l'encombrement des marchés et de la fermeture des débouchés.

Nous avons trop confiance dans le dévouement à la cause agricole de MM. les Sénateurs et Députés de ce département, presque uniquement rural, et que nous sommes heureux de voir réunis ici, pour douter un seul instant de leur action à cet égard, en tenant compte dans une mesure équitable de tous les intérêts qui sont en présence, intérêts parfois opposés ou qui le paraissent.

La France est, avant tout, un pays agricole, et elle a un intérêt vital à le rester. L'agriculture est, plus qu'aucune autre industrie, réellement créatrice de richesses. Ce sont de nombreux milliards que le paysan fait surgir du sol chaque année.

Que cette pensée soit constamment présente à l'esprit de tous ceux qui s'intéressent à notre pays, et les difficultés passagères actuelles s'aplaniront peu à peu.

Messieurs, dernièrement, au cours d'une tournée dans l'Aude pour le concours de la Prime d'Honneur, la Commission arrivait chez un petit fermier dont l'exploitation, par sa bonne tenue, retint aussitôt son attention : belle et nombreuse famille, cultures soignées, bétail de choix, bâtiments et matériel bien tenus, de l'ordre, de la propreté partout, et une petite comptabilité claire et nette, ce qui est plus rare.

Cette comptabilité faisait ressortir, pour cette petite ferme, des bénéfices fort appréciables. Nous complimentâmes le fermier, le félicitant d'avance de pouvoir devenir un jour propriétaire du domaine qu'il exploitait.

Comme si nous avions l'air d'en douter, nous le vîmes ouvrir dans son logis, modeste mais luisant de propreté, un placard, en sortir une liasse de Bons de la Défense Nationale, et, d'un geste énergique, les étaler, aux yeux du Jury stupéfait et charmé.

Messieurs, tout le paysan français est dans ce geste émotionnant. De l'ordre, de l'économie, l'amour invincible de la terre ! Un peuple qui a des paysans comme celui-ci — et il en a — peut avoir confiance dans ses destinées.

RAPPORT

Présenté au nom de la commission de la prime d'honneur, des prix culturaux et de spécialités du département de l'Ardèche, par M. VIDAL Professeur à l'école nationale d'agriculture de Montpellier

Le Jury de la Prime d'honneur a visité 59 exploitations préalablement retenues par la Commission de Revision de déclarations et situées sur les points les plus divers du département.

Il a pu ainsi se rendre compte des efforts faits par les agriculteurs ardéchois pour améliorer l'exploitation de leur sol et en accroître les rendements. Il a noté, en particulier, le choix fréquent de rotations et d'assolements judicieux, l'emploi, qui tend beaucoup à se répandre, d'engrais complémentaires appropriés et de semences triées ou sélectionnées, l'utilisation assez généralisée de bonnes machines de culture ou de récolte, les progrès réalisés dans l'amélioration du bétail, ceux accomplis, sous le rapport de l'hygiène du confortable et de la commodité du service, dans la construction et l'aménagement des bâtiments d'un assez grand nombre d'exploitations.

Il a remarqué, avec satisfaction, l'existence depuis lontemps sur le même domaine de nombreux fermiers ou métayers et, parfois, de familles qui cultivent les mêmes terres depuis plusieurs générations, et il s'est réjoui de l'entente parfaite, qui règne entre ces divers exploitants et les propriétaires du sol.

Enfin, les membres du Jury ont été heureux de constater que le pays ardéchois n'a rien perdu de ses vieilles qualités essentielles: profond attachement à la terre, persévérance dans le travail et ténacité dans les efforts, qualités auxquelles il a dû, en particulier, de pouvoir féconder un sol fréquemment médiocre et à l'aménager souvent en ces terrasses soutenues par des murs en pierres sèches remarquablement construits et si soigneusement entretenus. Quelques exemples leur ont même montré que ces qualités sont si vivaces qu'elles peuvent résister à l'influence déprimante des séjours dans les grandes villes et se manifester, chez des hommes revenus au pays natal, après de nombreuses années d'absence.

Ces diverses constatations rendent d'autant plus vifs les regrets de la Commission de n'avoir pu décerner la Prime d'honneur. Cette prime est la suprême récompense de l'agriculture. D'après le règlement du concours elle ne peut être atribuée qu'à un lauréat de la grande ou de la moyenne culture ayant présenté un domaine qui, par les améliorations dont il a été l'objet, peut être proposé à tous comme exemple.

Ce domaine doit constituer un ensemble complet. Son amélioration doit être une œuvre atteignant presque la perfection, œuvre à laquelle l'exploitant doit avoir consacré, personnellement, des efforts méthodiques et longuement soutenus, en vue de l'application judicieuse des progrès de l'agronomie aux conditions naturelles et économiques du pays.

C'est en envisageant ainsi l'attribution de cette haute récompense, que le Jury s'est vu obligé de reconnaître qu'aucun des lauréats ne répondait à ces exigences d'une manière parfaite et entière. La Commision n'en reconnaît pas moins l'importance et la valeur des efforts de ces lauréats auxquels elle est heureuse d'adresser un témoignage de vive satisfaction.

PRIX CULTURAUX

A. — Grande culture

2^{mè} CATÉGORIE

1e *Un objet d'art d'une valeur de 1000 fr. et une somme de 150 fr.* à M. *Veyrand Rémi*, à Saint-Jeure d'Ay.

M. Veyrand est métayer du domaine de Grand Meirieux d'une superficie de 40 ha, et que sa famille exploite, de père en fils et sans contrat écrit, depuis 1828. Il est surtout aidé, dans ses travaux, par son fils et par un ouvrier à gages qu'il a depuis plus de 20 ans à son service. Sa femme, sa fille et sa belle-fille participent aussi à la culture des terres. Le personnel comprend, en plus, un berger, et lorsque les circonstances l'exigent, un ouvrier journalier nourri.

Les cultures arables de l'exploitation couvrent une étendue de 17 ha. et se succèdent dans l'ordre suivant : Pomme de terre ou Betterave-fumée — Blé — Avoine — Blé trèfle — Trèfle—Blé. Elles ont toutes belle apparence. En particulier, tous les blés se présentent bien et en parfait état de propreté. Les avoines sont aussi de belle tenue et le tout serait très satisfaisant si l'on n'apercevait, par ci par là, dans les pommes de terre, d'ailleurs vigoureuses et saines dans leur ensemble, quelques pieds atteints d'enroulement.

Ces beaux résultats sont dus aux soins habiles et éclairés que M. Veyrand apporte à ses cultures : pour les plantes sarclées, labours profonds de 30 à 35 cm et dont l'exécution est rendue possible et économique grâce au prêt de 2 bœufs supplémentaires que se font mutuellement ce métayer et un agriculteur du voisinage ; apports, pour ces mêmes plantes de bonnes fumures au fumier de ferme additionné de 800 kg de scories phosphatées par hectare, complément approprié du fumier dans les terres argileuses granitiques de Grand Meirieux ; importation de tubercules sélectionnés de Bretagne pour les plantations de pommes de terre ; passage des semences de céréales au trieur à alvéoles ; vitriolage de celles du blé par immersion ; traitement contre les mauvaises plantes dans les champs de blé avec des solutions de sulfate de fer à 20 % ; exécution soignée des sarclages des betteraves et des pommes de terre et du hersage des céréales.

La vigne, d'une superficie de 0 Ha. 75 et destinée à la production du vin nécessaire à l'exploitation, est constituée par de l'Alicante-Bouschet, de la Syrah et quelques hybrides greffés sur Riparia. Elle est convenablement entretenue et de bonne productivité.

Le fourrage des prairies naturelles irriguées (10 Ha) et des trèflières est exclusivement utilisé à l'entretien du bétail de l'exploitation.

Le groupe des animaux de trait comprend un cheval auvergnat et six bœufs dont 2 de pays et 2 autres issus de croisements divers. Le troupeau bovin d'élevage est composé de 20 bêtes de race de pays croisée avec des éléments variés. M. Veyrand se propose de l'améliorer peu à peu par croisement avec un jeune taureau montbéliard qu'il a acheté récemment. L'écurie et l'étable sont bien aménagées et proprement tenues. Une rigole y recueille le purin en arrière des animaux et l'amène dans une fosse étanche d'où il est pompé fréquemment pour servir à l'arrosage du tas de fumier.

- La porcherie contient 1 truie et 8 porcs. La conformation de ces animaux laisse assez à désirer ; par contre, le local est convenable et bien tenu. Le purin en est conduit sur une plate-forme où il est utilisé à la préparation d'un terrain destiné à la fertilisation des prairies naturelles.

La basse-cour est abondamment peuplée ; la ferme comprend encore 6 ruches à cadres dont une a été achetée par M. Veyrand et lui a servi de modèle pour la confection des autres.

Le potager et le fruitier sont assez complets et bien entretenus.

Enfin, l'exploitation comprend 12 ha. 25 de bois de pins sylvestre et de sapins.

Le matériel de culture et de récolte est important, varié et moderne et il appartient en entier au métayer. Nous y notons, en particulier, une arracheuse de pommes de terre.

Les améliorations considérables apportées progressivement aux bâtiments retiennent d'une manière spéciale l'attention du Jury. Elles ont été réalisées grâce à la collaboration, en parfait accord et en toute confiance, de la famille des propriétaires et de celle des métayers qui se sont succédés sur le domaine pendant près d'un siècle, les premiers achetant le matériel et payant la main-d'œuvre salariée employée aux travaux de construction, les seconds assurant les charrois de ce matériel et aidant de leur mieux à ces travaux. C'est ainsi qu'ont été successivement refaits ou construits un hangar, une écurie pour les animaux de travail, une grange très vaste et bien aménagée, un serre-pèle à sol cimenté pour les grains, une cave pour les pommes de terre, un poulailler, une fosse à purin, une plate-forme à terreau, un grand bassin.

Les améliorations foncières ne se sont pas limitées aux bâtiments : diverses parcelles de l'exploitation ont été assainies par un drainage de pierres et 6 ha. 25 de terre inculte ont été peu à peu défrichés et transformés moitié en prairies naturelles irriguées, moitié en parcelles labourables.

M. Vayrand Rémi a pris personnellement une large part à ces améliorations. Le Jury, appréciant ses mérites à ce point de vue ainsi que la manière éclairée et active dont il conduit son exploitation, lui décerne un prix cultural de la deuxième catégorie, *pour la bonne tenue de ses cultures, les améliorations qu'il a réalisées dans les diverses productions du domaine et la part contributive qa'il a apportée à des améliorations importantes concernant les bâtiments de l'exploitation,* continuant en cela *l'œuvre de sa famille dont les chefs successifs ont exploité la propriété, à partir de 1828, en qualité de métayers.*

2° *Un objet d'art supplémentaire* à M. *Gente Adrien*, à Duzilhac, commune de Bermèze.

Duzilhac est sur la chaîne du Coiron. Les terres, d'origine volcanique, y sont en général riches et bien constituées, mais les hivers rigoureux y rendent particulièrement rude la tâche de l'agriculteur. Les résultats obtenus par M. Gente montrent que cette tâche peut-être fructueuse lorsqu'on fait tous les efforts nécessaires pour la mener à bien.

Malgré ses débuts modestes, puisqu'il les fit comme ouvrier agricole, et malgré ses lourdes charges de famille — il est père de 8 enfants —, M. Gente, par son esprit d'entreprise, son travail opiniâtre et sa valeur professionnelle, est parvenu, peu à peu, à se créer une situation tout-à-fait enviable.

Il est fermier du domaine qu'il exploite. Ce domaine à 100 ha. de superficie dont 40 de terres labourables, 30 de prairies naturelles, 25 de pâturages, 5 de landes. M. Gente le cultive avec l'aide de sa femme, de 3 de ses fils et de 2 domestiques ; il emploie en plus un berger.

Les cultures arables se suivent dans un ordre judicieusement établi : Pomme de terre, avoine de printemps, trèfle, blé. Elles sont dans un état satisfaisant. Le blé, en particulier, qui couvre 10 ha, est propre et beau. M. Gente en cultive deux variétés : la saissette dans les terres légères et un peu maigres et le Bon fermier dans les parcelles de meilleure qualité. Il les emploie parfois en mélange. Il obtient de leur ensemble des récoltes allant de 10 à 15 fois la semence.

Malgré l'étendue des terres labourables et les possibilités de travail réduites du fait du climat, M. Gente parvient à préparer ces terres et à les ensemencer convenablement grâce à un outillage perfectionné et à grand rendement qui comprend, en particulier, un tracteur Deering conduit par le fils aîné et un semoir à la volée sur cultivateur.

Jusqu'à aujourd'hui, il n'a pas été employé d'engrais chimiques, la fumure exclusive avec le fumier de ferme obtenu en abondance assurant la production des récoltes satisfaisantes dans les terres de l'exploitation naturellement assez riches en éléments nutritifs. Mais M. Gente se propose de procéder sous peu à des essais en vue de se rendre compte des résultats économiques que pourraient donner ces engrais dont le transport serait évidemment assez coûteux en raison de l'altitude élevée du domaine et de son éloignement des voies ferrées.

Le cheptel vivant consomme entièrement le fourrage produit dans l'exploitation. Il comprend 4 juments poulinières et 1 cheval de race commune, un troupeau bovin d'élevage de 30 bêtes de divers âges et qui est amélioré progressivement par croisement avec un taureau montbéliard acheté depuis quelques années, 150 brebis et 50 agneaux ou agnelles issus de croisement.

avec un bélier charmois, 1 verrat, 2 truies et 4 porcs à l'engrais, 50 oiseaux de basse-cour. Le lait de vache, en excédent, est vendu journellement à un ramasseur qui parcourt le pays avec une camionnette automobile.

Les bâtiments de la ferme sont tenus d'une manière satisfaisante. Le matériel, nombreux et varié, comporte, en plus du tracteur et du semoir à la volée, déjà mentionnés, 4 charrues tourne-oreilles, 2 canadiennes, 2 faucheuses, 1 moissonneuse-lieuse, 1 batteuse à manège, etc. Le concurrent présente une facture relative à l'achat qu'il vient de faire d'une batteuse à grand travail et qui sera actionnée par le tracteur.

Le Jury se plaît à reconnaître les efforts accomplis par M. Gente et les résultats qu'il a obtenus ; il lui attribue un objet d'art supplémentaire *pour l'ensemble de ses cultures, sa production élevée des céréales, ses élevages et l'emploi d'un important matériel agrico'e moderne.*

B. — Moyenne culture

4ᵉ CATÉGORIE,

Un objet d'art d'une valeur de 500 fr. et une somme de 1000 fr. à M. Roche Joanny à Roiffieux.

M. Roche est fermier, depuis 1907, du domaine « Les Places », Ce domaine a une superficie de 33 ha dont 2 en bois. Son personnel à gages et nourri est composé de 2 valets de ferme, 1 berger, 1 femme de ménage ; il est renforcé de 2 journaliers lorsque le besoin s'en fait sentir. En outre, le concurrent est aidé dans ses travaux par sa femme et sa fille aînée, âgée de 14 ans.

Au cours de sa visite, le Jury est frappé par la bonne tenue de l'ensemble de l'exploitation.

Les cultures arables (15 ha, 50)ont généralement fort bel aspect. La rotation adoptée est la suivante : Plantes sarclées (betterave et pomme de terre) — Blé — Blé trèfle — Trèfle et, en cinquième lieu, avoine, seigle et un peu de colza. Les plantes sarclées viennent sur défoncement d'environ 40 cm exécuté avec 3 ou 4 paires de bœufs grâce à des prêts d'animaux effectués entre agriculteurs voisins. Elles reçoivent par hectare de 30.000 à 40.000 kg. de fumier auquel sont ajoutés, pour la betterave, 500 kg d'un engrais complet livré par le syndicat agricole. Les rendements, à l'hectare, sont de 12.000 kg pour la pomme de terre et de 40.000 kg pour la betterave. La variété de blé cultivée est le Bon fermier ; elle donne toute satisfaction à M. Roche qui l'a adoptée après essais comparatifs, avec le Bordeaux et l'hybride inversable ; sa production est de 2000 à 2500 kg de grain à l'hectare.

Les prairies, qui couvrent 13 ha, reçoivent régulièrement du terreau, du purin et des scories, engrais phosphaté bien approprié aux terres granitiques du domaine. Grâce à cette fertilisation, M. Roche déclare avoir doublé le rendement en fourrage ce qui lui a permis d'accroître très notablement le bétail de l'exploitation.

Enfin, la vigne, d'une étendue de 2 ha,50 et composée d'hybrides divers Couderc ou Seibel, non greffés, est bien tenue.

Le bétail de trait comprend 2 chevaux auvergnats croisés et 4 bœufs montbéliards croisés aussi. Le fermier entretient un troupeau d'élevage de 20 bêtes à cornes, parmi lesquelles 15 vaches laitières, dont le lait est écoulé en nature à Annonay par l'intermédiaire de revendeurs. Ce troupeau apparaît un peu mêlé, avec prédominance très accentuée de la race Tarine. M. Roche se propose de l'améliorer peu à peu par croisement avec la race montbéliarde dont il a déjà acheté un jeune taureau. La porcherie contient une truie de race craonnaise, présentant quelques traces d'impuretés, et 5 porcs. La basse-cour est abondamment peuplée.

Les locaux de ces divers animaux sont bien tenus. Le purin, recueilli par une rigole ménagée en arrière des chevaux et des bovins, est amené dans une fosse étanche qui reçoit, en outre, par une canalisation, les matières fécales de l'exploitation. Le contenu de cette fosse est employé fréquemment à l'arrosage du tas de fumier, disposé sur une plate-forme établie, elle même, sur le rocher granitique qui lui sert de sole imperméable.

Le matériel comprend 9 charrues variées, 2 herses articulées, 1 rouleau plombeur, 1 tonneau à purin, 1 faucheuse, 1 faneuse, 1 rateau à cheval, 1 moissonneuse-lieuse, 1 trieur à grain, 1 coupe-racines. Il est rangé sous des hangars et bien nettoyé. Du reste, dans la ferme tout est disposé avec un ordre et tenu dans un état de propreté qui font honneur au fermier et à la fermière.

Le Jury accorde à M. Roche un prix cultural de la quatrième catégorie *pour la bonne tenue de sa ferme et l'ensemble de ses cultures et de ses élevages.*

C. Culture familiale

5ᵐᵉ CATÉGORIE

Un objet d'art d'une valeur de 500 fr. et une somme de 500 fr. à M. Roux *Paul et ses fils, à Lalauze, commune de Banne.*

M. Roux est propriétaire d'une exploitation de 16 ha. qu'il fait valoir avec l'aide de sa femme et de deux de ses fils. Les membres de cette famille font, en plus, quelques travaux chez les agriculteurs voisins.

Les bâtiments de ce petit domaine avaient autrefois servi de moulin, et celui-ci était abandonné depuis une trentaine d'années et en assez mauvais état lorsque M. Roux en fit l'acquisition. La transformation de ce moulin, en vue de son utilisation pour les besoins de la propriété, a été commencée en 1920 et, actuellement, elle est presque terminée. En quelques années et par leur propres moyens, M. Roux et ses fils ont ainsi constitué une ferme parfaitement comprise. Successivement, ils ont procédé à la construction d'une écurie, d'une étable et d'un hangar, à l'aménagement d'une cave, d'un grenier à fourrage, d'une magnanerie et d'une porcherie rationnellement installée. En outre, l'ancien barrage du moulin, situé à environ 250 m. des bâtiments, et l'ancienne canalisation ont été remis en état et utilisés pour l'arrosage des parcelles entourant la ferme. L'ancienne écluse, qui était en ruines et couverte de terre a été transformée à son tour et aménagée en jardin potager.

La réalisation de ces diverses améliorations importantes n'a pas empêché M. Roux, et les siens, de donner tous les soins désirables aux terres et aux cultures de l'exploitation. Quelques parcelles ont été défrichées et défoncées. Une vigne de 1 ha,75 a été constituée avec divers hybrides parmi lesquels dominent le 7120 et le Seibel n° 1 ; elle contient, en plus, une petite collection de raisins de table. Des mûriers ont été plantés surtout en bordure des champs. Ceux-ci, d'une contenance de 6 ha, portent du blé, de l'orge, de l'avoine et, aussi, de la luzerne et du trèfle cultivés pour la graine. Le blé ensemencé est la Bladette de Besplas appelée dans le pays, à tort d'ailleurs, blé de Toscane et dont M. Roux est satisfait. En outre, la propriété comprend une prairie naturelle irriguée de 1 ha, un pacage de même superficie et 6 ha. de bois.

M. Roux a constamment dans son exploitation 2 bœufs de travail et 5 chèvres. Temporairement, selon la saison et les possibilités en fourrage, il possède, en outre, 1 vache, 2 ou 3 bovins d'élevage et une dizaine de brebis. Il élève aussi 2 porcs et une trentaine de poules et de lapins. Il fait, en plus, une éducation de vers à soie portant sur 4 onces de graine.

Les locaux de la ferme sont bien tenus. Le Jury y remarque une petite batteuse Cassan que le fils aîné de M. Roux a ingénieusement transformée et complétée en vue de son adaptation aux petites exploitations à personnel peu nombreux et à travaux variés.

Par les améliorations qu'ils ont apportées à leurs propriété. M. Roux et ses fils en ont accru notablement la valeur. Ils ont ainsi nettement montré tout ce que, dans bien des situations, les agriculteurs peuvent obtenir de l'esprit d'initiative allié à l'habileté et au travail persévérant. Le Jury leur accorde un prix cultural de la cinquième catégorie pour l'*ingéniosité et l'activité dont ils ont fait preuve en transformant en quelques années un moulin abandonné depuis longtemps en une ferme bien aménagée, et pour les améliorations qu'ils ont apportées aux terres et aux cultures de l'exploitation.*

Prix de spécialités

1° *Un objet d'art* à *M. Poudevigne,* Les Vernades, commune de Rosières.

M. Poudevigne présente une exploitation de 31 ha en sol formé par la rivière de la Beaume et dans lequel dominent les éléments grossiers. Ce domaine a été constitué et amélioré, peu à peu, par le grand père et le père du concurrent et grâce aux ressources croissantes qu'ils en ont retirées, principalement en se livrant à d'importants élevages de vers à soie. Les résultats de leurs efforts persévérants et les améliorations qu'ils ont apportées à leur propriété leur ont valu, d'ailleurs, de hautes récompenses dans les précédents concours de primes d'honneur et de prix culturaux.

M. Poudevigne a continué l'œuvre de ses devanciers. Aidé de ses deux fils, de sa femme et de sa belle fille et seulement de quelques journaliers à l'époque des grands travaux, il sait tirer un exellent profit de son exploitation tout en l'entretenant dans un état très satisfaisant.

Il donne une assez faible importance aux cultures arables ordinaires ; 6ʰᵃ, seulement sont couverts de blé, d'orge, de pommes de terre et de betteraves fourragères. Par contre, il accorde particulièrement ses soins à des cultures spéciales: vignes, mûriers, légumes.

Sur les 31 ʰᵃ, la culture de la vigne en occupe 12 provenant surtout du bois pour la vente en porte-greffes choisis parmi les plus demandés ; cette culture comprend aussi une pépinière bien tenue. Le mûrier fait l'objet de soins particuliers de la part de M. Poudevigne; pour parer à la pénurie de main-d'œuvre, il a peu à peu arraché ses arbres à haute tige ne conservant que les plus jeunes et il les a remplacés par des nains conduits en cordons doubles et distants de 1ᵐ33 sur des lignes écartées elles-mêmes de 3ᵐ; cette plantation, commencée dès 1909, occupe actuellement environ un demi-hectare ; le concurrent présente également une importante pépinière de mûriers sur sauvageon et sur lhou. Quant au jardin maraîcher il contient des légumes variés et occupe une superficie de 1ʰᵃ,50

La propriété comprend encore 3ʰᵃ50 de prairies naturelles irriguées et 9ʰᵃ de pacages et d'oseraies situées le long de la rivière. Les productions fourragères de l'exploitation permettent l'entretien de 3 vaches laitières, 1 taureau, 2 bœufs de travail et 2 chevaux. Enfin M. Poudevigne met tous les ans en incubation 4 onces de graine de vers à soie.

Aux travaux qu'exigent ces diverses cultures et aux soins à donner à ce bétail et à l'élevage des vers, s'ajoutent ceux que nécessite l'entretien d'un important endiguement de 1500 m. de long créé par le grand-père et le père du concurrent. En outre, celui-ci a effectué des réparations importantes à sa maison d'habitation et il a aménagé rationnellement sa cave en vue de s'assurer une économie notable de main-d'œuvre.

Le Jury tient à récompenser les efforts faits par M. Poudevigne et ses fils et il lui accorde un objet d'art, pour ses *cultures de mûriers nains, ses pépinières et ses cultures maraîchères.*

2º *Un objet d'art* à *M. Vannière Emile*, à Rosières.

M. Vannière est propriétaire d'un domaine de 30 ʰᵃ dont 9 ʰᵃ 50 sont cultivés ; le reste est couvert de pacages (15 ʰᵃ) et de bois (5 à 6 ʰᵃ).

La culture dominante est celle de la vigne qui occupe 7 ʰᵃ. Elle comprend divers cépages parmi lesquels le 7120 (en partie direct et en partie greffé) du malbec, du chatus, de l'alicante. Les sujets sont eux-mêmes variés: le 1202 est largement représenté; il y a également quelques porte-greffes anciens, importés au début de la reconstitution; parmi eux des york madeira portant d l'alicante tiennent encore bien, malgré leurs 40 années d'existence. Le vignobl conduit sur 2 fils de fer, est, dans son ensemble, propre et bien tenu. Il est fumé au fumier de ferme et aux engrais chimiques et il est travaillé fréquemment, en cours de végétation, avec un cultivateur Jean. Sa production moyenne est de 50 hect. à l'hect.

La surface consacrée aux cultures d'assolement est assez restreinte 2 Ha. seulement. Ces cultures se succèdent dans l'ordre suivant : sainfoin oᵘ luzerne pendant 3 ans — Blé — Avoine avec semis de nouvelles prairies ar t ficielles. Le sainfoin et la luzerne reçoivent 500 Kg de superphosphate. Une prairie naturelle de 50 ares complète les cultures fourragères de l'exploitation.

Le bétail comprend 1 paire de bœufs de travail, 1 vache laitière, 6 chèvres, 2 porcs d'élevage et environ 50 poules ; les bœufs sont achetés à la foire de Joyeuse, à l'âge de 4 à 5 ans, et revendus après 4 à 5 années de services. M. Vannière se livre à l'élevage du vers à soie ; il a mis cette année en incubation 95 grammes de graine.

Les logements des animaux sont convenablement installés et propres. Du reste, la ferme tout entière est aménagée d'une manière soignée et tout-à-fait moderne, avec des pièces vastes et bien tenues. En particulier, elle est abondamment approvisionnée en eau, grâce à la construction d'un réservoir, en maçonnerie, surélevé, d'une contenance de 700 m³, et qui reçoit l'eau des pluies ; celle-ci est utilisée pour les besoins du ménage et de la ferme, et elle sert aussi à irriguer le jardin potager. Ce jardin est complet. Nous y remarquons notamment une culture d'asperges dont la production est vendue au marché de Joyeuse.

Le matériel de culture et de récolte est en bon état d'entretien. Le fumier est convenablement entassé; et il est abrité.

Le concurrent est aidé dans ses travaux par sa femme et ses deux fils. Toute la famille s'occupe, avec beaucoup de soins, des diverses productions de la propriété dont la visite laisse une bonne impression. Le jury attribue à M. Vannière un prix de spécialité consistant en un objet d'art, *pour construction d'une grande citerne, distribution d'eau dans l'habitation et bonne tenue générale de l'ensemble de son exploitation.*

3 *Un objet d'art* à M. *Desserre Camille*, domaine de Couron, commune de Saint-Marcel-d'Ardèche.

La propriété de Couron a été acquise par M. Desserre en 1918. Elle comprenait, à cette date, un ensemble de 3 fermes contiguës, toutes trois plus ou moins délaissées depuis 1914. Sur les 42 Ha qui constituaient cet ensemble, 10 étaient en bois, 10 en friches et le reste était couvert de cultures diverses très négligées. M. Desserre entreprit le défrichement des surfaces incultes et procéda à l'arrachage d'une grande vigne vieille et en très mauvais état.

Les terres de l'exploitation sont en côteau; elles sont bien constituées, mais sèches et non arrosables. En raison de ces conditions de milieu, M. Desserre résolut de faire la plus large place à la culture de la vigne. Peu après, sur la proposition des membres du bureau de l'Office agricole départemental, le domaine de Couron devint le centre expérimental viticole régional.

Le jury parcourt les diverses parcelles de ce champ d'expériences dans lequel figurent de nombreux hybrides producteurs directs, francs de pied ou greffés sur divers porte-greffes, et les porte-greffes les plus courants en pieds-mères ou greffés avec des hybrides ou avec les variétés de Vinifera cultivées ou cultivables dans la région. Des observations nombreuses et variées y sont faites régulièrement par M. Richard, Directeur des Services agricoles du département, et par M. Desserre. Nous notons, en passant, le grand intérêt que présente ce centre et les soins empressés dont il est l'objet.

Les autres terres du vignoble sont également bien tenues. Mais si la vigne est la plante dominante dans la propriété, le concurrent en cultive un assez grand nombre d'autres, la plupart moins bien adaptées aux conditions du milieu mais lui assurant les avantages de la variété de la culture, et, en particulier, lui donnant, à bon compte, des produits utilisables dans l'exploitation: blé, avoine, orge, maïs, luzerne, et sainfoin, pomme de terre, betterave, rave, topinambour. Il a, en outre, 1 ha. d'oliviers et 1ha. 25 de mûriers nains; sa jeune fille a fait, cette année, un élevage de vers à soie aux rameaux portant sur 30 grammes de graine.

En raison de l'insuffisance des locaux existants, le bétail ne comprend, actuellement, que 2 chevaux de travail et 1 vache laitière; mais il s'accroîtra d'animaux de basse-cour lorsque les bâtiments de la ferme auront été complétés.

L'exploitation laissait beaucoup à désirer à ce point de vue lors de son acquisition. De plus, elle était dépourvue, pour ainsi dire, de tout chemin d'accès. M. Desserre a construit depuis, sur les plans du Génie rural une cave de 1.000 hl, de caractère moderne, mais simple et conçue en vue de l'utilisation la meilleure possible de l'espace existant. Il a également construit, avec le concours du même service, un chemin de 1600 m. reliant le propriété à la grande route. De 1918 à la date du concours, le concurrent et ses deux fils ont consacré à ces constructions tous les loisirs que leur ont laissés les travaux des champs.

M. Desserre s'efforce, en effet, de recourir le moins possible à la main-d'œuvre étrangère à l'exploitation. Sa femme et sa fille participent aussi aux travaux de la propriété, et des journaliers ne sont engagés que pendant la période de la vendange. Du reste, il emploie un matériel moderne important et varié, propre à faciliter et à accélérer toutes les opérations à exécuter. En plus, il a su faire partager, par tous les siens, son culte de la terre et les satisfactions qu'il trouve dans l'exercice de sa profession d'agriculteur; tous les membres de la famille s'intéressent ainsi à l'œuvre entreprise et unissent leurs efforts pour la faire prospérer.

Le concurrent ne limite pas son activité aux travaux de sa propriété. Il a pris une large part à la fondation du syndicat agricole cantonal dont il est le président et à celle de la Caisse de crédit agricole et de la Mutuelle-incendie. Il est membre du Comité de surveillance et de perfectionnement de l'Ecole d'agriculture d'hiver de Privas. Ses mérites ont été déjà reconnus et récompensés à diverses reprises et de différentes manières. Le Jury lui accorde un prix de spécialités consistant en un objet d'art pour *mise en valeur d'une propriété partiellement en friche dans des conditions de milieu assez difficiles, pour la création d'un vignoble et pour la collaboration éclairée qu'il apporte aux expériences organisées sous les auspices de l'office régional agricole du Midi.*

4° *Un objet d'art à M. Delaygue Jules, à la Croisette, près Aubenas.*

M. Delaygue est propriétaire d'un petit domaine de 4 ha. 50 remarquable par la variété de ses productions et les soins attentifs dont il est l'objet.

La culture principale est celle de la vigne qui couvre 1 ha. 50. Elle comprend un lot important de chasselas greffés sur lot et sur 3309 et dont les raisins sont vendus à des négociants expéditeurs, une parcelle de cépages variés à raisins de cuve donnant 80 hl. de vin et une petite collection d'hybrides Seibel que le concurrent à constituée pour éclairer son choix. En outre, M. Delaygue produit annuellement 2000 racinés — greffés en vue de la vente sur place.

Dans ce petit vignoble, tenu d'une manière parfaite, sont intercalés quelques pêchers dont les fruits sont vendus à Vals pendant la saison thermale. M. Delaygue y apporte aussi, au cours de la même période, les produits d'une culture importante de melons dont nous notons la belle apparence. Il cultive, en outre, avec grand soin, de la pomme de terre, de la betterave, et du blé rouge de Bordeaux, de l'avoine, un peu de luzerne et de sainfoin. Enfin, la propriété comprend un pré de 1 ha. 50.

Comme toutes ces cultures, les élevages de l'exploitation sont variés et bien tenus. Dans une magnanerie propre et bien aérée, Ch. Delaygue vient de terminer un élevage de vers à soie de 2 onces de graine et qui lui à donné 175 kg. de cocons ; il l'a fait en partie aux rameaux ; il se déclare très satisfait des résultats que lui a donné ce procédé et il se propose de l'adopter définitivement dès l'année prochaine. Il possède 2 vaches, une Suisse tachetée et une Tarine dont le lait est vendu à Aubenas. Il élève 6 porcelets et entretient une truie craonnaise dont les produits sont écoulés dans le voisinage à des prix avantageux. La ferme contient encore un élevage en cages de 40 lapins blancs à épiler. La basse-cour compte 35 poules, 30 poulets et quelques canards. Le bétail de la propriété comprend enfin 1 jument pour les travaux de culture et les transports dans le voisinage.

Les locaux des animaux laissent en général un peu à désirer dans leur aménagement ; par contre, le fumier est soigné et arrosé avec le purin recueilli dans une fosse étanche.

L'exploitant est aidé, dans ses travaux nombreux et variés, par sa femme et sa sœur ; il engage un journalier seulement pour l'élevage des vers à soie, la fenaison et la vendage. Le Jury, appréciant les efforts faits par ce concurrent et sa famille, lui attribue un objet d'art *pour la manière remarquable dont il tire parti de sa petite exploitation par la variété et la bonne tenue de ses cultures et de ses élevages.*

5° *Un objet d'art* à *M. Fort Georges*, à Alboussière.

M. Fort présente ses cultures de pommes de terre et celles du centre régional de cultures sarclées d'Alboussière dont il est le directeur.

Le pays environnant produisait autrefois en très grosses quantités le précieux tubercule ; mais, il y a une vingtaine d'années, la dégénérescence y fit son apparition, provoquant une diminution rapide des récoltes et finissant par les rendre presque insignifiantes.

Depuis 6 à 7 ans, le concurrent consacre ses efforts à la lutte contre les maladies auxquelles on attribue généralement cette dégénérescence. En 1922, l'office régional agricole du Midi a fait appel à son concours et l'a chargé de diriger le centre qu'il a créé chez lui dans le but : 1°. — De déterminer les variétés de pommes de terre présentant dans le pays à la fois la plus grande résistance aux maladies de la dégénérescence et la plus grande capacité de production ; 2° d'appliquer sur place les procédés de sélection de la pomme de terre grâce auxquels on préserve cette plante contre la dégénérescence et de vulgariser dans la région l'obtention et l'emploi de tubercules sélectionnés.

Avant 1922, on ne cultivait guère dans le pays qu'une seule variété, l'Institut de Beauvais, dont les semences provenaient de la production locale. Le centre a fait une large place dans ses cultures à cette même variété, mais en employant des tubercules venus de divers départements français où, depuis quelque temps, on la sélectionne avec méthode : le Morbihan, le Finistère, la Mayenne, le Loiret, la Creuse, etc. Comparativement à cette variété, il en cultive un grand nombre d'autres provenant de la Hollande, du Danemark, de la Pologne, des Etats-Unis d'Amérique, du Canada. Enfin, à ces variétés importées, ont été ajoutés les produits de quelques sélections poursuivies antérieurement par le concurrent.

Il n'est pas possible de décrire ici les procédés minutieux recommandés par les spécialistes pour maintenir les pommes de terre en bon état de productivité. Tout ce que l'on peut dire c'est que M. Fort les pratique avec beaucoup de conscience et que, par les sélections rigoureuses auxquelles il se livre, qu'il s'agisse de sélection en masse ou de sélection individuelle et par les soins qu'il apporte à ses cultures, il obtient une végétation vigoureuse, saine et généralement régulière. Les semences récoltées, déclare le concurrent, donnent une descendance qui résiste à la dégénérescence pendant une durée assez longue et qui peut aller jusqu'à 5 ou 6 années.

Les rendements à l'hectare, ajoute-t-il, sont couramment de 20.000 kilos et il s'élèvent parfois notablement au-dessus. Il estime qu'ils ont quadruplé depuis la création du Centre. Ces chiffres mettent en évidence l'utilité de ce Centre en même temps que la compétence, la sollicitude et l'activité avec lesquelles il est dirigé.

Le Jury accorde à M. Fort un objet d'art *pour ses remarquables cultures de pommes de terre et pour les soins éclairés qu'il apporte aux expériences qui lui sont confiées par l'Office régional agricole du Midi sur la culture de ce tubercule dans le centre de cultures sarclées d'Alboussière.*

6° *Un rappel de Médaille d'or à M. Mazellier Albert*, à Merlet, commune de Lagorce.

M. Mazellier exploite, en qualité de fermier, un domaine de 50 ha. dans lequel son père l'a précédé, en vertu d'un bail contracté en 1870 et qui a été renouvelé par tacite reconduction. Ce domaine comprend 4 ha. de vignes, 4 ha. de terres labourables, 3 ha. de prairies artificielles, 6 ha. de pacages, et 33 ha. de bois. M. Mazellier cultive, en outre, une petite propriété voisine qui lui appartient et d'une superficie de 5 ha. entièrement plantée en vignes jeunes. Sauf à l'époque des grands travaux il exploite le tout avec l'aide de sa femme et de son fils.

Les vignes, constituées de cépages variés greffés sur Riparia Gloire et sur 3309, sont bien tenues. Les plantes sarclées, betteraves demi-sucrières et pommes de terre fumées au fumier de ferme et au superphosphate sont propres. Le blé, de la variété Bon fermier, l'avoine grise, la paumelle sont dans un état satisfaisant. Il en est de même des prairies artificielles constituées d'un mélange de luzerne et de sainfoin, la première occupant le sol quand le sainfoin a disparu. Le jardin potager est complet, bien arrosé et en parfait état de propreté. La propriété contient encore quelques arbres fruitiers et des mûriers.

Le bétail comprend 1 cheval, 2 chèvres, 2 truies, 1 porc à l'engrais et 6 porcelets, un élevage de lapins en cages et une cinquantaine de poulets. Il se fait annuellement un élevage de vers à soie de 2 onces de graine qui ont donné, en 1925, 150 kgs de cocons.

Les locaux sont convenablement tenus. Le fumier est soigneusement entassé, mais on regrette que la ferme soit dépourvue de fosse à purin.

Le Jury accorde à M. Mazellier un rappel de Médaille d'or pour *la bonne tenue de ses vignes et de ses cultures de plantes sarclées et de céréales.*

7e Une médaille de vermeil grand module à M. *Pical Louis*, Les Vans.

Au cours de ces 6 dernières années, M. Pical a créé, par achats successifs de parcelles contiguës, une petite exploitation de 5 ha 50 qu'il a résolu de spécialiser dans la production de vin blanc de bonne qualité.

Ces parcelles étaient en terrasses plus ou moins irrégulières, depuis longtemps incultes et avec des murs de soutènement en grande partie éboulés. Elles ont été défoncées à bras, les pierres des murs ont été enlevées et la surface du terrain a été disposée en pente douce. En outre, des chemins d'exploitation ont été établis. Ce travail, qui a nécessité l'emploi constant de 17 à 18 ouvriers, et la plantation qui a suivi ont coûté en moyenne 10.000 fr. par hectare.

De 1919 à 1923, 4 ha. ont été plantés en 3.309 greffés avec de la clairette. Ce petit vignoble est conduit sur fils de fer et soumis à la taille double cordon Royat. Il est soigné et de belle apparence. Sa production, encore faible, est écoulée facilement sur place ; mais M. Pical se propose de constituer une clientèle spéciale à l'extérieur lorsque cette production sera sur le point d'atteindre son plein. Il a fait usage jusqu'ici d'une cave sommairement aménagée qu'il va agrandir et adapter au but poursuivi.

En outre, M. Pical a eu le mérite de procéder à une plantation importante d'oliviers alors que tant d'autres délaissent la culture de cet arbre : 200 jeunes pieds greffés ont été ainsi disposés en bordure. L'exploitation comprend encore un grand verger avec des poiriers et des pommiers de variétés diverses et parfaitement taillés, et une luzernière pour l'alimentation d'une vache laitière.

Elle n'a pas d'animaux de travail ; les façons culturales sont exécutées par un laboureur du voisinage qui fournit l'attelage. Le personnel se compose d'un domestique à gages et de quelques journaliers à l'époque des grands travaux.

Le concurrent a habité longtemps Paris. Retiré des affaires, il est revenu au pays natal et s'est adonné de suite à l'agriculture lui consacrant des sommes importantes et la faisant bénéficier de ses qualités de méthode, d'ordre et de goût développées au cours de sa carrière commerciale. En dehors de son exploitation, il prête son concours à ses concitoyens en qualité de président du Syndicat agricole.

Le Jury, heureux de constater ce retour à la terre et reconnaissant les efforts faits par M. Pical, lui attribue une médaille de vermeil grand module pour *création d'un vignoble bien tenu de 4 ha. plants fins, de plantations d'arbres fruitiers et établissement de chemins pour l'exploitation de son vignoble.*

8° *Une médaille de vermeil grand module et une somme de 200 fr.* à M. Arnal Auguste, Les Reys, commune des Assions.

M. Arnal présente un vignoble de 3 ha. qu'il a créé peu à peu, morceaux par morceaux, en défrichant des terrains rocailleux en plateau jurassique.

Il a acquis ces terrains en deux fois, en 1892 et en 1904. Le prix d'achat total, 250 fr, indique le peu de valeur agricole que l'on accordait à ces surfaces arides. Le concurrent, alors ouvrier agricole a employé, à les défricher, les périodes de morte-saison. Il en a déroché la plus grande partie, soit au coin soit à la mine, et en a enlevé les pierres avec lesquelles il a établi une clôture de plusieurs centaines de mètres de longueur, 2 m. de largeur et 1 m. 30 à 1 m. 40 de hauteur. La terre défoncée a été régularisée à sa surface et plantée en vignes. Dans l'une des parcelles où les rochers étaient trop volumineux pour être détruits, M. Arnal a établi des cuvettes dans lesquelles il a planté de jeunes oliviers.

Les vignes sont constituées de cépages variés, Aramon, Chasselas, Alicante, Seibel n° 1, etc, greffés généralement sur Rupestris du Lot, parfois sur Riparia et Riparia-Berlandièri. Elles sont bien tenues et régulièrement sulfatées ; à cet effet, le concurrent a construit une citerne qui recueille les eaux de pluie tombées sur la surface rocheuse environnante. Le travail se fait entièrement à bras dans les parties supérieures où le rocher affleure par places et le labour est pratiqué à la charrue dans les parties moyennes et les parties basses où la couche de terre est plus épaisse.

Ce petit vignoble, qui comprend encore quelques plantations jeunes et n'ayant pas atteint leur pleine production, donne annuellement, de 100 à 130hl d'un vin de bonne qualité préparé dans une petite cave bien aménagée, par le concurrent lui-même, et proprement tenue.

Les oliviers sont bien taillés et sulfatés à la bouillie bordelaise. Dans les vignes, sont des mûriers, des pêchers et quelques figuiers.

Pour les travaux de son exploitation M. Arnal est actuellement aidé de sa femme et de l'un de ses fils âgé de 19 ans. Il est difficile de donner ici une notion exacte du labeur accompli pour la création de cette petite propriété ; la vue de la masse énorme de pierres extraites du terrain peut seule permettre de s'en rendre compte. Le Jury décide de récompenser le travailleur infatigable et tenace qu'est M. Arnal en lui décernant une médaille de vermeil grand module et une somme de 200 fr. avec la mention suivante : *a créé, au prix des plus grands efforts, dans des conditions particulièrement difficiles, en sol rocheux, un vignoble de 3 ha bien tenu ; a amélioré par ses propres moyens ses bâtiments d'exploitation.*

9° *Une médaille de vermeil grand module* à M. Champelovier Fernand, à Saint-Laurent-du-Pape.

M. Champelovier présente ses cultures de pêchers qui s'étendent sur une superficie de 3 Ha.

Ces arbres sont cultivés d'une manière intensive et en vue de l'expédition dont Saint-Laurent-du-Pape est un centre très important. Ils sont plantés à 5ᵐ sur 5ᵐ et associés à de la vigne conduite sur fils de fer. Ils sont greffés sur franc. La May Flower, l'Amsden et la Précoce de Hale sont les variétés dominantes. A côté de ces trois variétés hâtives, M. Champelovier cultive la Belle de Chanzy qui donne de grosses et belles pêches jusque dans les premiers jours de septembre.

Ces cultures sont l'objet des soins les plus empressés. Le sol est fréquemment biné et net de mauvaises herbes. Il est copieusement arrosé ; à cet effet le concurrent emploie une moto-pompe de 2 C V 1/2 qui élève de l'eau d'un canal voisin. Les pêchers, conduits en gobelets évasés, sont très bien taillés et ils sont traités régulièrement contre les divers parasites qui tendent à se multiplier abondamment dans ces plantations serrées et sont susceptibles d'y commettre des dégâts considérables.

Ainsi soignés, les pêchers restent suffisamment productifs pendant 15 à 16 années. Le concurrent nous montre même quelques pieds qui, âgés de 24 à 25 ans, donnent encore de 100 à 120 kilogs de fruits chacun. Après l'arrachage des plantations à remplacer, le sol se repose de la culture du pêcher pendant 4 à 5 années au cours desquelles il est cultivé en luzerne, ou en céréales.

Le Jury apprécie la vigueur et la régularité des arbres de l'exploitation et accorde à M. Champelovier une médaille de vermeil grand module *pour ses importantes cultures de pêchers bien tenues.*

10º. *Une médaille de vermeil grand module à M. Tromparent Elisée*, à Saint-Laurent-du-Pape.

M. Tromparent se livre surtout à la culture des pêchers associée à celle de légumes de primeur. Il fait ainsi valoir directement une partie de sa propriété et il exploite l'autre partie avec le concours d'un ouvrier qu'il a engagé à mi-fruits dans le but de parer à la pénurie de main-d'œuvre. Dans le même but, comme aussi dans celui d'améliorer sa production ou encore d'en assurer un écoulement plus rémunérateur, il a doté son exploitation d'un matériel perfectionné qu'il présente au Jury.

Une installation particulière pour l'irrigation retient tout d'abord notre attention. Elle comprend un petit moteur électrique actionnant une « micropompe » qui, moyennant une dépense de force de 1/2 à 3/4 C V , peut acquérir un débit de 3000 litres à l'heure ; au-dessus de cette pompe, à 5ᵐ de hauteur, est disposé un réservoir d'eau. La micropompe permet de pulvériser directement de l'eau sur toute la partie aérienne des arbres de la parcelle au moyen d'un tube en caoutchouc dont on pince l'extrémité avec les doigts ; quand elle ne sert pas à cet usage elle assure le remplissage du bassin dont le contenu est utilisé ensuite à arroser le jardin par l'intermédiaire d'un tourniquet hydraulique.

Pour le travail du sol en cours de végétation, alors que les branches des pêchers ployant sous le poids des fruits gêneraient le passage de la charrue attelée, le concurrent emploie un petit moto-culteur Somua qui lui donne toute satisfaction à la condition, déclare-t-il, d'effectuer un roulage après le passage de cet appareil, précaution sans laquelle aucun semis ne réussirait par suite de l'état de pulvérisation excessive du sol. Les ensemencements de pois et de haricots son faits au semoir Planet à roulettes.

Lorsque les pêchers sont fortement envahis par les pucerons verts, M. Tromparent pratique le traitement aux fumigations de nicotine. Il a, pour cette opération, des bâches qui recouvrent entièrement les arbres à traiter. 5 à 8 confelles contenant une petite quantité de nicotine sont disposées autour du pied et chauffées au moyen d'un réchaud en cinq minutes, déclare le concurrent, tous les pucerons sont tués.

Enfin, il présente au Jury des récipients capitonnés pour le transport des fruits sans meurtrissures au magasin et des emballages de luxe pour les expéditions ; il a constitué un atelier où il fabrique lui-même ses emballages.

Le Jury, reconnaissant les efforts faits par M. Tromparent dans le sens de l'amélioration de ses cultures et de ses productions par l'emploi d'un outillage approprié lui attribue une médaille de vermeil grand module *pour introduction dans son exploitation d'un matériel perfectionné adapté à la culture du pêcher et à l'irrigation de ses cultures de primeurs.*

11. — *Une médaille de vermeil grand module et une somme de 400 fr. à M. Clémençon Auguste, à Roiffieux.*

M. Clémençon est métayer du domaine d'Autry, d'une superficie totale de 45ʰᵃ. Il est père de 12 enfants dont la plupart sont encore très jeunes. Avec de pareilles charges et dans les conditions actuelles de l'existence, un chef de famille doit, évidemment, fournir une somme considérable de travail intelligent et productif.

C'est bien là ce qu'a fait M. Clémençon, du moins depuis 1917, date à laquelle, avec un contrat d'une durée de 9 ans, il est entré dans ce domaine qu'il a amélioré d'une manière notable et dont il a accru très sensiblement le rendement.

Il a planté 2 ha de vignes et défriché 3 ha de landes qu'il a transformées partie en terres labourables et partie en prairies. Il a amélioré et soumis à l'arrosage une pâture de 2 ha dont il a fait ainsi une prairie de fauche. Il a nettoyé les terres arables qui avaient été délaissées pendant la première partie de la durée de la guerre, les a soumises à des labours profonds, et il les fume copieusement avec du fumier de l'exploitation auquel il ajoute des déchets de peau qu'il va chercher à Annonay, à raison d'un tombereau de 800 kilog. par semaine ; en outre, il emploie annuellement environ 20ᵐ³ de balayures de cette même localité et de 4500 kgr. d'un engrais chimique complet livré par le syndicat agricole à ses membres.

La propriété comprend actuellement 19 ha. de terres labourables, 17 ha. de prairies 3 ha. de vignes, 4 ha. de bois et 2 ha. de pâtures.

Les prairies sont particulièrement soignées. Depuis 1917, toutes les parcelles ont été fumées, à deux reprises, soit avec des composts dans la préparation desquels entrent des curures de fossés, des épluchures de ménage, des déchets de peau et du purin, soit avec des scories à la dose de

1.000 kg. par ha.; cet engrais convient bien pour ces cultures dans le sol granitique de la propriété. Les cultures arables sont également bien soignées. Pour la plupart d'entre elles, M. Clémençon emploie des semences sélectionnées. Le blé, qui occupe 9 ha. 50 se présente bien; il appartient aux variétés saissette, hybride hâtif inversable et Bordeaux. Les betteraves (1 ha.) et les pommes de terre (2 hect. 50) sont aussi dans un état satisfaisant. M. Clémençon cultive encore de l'avoine noire de Brie, du seigle, un peu d'orge, du trèfle, du maïs fourrage, un peu de topinambour et un peu de colza.

Le bétail de l'exploitation comprend 1 cheval, 4 bœufs de travail, 16 vaches de différents âges, 1 truie et 6 porcs, une centaine d'animaux de basse-cour. Le troupeau bovin d'élevage de la race du pays est amélioré par croisements avec un taureau montbéliard acheté il y a 2 ans. Le lait, non consommé par les génisses de remplacement, sert à faire du beurre.

Les divers locaux sont bien tenus. Le purin y est recueilli par des rigoles qui l'amènent dans une fosse étanche. Le matériel, qui appartient au concurrent, est soigné et mis à couvert.

En résumé, M. Clémençon a fait des efforts considérables pour améliorer l'exploitation dont il est le métayer et pour la rendre plus productive. Il est aidé dans ses travaux par 2 domestiques seulement; en outre, 3 de ses filles, âgées respectivement de 17-15 et 13 ans, et son jeune garçon de 12 ans concourent à ces travaux dans la mesure de leurs moyens. Le Jury, reconnaissant l'importance et aussi la qualité du labeur fourni par le concurrent décerne à celui-ci une médaille de vermeil grand module et une somme de 400 fr. *pour améliorations apportées à son bétail et à ses cultures et bonne tenue de celles-ci.*

12ᵉ. — *Une médaille de vermeil grand module* à M. Constant Henri, à Saint-Pierre-sous-Aubenas.

M. Constant présente un vignoble de 5 Ha, 50 constitué dans les alluvions de l'Ardèche et soumis à une culture intensive.

L'encépagement comprend de l'Aramon, du Clinton et du Chasselas greffés sur Rupestries du Lot et sur 3309. La terre contenant 35 % d'un calcaire assez actif, le concurrent supplée à l'insuffisance de résistance de ces porte-greffes à la chlorose par le badigeonnage annuel des souches avec une solution de sulfate de fer. Les ceps sont plantés à 2 mètres entre les lignes et à 1 m. 20 sur les lignes. Ils sont soumis à la taille Royat en cordon double et conduits sur 3 et parfois 4 étages de fils. La fumure se fait tous les 3 ans au fumier et, dans les intervalles, annuellement aux engrais chimiques. Une parcelle de Clinton est arrosée au cours des années sèches.

Ces vignes sont saines, d'une vigueur et d'une régularité remarquables. Les grappes sont très abondantes; du reste, le concurrent déclare récolter en année normale environ 800 Hl. de vin.

Les raisins de Chasselas (environ 10.000 kg.) sont ordinairement achetés à la propriété par des négociants expéditeurs. Le vin d'Aramon et celui de Clinton sont mélangés pour la vente qui se fait exclusivement dans les communes de la montagne où les consommateurs désirent des vins forts et colorés et acceptent très volontiers le résultat de ce coupage. M. Constant s'y est constitué une clientèle importante avec le concours d'un courtier habitant sur place. Il transporte lui-même son vin en demi-muids au moyen d'une camionnette automobile et d'une remorque ; à l'aide d'un siphon il le transvase dans les tonneaux des clients chez lesquels le courtier fait ensuite la livraison.

Le concurrent exploite son vignoble à l'aide de sa femme, laquelle pendant la guerre, est parvenue à maintenir les terres en bon état de productivité, et d'un domestique. Les travaux aratoires sont exécutés par un agriculteur du voisinage qui fournit un cheval. Le matériel de culture comprend plusieurs charrues, 2 canadiennes qui travaillent accouplées, une souffreuse et une sulfateuse à chariot.

La cave est moderne. Elle est pourvue d'une rampe d'accès pour les véhicules qui transportent la vendange, et d'un quai d'embarquement pour la camionnette et la remorque. Le fouloir et la pompe sont actionnés par le moteur d'une motocyclette dont la roue d'arrière est enlevée et remplacée par une poulie.

Le Jury apprécie les qualités d'initiative, d'activité et de soin dont a fait montre M. Constant Henri et lui accorde une médaille de vermeil grand module *pour la bonne tenue de ses vignes, l'aménagement rationnel de sa cave et l'organisation de la vente directe de son vin aux consommateurs.*

13° *Une médaille de vermeil grand module* à M. Coste Hippolyte, à Saint-Julien-du-Serre.

M. Coste exploite comme propriétaire, avec l'aide de sa femme, un petit domaine de 10 Ha, comprenant une dizaine de parcelles dispersées autour de l'habitation dans un rayon de 500 mètres.

Les terres labourables (1 Ha.) portent un peu de blé, d'orge et d'avoine qui ont reçu une fumure de superphosphate et de nitrate, et une culture de pommes de terre de belle apparence. La vigne occupe 2 Ha, environ ; une partie a été créée dès 1913 avec du Jacquez et de l'Aramon-Rupestris Ganzin greffés en Chasselas, dont les raisins sont vendus pour la table, et en Durif. Une jeune vigne en 4986 et 5813 greffés sur 1202 et 93-5 a été établie, après un bon défoncement, en sol très pierreux ; elle a été complantée en pêchers (environ 400) de la variété Précoce de Hale. M. Coste s'adonne, en effet, à la culture fruitière ; en outre de cette plantation de pêchers, il possède une cinquantaine de cerisiers Reine Hortense, 4 Ha, de châtaigneraies et une petite pépinière de diverses espèces à greffer. Il se livre aussi à l'élevage des vers-à-soie aux rameaux ; dans sa magnanerie assez vaste et bien aérée, il a obtenu, cette année, 190 kg. de cocons avec 75 grammes de graines.

Amené à faire des travaux importants d'amélioration à la cour de la ferme, M. Coste en a profité pour construire un mur de soutènement de 5 m. de haut et aménager, en sous-sol, un vaste bassin où viennent s'accumuler les eaux de pluie utilisées pour l'arrosage du jardin potager.

Enfin, cet habile agriculteur s'intéresse à l'apiculture ainsi que le montre son rucher de 10 ruches Dadant bien peuplées et bien conduites.

Le jury décerne une médaille de vermeil grand module à M. Coste pour l'initiative dont il a fait preuve dans *la recherche d'arbres fruiers adaptés à la région, pour ses plantations de pêchers et pour ses élevages de vers à soie aux rameaux.*

14e *Une médaille de vermeil grand module* à M. Constant Louis à Ville-sous-Aubenas.

M. Constant Louis a acquis en 1913 la propriété qu'il exploite et qui s'étend sur une superficie de 9 Ha, dont 7 en vignes, 1 en prairie naturelle et 1 en sainfoin.

Le vignoble est constitué par de l'Aramon, du Grand noir de la Calmette, de l'Alicante-Bouschet et du Chasselas, les uns et les autres greffés sur Lot. Les ceps sont plantés à 2 m. de distance entre les lignes et à 1 m. 30 sur les lignes ; ils sont taillés en cordon double Royat et conduits sur 2 étages de fils de fer. Ce vignoble est fumé tous les ans au sulfate d'ammoniaque au superphosphate et à la sylvinite. Il est propre, bien tenu et productif, le concurrent déclare que l'Aramon lui a donné 180 Hl. à l'hectare en 1924. Les raisins de Chasselas sont livrés pour la table à des négociants expéditeurs. En ce qui concerne le vin, M. Constant Louis s'est mis à suivre l'exemple de son frère dont il a été déjà question dans ce rapport, et il écoule une partie de sa récolte à un prix avantageux par la vente directe aux consommateurs.

La prairie naturelle a été gagnée sur les bords de l'Ardèche. A cet effet, 1 Ha de terre superficielle et améliorée par le colmatage a été ensemencée avec des fenasses et du sainfoin.

En outre, depuis l'acquisition de la propriété, un important drainage en tuiles a été fait sur une partie des terres de l'exploitation de nature argileuse.

Mais les améliorations les plus considérables ont été apportées aux bâtiments de la ferme. M. Constant a construit un grenier à fourrages, un hangar, une écurie cimentée avec rigole amenant le purin dans un puisard étanche, une fosse à fumier couverte. Le concurrent a encore creusé un puits de 8 m. de profondeur, construit une porcherie bien comprise et pouvant contenir 40 porcs, et il a constitué une cave bien tenue que l'on regrette seulement de voir dépourvue de rampe d'accès, de sorte que la vendange, après le foulage, doit être montée au-dessus des cuves pour y être déversée.

M. Constant Louis, qui est père de 4 enfants encore très jeunes, exploite sa propriété aidé de sa femme et de deux petits propriétaires voisins auxquels il prête son cheval au cours de l'année et qui, en échange, exécutent chez lui divers travaux.

Le Jury décide de récompenser les efforts faits par M. Constant Louis et lui accorde une médaille de vermeil grand module pour les *améliorations qu'il a apportées à ses terres et à ses bâtiments, et la bonne tenue de ses vignes.*

14e *Une médaille de vermeil* à M. Alméras Anatole à Vallon.

M. Alméras est propriétaire d'une exploitation de 14 Ha dont 4 soumis à des cultures diverses et 10 couverts de bois.

Le vignoble constitue la culture dominante ; il occupe la moitié de la superficie cultivée. Les vignes appartiennent à des cépages variés ; elles sont

très bien tenues et productives. Les autres cultures de la propriété sont également très bien soignées. Le blé, en particulier, de la variété Bon fermier,
a bel aspect. Nous remarquons aussi une très belle avoine, des betteraves
et des pommes de terre très propres et une luzernière très bien réussie. Le
concurrent nous montre encore une petite plantation de beaux mûriers Lhou,
quelques mûriers nains et une pépinière de mûriers de 1 et 2 ans. Le jardin
potager, très complet, est parfaitement soigné. Toutes ces cultures sont rationnellement et abondamment fumées, les unes avec du fumier complété
par des engrais chimiques, les autres avec des engrais chimiques seulement.

Le bétail de l'exploitation comprend 1 mulet, 2 chèvres, 1 porc à l'engrais et 25 poules dont quelques très belles Faverolles. Le concurrent fait
un élevage de vers-à-soie qui, cette année, lui a donné 118 kg. de cocons
pour 58 grammes de graine. Enfin, un rucher de 3 ruches dont 2 Layens
complète ces petits élevages.

Les locaux sont bien tenus. Le fumier est soigneusement entassé, et le
purin est recueilli dans une fosse étanche.

Le Jury attribue à M. Alméras une médaille de vermeil pour la *bonne
tenue de l'ensemble de ses cultures*.

15ᵉ. — *Une médaille de vermeil* à M. Eyraud Paul, à Boulieu-les-Anno-
may.

M. Eyraud est fermier, depuis 1918 et avec un bail de 12 années, du
domaine de Charlieu d'une superficie de 20 Ha, dont 3 de terres incultes et
1 de bois. Il l'exploite, aidé de sa femme, de 2 domestiques et d'une femme
de ménage ; il emploie de la main-d'œuvre supplémentaire à l'époque des
grands travaux.

Les plantes sarclées, betterave demi-sucrière et pomme de terre, sont
bien soignées et propres. Elles viennent sur labour profond fait avec 2 paires de bœufs et sur bonne fumure au fumier de ferme complétée, par hectare,
de 600 kg. de scories pour la betterave et de 400 kg. de phosphate naturel
pour la pomme de terre ; ces engrais phosphatés sont parfaitement appropriés aux terres de l'exploitation qui sont granitiques. Ces cultures reçoivent
en plus, 100 kg. de sulfate d'ammoniaque à l'hectare.

Le blé cultivé est l'Hybride-inversable. Sur culture sarclée et sur fumure
de 600 kg. de scories et de 100 kg. de nitrate de soude à l'hectare, il est
beau et régulier ; dans ces conditions, déclare M. Eyraud, il donne de
1800 à 2000 kg. de grain à l'hectare. Par contre, nous constatons que la
récolte sera fortement diminuée par le piétin sur une autre parcelle où le
blé vient pour la seconde fois et avec demi-fumure au fumier. Nous remarquons encore une belle avoine grise succédant à un blé et qui a reçu un peu
de fumier de ferme. Pour ces deux céréales, le concurrent emploie pendant
quelques années des semences récoltées sur la propriété et passées au trieur,
puis il les renouvelle. Il cultive aussi un peu de seigle, du trèfle et du colza.

Les vignes (2 Ha) sont constituées, d'hybrides divers, francs de pied et
de Riparias qui portent des cépages variées parmi lesquels dominent le
Gamay et la Syrah ; ces vignes sont bien tenues et assez productives.

Les prairies naturelles occupent la moitié de la surface cultivée de la propriété, soit 8 Ha ; elles sont irriguées sur 5 Ha ; elles reçoivent tous les deux ans 5000 kg. de scories, soit environ 620 kg par hectare. Au foin qu'elles donnent, M. Eyraud ajoute annuellement 5000 kg. de tourteau, 1800 kg. de son et 600 kg. de farine de seigle. Ces additions et l'augmentation de fourrage due à l'apport de scories lui permettent l'entretien d'un bétail plus nombreux que par le passé et l'obtention d'une quantité de fumier notablement plus élevée et qu'il estime à environ 110.000 kg. par an.

Le bétail de trait comprend 1 cheval de race commune et une paire de bœufs croisés Mézenc. Le troupeau bovin d'élevage compte 17 vaches ou génisses Tarines et un jeune taureau Montbéliard pour l'amélioration progressive de ce troupeau. Le lait est livré à des revendeurs d'Annonay. La porcherie contient 1 truie craonnaise croisée et 2 porcs à l'engrais. Le poulailler est assez bien peuplé.

Les locaux sont convenablement tenus. Le fumier est soigneusement mis en tas sur une plate-forme et arrosé environ 1 fois par semaine avec du purin pompé dans une fosse étanche. Le matériel de culture est complet, bien nettoyé et mis à l'abri. Nous y notons des charrues variées dont un brabant et une sous-soleuse, 2 houes à cheval, 1 arracheuse de pommes de terre, etc.

M. Eyraud exploite en bon agriculteur, soigneux et éclairé. Le Jury tient à récompenser ses qualités en lui accordant une médaille de vermeil *pour la bonne tenue de l'ensemble de ses cultures*.

16e *Une médaille de vermeil* à M. Chalmeton Albin, les Assions.

M. Chalmeton est propriétaire d'une exploitation de 12 Ha comprenant 15 parcelles dont les principales sont à une distance de 2 km. des bâtiments. Il a environ 4 Ha de vignes et de mûriers, 1 Ha de terres labourables, 60 ares de prairie naturelle, 4 Ha de bois et 2 Ha 50 de terres incultes.

Les vignes, en terres d'alluvions fertiles et fraîches, sont constituées surtout de Clinton conduit à haute tige et en tonnelle ; elles sont bien tenues et très productives. La vinification se fait avec pied de cuve d'Aramon et par fermentation de courte durée ; d'après M. Chalmeton, le vin ainsi obtenu n'a pas de goût foxé prononcé et peut-être vendu tous les ans avec facilité dans la région lyonnaise.

Mais le concurrent accorde surtout ses soins à la culture du mûrier et à l'élevage du ver à soie. Il a une plantation importante et bien tenue de mûriers de haute tige dans des terres basses, fertiles et fraîches ; les arbres, âgés de 13 ans, y donnent en moyenne 55 kg. de feuilles par pied. Sur les parcelles en côteau, il cultive des mûriers nains en cordons doubles qu'il conduit sur fil de fer pendant les 6 premières années. Le jury remarque particulièrement deux plantations réussies de ces arbres : l'une, de 3 ans, donne en moyenne 8 kg. de feuilles par pied ; l'autre, de 12 ans, en donne 12 kg., la cueillette s'y fait tous les 2 ans. M. Chalmeton est satisfait de ces mûriers nains dont il se propose d'étendre la culture sur tous les terrains en côteau où les gelées ne sont pas à craindre pour ces arbres maintenus près du sol.

Il se livre depuis plusieurs années à l'élevage des vers aux rameaux et il le déclare avantageux. La magnanerie est propre. Au cours de l'élevage,

M. Chalmeton l'aère en laissant les fenêtres ouvertes tant que la température extérieure n'est pas trop basse. Il estime, avec raison, que, d'une manière générale, les sériciculteurs se préoccupent trop de la question de la température et sont ainsi portés à aérer les locaux d'une manière insuffisante. Il récolte de 400 à 500 kgs. de cocons qu'il étouffe à la vapeur de manière à pouvoir attendre le moment qui lui paraît le plus favorable pour la vente. Son étouffoir, d'ailleurs très simple, servi par 3 hommes, peut traiter 3.000 kgs. de cocons par jour. M. Chalmeton le met à la disposition des sériciculteurs du voisinage. Enfin, il fait du grainage pour ses éducations, celles de ses parents et de divers habitants de la commune.

Il est aidé dans ses travaux par sa femme, sa fille et son gendre ; il engage de la main-d'œuvre saisonnière pour l'élevage des vers et la vendange.

M. Chalmeton est un bon sériciculteur, soigneux, éclairé et ayant de l'initiative. Le Jury lui attribue une médaille de vermeil *pour ses cultures de mûriers et ses élevages bien conduits de vers-à-soie.*

17ᵉ *Une médaille de vermeil* à Mme Vve Gaston Nicod, château de la Garde, à Roiffieux.

Mme Vve Gaston Nicod présente un beau troupeau de bovidés réparti dans deux fermes séparées par une distance de 500 m. L'une, la ferme de Pechemorel, renferme 20 vaches laitières Montbéliardes âgées de 4 à 12 ans, 5 génisses de même race et de divers âges, 1 jeune taureau également Montbéliard, et 4 bœufs de travail dont 2 de race Montbéliarde pure et 2 autres croisés. La seconde ferme, celle de Flachet, contient 10 vaches de 4 à 12 ans, 2 génisses de 1 an et 2 taureaux ; tous ces animaux sont des Montbéliards purs.

Mme Vve Nicod fait valoir ces deux exploitations par l'intermédiaire de maîtres-valets. Le lait est vendu en nature à Annonay ; la concurrente en estime la quantité totale annuelle à 40.000 litres. Il naît chaque année, dans l'ensemble des deux fermes, de 20 à 22 veaux livrés à la vente lorsqu'ils ont atteint le poids de 60 à 70 kg ; en raison de leur origine, ces veaux sont très recherchés par les cultivateurs du voisinage qui en paient volontiers le kilo 1 fr. au-dessus du cours des veaux de boucherie.

La ferme de Pechemorel fut achetée en 1908 par feu M. Nicod qui y remplaça de suite les animaux croisés de pays par des vaches et un taureau de la race Montbéliarde. Cette race était alors inconnue dans la région ; elle y a joué depuis et elle continue à y jouer un rôle considérable dans l'amélioration des bovidés. Mme Vve Nicod a continué l'œuvre de son mari, et elle a constitué elle-même, avec des bêtes de la même race, le troupeau de la ferme du Flachet qu'elle a acquise en 1920, vide de tout bétail.

Les étables sont aménagées rationnellement, quoique d'une manière simple et pratique, et elles sont parfaitement tenues. Les animaux sont aussi en très bon état d'entretien.

Le Jury accorde à Mme Vve Gaston Nicod une médaille de vermeil *pour constitution d'un beau troupeau bovin de la race Montbéliarde et installation pratique des étables.*

18° *Une médaille de vermeil et une somme de 200 fr.* à M. Nicolas Odilon, à Chambonas.

Après un séjour de 14 années à Paris, M. Nicolas est revenu au village natal en 1919 et s'est mis à exploiter le bien de sa famille. Une châtaigneraie d'environ 1 Ha y était en train de mourir sous l'action de la maladie de l'encre. Le sol, constitué de rochers de grès et d'une terre superficielle et maigre, était sec et aride. M. Nicolas résolut de le mettre en culture et d'y constituer un petit vignoble entièrement planté aujourd'hui et qu'il présente au Jury.

Le concurrent a disloqué et divisé le rocher à l'aide de coins, et parfois, de la poudre noire de mine. A la terre ainsi dégagée, il en a ajouté d'autre, prise sur des surfaces plus élevées et inutilisables pour la culture. Le sol a été disposé en terrasses soutenues par des murs construits avec les morceaux de rochers extraits. Il a été défoncé à la pioche, puis planté en Jacquez qui se comporte assez bien dans le quartier et qui a été laissé franc de pied sur une partie de la surface et a été greffé sur l'autre partie avec de l'Aramon, du Calitor, du Muscat de Hambourg, etc. Le petit vignoble ainsi créé peu à peu est conduit sur 2 fils de fer. Il est soigneusement travaillé à la charrue ; à cet effet, une rampe a été établie donnant accès à chaque terrasse. Il est de belle apparence et déjà assez productif.

En résumé, le concurrent a fait des efforts considérables, d'autant plus méritoires que, pendant assez longtemps, il avait perdu complètement contact avec la vie des champs. Le Jury, heureux de constater ce bel exemple de retour à la terre, décerne à M. Nicolas une médaille de vermeil et une somme de 200 frs svec la mention suivante : *ayant repris après un long séjour en ville le bien familial a, par un travail persévérant, avec l'aide de son fils, créé un vignoble de 1 ha. bien tenu sur l'emplacement d'une châtaigneraie détruite par la maladie de l'encre, en terrain difficile et avec établissement de terrasses.*

1° *Une médaille de vermeil et une somme de 150 frs.* à M. Arnaud Gustave, à Vessaux.

M. Arnaud a créé un vignoble de 1 ha. 50 en sol en grande partie inculte.

Ce petit vignoble constitué de cépages variés, parmi lesquels divers hybrides greffés sur Riparia, est bien tenu et productif. Le concurrent le cultive actuellement aidé de son fils âgé de 23 ans.

Le jury tient à récompenser le labeur fourni par M. Arnaud et lui accorde une médaille de vermeil et une somme de 150 frs *pour constitution et bonne tenue d'un vignoble de 1 ha. 50.*

Pour la suite des récompenses, voir le palmarès complet.

D. Vidal.

RAPPORT

présenté au nom de la Commission de l'horticulture
par **M. DEAUX** professeur
à l'Ecole d'Agriculture d'Ecully

La commission à été heureuse de constater au cours de ses visites les progrès réalisés dans les cultures et les méthodes mises en action par les horticulteurs. Le Jury à particulièrement remarqué l'effort accompli pour intensifier la production, l'utilisation des procédés modernes dans le but d'atténuer la crise de la main-d'œuvre, l'emploi rationnel des engrais commerciaux afin de compenser la pénurie du fumier, l'amélioration incessante des espèces fruitières, maraîchères et ornementales.

Ces résultats sont l'œuvre de M.M. les Directeurs qui se sont succédés à la tête des services agricoles de l'Ardèche ou ils ont su laisser des traces de leur bienfaisante activité, de M. Richard surtout leur distingué et savant successeur qui continue par ses conseils et sa parole persuasive leur enseignement apprécié ; à ses dévoués collaborateurs M.M. les Professeurs spéciaux d'agriculture.

La commission à su faire la part du travail de chacun des concurents et des difficultés de toutes sortes qu'ils ont rencontrées. Certains ont montré une réelle initiative, aussi c'est avec plaisir que le Jury leur adrese toutes ses félicitations. Les récompenses obtenues du gouvernement de la République par les concurrents sont bien méritées car ces derniers ont contribué dans leur mesure et dans leur milieu à la prospérité du pays.

Les établissements horticoles A Vérilhac à Annonay fondés en 1850 par le grand père du propriétaire actuel, ont vu leur importance s'accroître tous les ans. Ils comprennent : *les pépinières, les cultures florales les cultures porte graines de légumes et de magasin de vente.* Dans *les pépinières* sont propagées les principales essences fruitières et ornementales. L'étiquetage est soigné les substitutions de variétés y sont peu faciles, garantie fort appréciable pour l'acheteur. Les arbres ont une bonne vigueur, leur formation irréprochable et indemne de parasites. *Les cultures florales* constituées par de riches collections de plantes vivaces et à massif, des spécimens de végétaux de terre de bruyère, des palmiers etc... Le tout enterré dans de grandes plates bandes ou un dispositif ingénieux permet de donner des arrosages sans aucune peine. De nombreuses planches sont garnies de plantes ornementales annuelles soumises à une sélection rigoureuse en vue de leur amélioration, sur ces plantes de choix la graine est récoltée. Chaque année, les établissements Vérilhac mettent au commerce de nouvelles variétés fort appréciées par les horticulteurs. *Les cultures porte graines de légumes* sont depuis longtemps une spécialité de la maison. Elles couvrent de grandes surfaces sur un terrain accidenté qui offre diverses expositions ce qui permet d'y cultiver plusieurs espèces. L'ameublissement du sol, le semis, les façons culturarales sont exécutés avec les instruments attelés. Tous les légumes, oignons carottes, pois, haricots etc... sont magnifiques de vigueur de pureté, ils font présager une abondante récolte en graines.

Sous de vastes hangars se trouvent disposées des machines à battre, à nettoyer les semences afin de les approprier et les rendre commerciales.

Le magasin de vente est agencé pour que la graine soit mise en paquets, en sacs et emballée avec le minimum de manipulations.

Le Jury reconnaissant les résultats acquis par M. A. Vérilhac, lui décerne le prix d'honneur, objet d'art et une prime de 500 frs.

M. Masot Joseph horticulteur à Tournon. est à la tête d'un jardin et de serres bien tenus où l'ordre et la propreté règnent. Les serres sont occupées par des plantes vertes, palmiers, dracœnas etc... des plantes fleuries d'une beauté peu commune, elles indiquent que les soins donnés émanent d'un maître. L'ensemble de ces serres constitue une exposition permanente où le client le plus difficile peut trouver ce qu'il désire. Les carrés de plein air sont plantés en rosiers, en arbustes à fleurs et à feuillage constituant de fort belles collections, bien déterminées. M. Masot dirige toute son activité vers la recherche d'espèces méritantes, et à l'obtention de nouvelles variétés.

Le Jury appréciant les mérites de M. Masot, lui accorde une médaille de vermeil et une prime de 200 frs.

M. Renaud André, jardinier, quartier de Berne a Tournon. Dirige ses cultures fruitières et maraîchaires d'une manière parfaite, rien ne laisse à désirer. Les pépinières multiplient les variétés fruitières commerciales, les sujets y sont vigoureux et bien conduits. Les cultures fruitières sont taillées méthodiquement et toutes les façons culturales sont exécutées avec des instruments perfectionnés. Les cultures maraîchères sont industrialisées pour en diminuer le prix de revient ; les arrosages s'effectuent au moto-pompe électrique avec un appareil distributeur bien étudié. Tous les légumes ont un bel aspect, indice certain qu'ils reçoivent tous les engrais nécessaires et les soins réclamés.

M. Renaud sait se servir de la chaleur artificielle, il possède des chassis pour hâter ses semis, ses repiquages. La serre est affectée à la multiplication et à l'éducation des plantes à fleurs. Enfin pour ne rien laisser perdre de ce qui coûte, les déchets de légumes servent à engraisser des porcs.

La commission décerne à M. Renaud une médaille de vermeil et une prime de 200 francs.

M. Orset Régis Jean Marie, jardinier quartier des Suettes à Tournon. Est le praticien qui sait tirer parti de tout ce dont il dispose. Le jardin est bien tracé, les chassis judicieusement disposés pour avancer les semis et un systéme d'arrosage trés avantageux lui permettant de parer à la sécheresse sans difficulté. La pépinière est en bon état, les péchers sont de belle venue, bien formés et en parfaite santé. Les cultures maraîchères sont des plus intéressantes (melon de poche avec 12 fruits au mètre, concombres, tomates, etc).

Il est attribué à M. Orsel une médaille de vermeil et une prime de 200 francs.

M. Fayolle Adrien Michel à Rosières a transformé une propriété agricole en jardin, par un aménagement d'eau bien étudié il a pu irriguer ses cultures. Chaque année, pendant l'hiver, il draine quelques parcelles pour les planter en vignes.

M. Fayolle reçoit une grande médaille d'argent et une prime de 200 francs.

M. Teyssier Louis à Pont-de-Labéaume obtient une prime de 100 francs pour la transformation en jardin d'un terrain rocailleux difficile à travailler.

LISTE DES RÉCOMPENSES

PRIX CULTURAUX

A — GRANDE CULTURE

Première Categorie

Propriétaires exploitant un domaine de grande culture directement ou par régisseurs ou maîtres-valets :

« Non décerné »

Deuxième Catégorie

Fermiers à prix d'argent ou à redevances fixes en nature remplaçant le prix de ferme, cultivateurs propriétaires tenant à ferme la majeure partie de leurs terres en culture, métayers isolés se présentant avec l'assentiment de leurs propriétaires, propriétaires exploitant avec un seul métayer un domaine de grande culture.

Un objet d'art d'une valeur de 1.000 fr. et une somme de 1.500 fr.

à M. Veyrand Rémi, fermier au Grand Meyrieu, commune de Saint-Jeure-d'Ay, pour la bonne tenue de ses cultures, les améliorations qu'il a réalisées dans les diverses productions du domaine et la part contributive qu'il a apportée à des améliorations importantes concernant les bâtiments de l'exploitation, continuant en cela l'œuvre de sa famille dont les chefs successifs ont exploité la propriété sans interruption à partir de 1828 en qualité de métayers.

Objet d'art supplémentaire.

à M. Gente Adrien, fermier à Duzilhac, commune de Berzème, pour l'ensemble de ses cultures, sa production élevée de céréales, ses élevages et l'emploi d'un important matériel agricole moderne.

B). — MOYENNE CULTURE

Troisieme Catégorie.

Propriétaires ou fermiers exploitant plusieurs domaines par métayers.

« Non décerné »

Quatrième Catégorie.

Agriculteurs propriétaires, fermiers ou métayers isolés se présentant avec l'assentiment de leurs propriétaires et exploitant un domaine de moyenne culture :

Un objet d'art de 500 fr. et une prime de 1.000 fr.

à M. Roche Joanny, fermier au hameau des Places, à Roiffieux, pour la bonne tenue de sa ferme et l'ensemble de ses cultures et de ses élevages.

C.) — CULTURE FAMILIALE

Cinquième Catégorie

Agriculteurs exploitant un domaine comme propriétaires ou comme locataires ou à partages de fruits et cultivant par eux-mêmes ou avec l'aide des membres de leur famille.

Objet d'art de 500 fr. et une somme de 500 fr.

à MM. Roux Paul et ses fils, au hameau de la Lauze à Banne, pour l'ingéniosité et l'activité dont ils ont fait preuve en transformant, en quelques années, un moulin abandonné depuis longtemps en une ferme bien aménagée et pour les améliorations qu'ils ont apportées aux terres et aux cultures de l'exploitation.

PRIME D'HONNEUR

Grande et moyenne culture, consistant en un objet d'art d'une valeur de 3.000 francs environ, réservé à celui des lauréats des quatre premières catégories, reconnu relativement supérieur et ayant présenté, dans sa catégorie, le domaine ayant réalisé les améliorations les plus utiles et les plus propres à être offertes comme exemple :

« Non décerné »

PRIX DE SPÉCIALITÉS

Objet d'Art

à M. Poudevigne Victor, aux Vernades, commune de Rosières, pour ses cultures de mûriers nains, ses pépinières et ses cultures maraîchères.

à M. Vannière Emile, hameau de l'Estrade à Rosières, pour construction d'une grande citerne, distribution d'eau dans l'établissement et bonne tenue générale de l'ensemble de son exploitation.

à M. Desserre Camille, hameau du Couron, à St-Marcel-d'Ardèche, pour mise en valeur d'une propriété partiellement en friche dans des conditions de milieu assez difficiles par la création de vignobles, et pour la collaboration éclairée qu'il apporte aux expériences organisées sous les auspices de l'Office Régional du Midi.

à M. Delaygue Jules, hameau de la Croissette à Aubenas, pour la manière remarquable dont il tire parti de sa petite exploitation par la variété et la bonne tenue de ses cultures et de ses élevages.

à M. Fort Georges à Alboussière, pour ses remarquables cultures de pommes de terre et pour les soins éclairés qu'il apporte aux expériences qui lui sont confiées par l'Office Agricole Régional du Midi sur la culture de ce tubercule dans le centre d'expérimentation d'Alboussière.

Rappel de médaille d'or petit module

à M. Mazellier, hameau de Morlet, à Lagorce, pour la bonne tenue de ses vignes, de ses cultures de plantes sarclées et de céréales.

Médaille de vermeil grand module

à M. Pical, villa des Cèdres aux Vans, pour création d'un vignoble bien tenu de 4 hectares environ en plants fins, plantation d'arbres fruitiers et établissement de chemins pour l'exploitation du vignoble.

à Mme veuve Nicod, château de la Garde à Roiffieux, pour constitution d'un beau troupeau bovin de race montbéliarde, contribution importante à l'amélioration des bovidés dans la région et pour installation pratique des étables.

Médaille de vermeil grand module et 250 fr.

à M. Arnal Auguste, hameau des Reys aux Assions, a créé, au prix des plus grands efforts, dans des conditions particulièrement difficiles en sol rocheux, un vignoble de trois hectares bien tenu; a amélioré, par ses propres moyens, ses bâtiments d'exploitation.

Médaille de vermeil grand module

à M. Champelovier Fernand, à St-Laurent-du-Pape, pour ses importantes cultures de pêchers très bien tenues.

à M. Tromparent à St-Laurent-du-Pape, pour introduction, dans son exploitation, d'un matériel perfectionné adapté à la culture du pêcher et à l'irrigation de ses cultures de primeurs.

Médaille de vermeil grand module et 400 fr.

à M. Clémençon Auguste, fermier au hameau d'Anty à Roiffieux, pour améliorations importantes apportées au bétail de la ferme et bonne tenue des cultures avec l'aide d'une nombreuse famille.

Médaille de vermeil grand module

à M. Constant Henri, hameau du Ripotier à Saint-Pierre-sous-Aubenas, pour la bonne tenue de ses vignes. l'aménagement rationnel de sa cave et l'organisation de la vente directe de son vin au consommateur.

à M. Coste Hippolyte, hameau du Suel à St-Julien-du-Serre, pour l'initiative dont il a fait preuve dans la recherche d'arbres fruitiers adaptés à la région, pour ses plantations de pêchers et pour ses élevages de vers à soie aux rameaux.

à M. Constant Louis, hameau de Ville à Aubenas, pour les améliorations qu'il a apportées à ses terres et à ses bâtiments et pour la bonne tenue de ses vignes.

Médaille de vermeil

à M. Alméras Anatole, à la Croix des Roses à Vallon, pour la bonne tenue de l'ensemble de ses cultures.

à M. Eyraud Paul, hameau de Charlieu, à Boulieu-les-Annonay, pour la bonne tenue de l'ensemble de ses cultures.

à M. Chalmeton Arsène, aux Assions, pour ses cultures de mûriers nains et ses élevages de vers à soie.

Médaille de vermeil et 200 fr.

à M. Nicolas Odilon, hameau des Sielves à Chambonas, ayant repris après un séjour en ville le bien familial a, par un travail persévérant créé un vignoble d'environ 1 hectare sur l'emplacement d'une châtaigneraie détruite par la maladie de l'encre et construit en terrain difficile, avec l'aide de ses fils, des terrasses où se trouve un vignoble bien tenu.

Médaille de vermeil et 150 fr.

à M. Arnaud Gustave, hameau des Audiberts à Vessaux, pour reconstitution et bonne tenue d'un vignoble de deux hectares.

Médaille d'argent grand module

à M. Bruas Casimir, Villa Tranquille à Lamastre, pour création de toutes pièces sur un terrain conquis sur la rivière, d'un jardin tenu en parfait état et avec beaucoup de goût, utilisation très complète du sol ainsi aménagé, installation d'une pompe électrique pour élévation et distribution d'eau et travaux importants de protection contre les crues du Doux.

Médaille d'argent grand module et 200 fr.

à M. Rigaud Léon, hameau de Chaussy à St-Maurice-d'Ardèche, pour l'initiative dont il a fait preuve pour l'amélioration progressive de ses bâtiments d'exploitation, de son outillage agricole et pour l'exécution de défoncements.

à M. Renard Léon, hameau de St-Jean à St Marcel-d'Ardèche, pour bonne exploitation d'une propriété jusque-là en mauvais état et culture bien conduite de plantes sarclées notamment sorgho à balais et fenouil.

à M. Loullier Louis à Veyras, pour les améliorations apportées à sa propriété particulièrement en ce qui concerne les irrigations et pour la bonne tenue de ses châtaigneraies et autres cultures.

Médaille d'argent grand module

à MM. les frères Gros à Freyssenet, pour leurs élevages de chevaux, vaches et troupeau ovin.

Médaille d'argent grand module et 100 fr

à M. Amblard Louis, hameau de Faugères à Berzème, pour ses élevages de chevaux, vaches et troupeau ovin.

à M. Vidal Léon, hameau de Vacheresse à Berzème, pour ses élevages de chevaux, vaches et troupeau ovin.

à M. Balmelle Charles, hameau du Féniol à Chomérac, pour bonne tenue de son exploitation, emploi d'un matériel agricole assez complet et ses cultures de blé.

à M. Gaschet Casimir, à St-Jean-le-Centenier, pour ses bonnes cultures de blé et son troupeau ovin.

Médaille d'argent

à M. Valette Pierre à St-Julien-du-Serre, pour ses reboisements bien réussis de terrain rocheux et accidenté, en pin maritime et pin Laricio.

à M. Chaussignand Henri, à Berzème, pour ses étalons chevaux et baudets.

Médaille d'argent et 200 fr

à M. Fulachier Cyprien à Prades, pour création d'un petit vignoble en terrain très difficile, bonne tenue de ses châtaigneraies, réussite de ses élevages de vers à soie et améliorations apportées à ses bâtiments.

Médaille d'argent

à M. Ollier Jean-Louis, hameau de Marcon à Roux, pour ses travaux de défrichement et d'épierrement en montagne et captation de sources utilisées pour l'irrigation.

Médaille d'argent 150 fr.

M. Colomb Valéry, à St Privat, pour ses élevages de vers à soie aux rameaux.

Médaille d'argent et 100 fr.

à M. Puaux Marius, à St-Lager-Bressac, pour ses cultures de blé et de fourrages artificiels.

à Mr. Porte Samuel, à St-Beauzile, pour sa station de monte avec un baudet du Poitou et pour ses cultures de blé.

Médaille d'argent

à M. Crumière Albin, à St Laurent-du-Pape, pour ses cultures de pêchers

à M. Coulange Eugène quartier de Beansas pour ses élevages de la race porcière marseillaise.

à M. Demoulin Henri, hameau du Colombier à Largentière, pour création d'une prairie en partie irriguée et construction de chemins d'accès pour faciliter le service de l'exploitation.

Médaille d'argent et 100 fr.

à M. Dantressangle Henri, à Vanosc, pour adduction d'eau potable dans ses jardins et la maison d'habitation, création d'un petit vignoble et plantation d'arbres fruitiers.

Rappel de médaille d'argent

à M. Daumas Joseph, à Chassagne. pour amélioration de chemins d'exploitation et mise en valeur de parcelles dans une région particulièrement difficile en terrain rocheux.

Médaille de bronze

à M. Doize Théodore, à Lachapelle-sous-Aubenas, pour aménagement d'une magnanerie.

Médaille de bronze et 100 fr.

à M. Cadet Eugène, hameau de Florensoles à Silhac, pour ses plantations fruitières et reconstitution de châtaigneraies.
à M. Audouard Urbain, hameau de Taverne à Berzème, pour bonne tenue de ses cultures.

Médaille de bronze

à M. Bourret Pierre, hameau de Vacheresse, à Berzème, pour ses élevages.
à M. Sevenier Marius, hameau de Chaix à Berzème, pour bonne tenue de ses cultures.
à M. Seux François, à St-Cyr, pour son troupeau bovin de race Montbéliarde

Médaille de bronze et 150 fr.

à M. Garayt François, fermier à St-Laurent-du-Pape, pour bonne tenue de ses cultures.

Médaille de bronze et 100 fr

à M. Fournier Léon, à St-Laurent-du-Pape, pour ses cultures de pêchers.
à M. Chabert Louis, hameau de Mallet à Largentière, pour captation d'une source, bonne utilisation de l'eau en culture maraîchère et amélioration des bâtiments.

Primes

à M. Lambroix Léon, à St-Marcel-d'Ardèche, pour ses cultures sarclées : 40 frs.
à M. Collomb Louis, hameau du Champval, à Chambonas, pour amélioration des chemins d'exploitation : 50 francs.
à M. Martin Henri, hameau de la Driotsée Croisée, à Berrias, pour ses élevages de vers à soie : 40 francs.

RÉCOMPENSES

ATTRIBUÉES PAR LA COMMISSION DÉPARTEMENTALE DE CLASSEMENT ET DE RÉVISION DES DÉCLARATIONS DES CONCURRENTS NON RETENUS POUR LA VISITE DU JURY DE LA PRIME D'HONNEUR.

Amblard Henri, à Berzème; Aubert Louis, à St-Julien-du-Serre; Charmasson Régis, à St-Just-d'Ardèche ; Delières, à Chirols; Duclaux, à

St-Julien-du-Serre ; Dorthe-Lerat, à Saint-Marcel-d'Ardèche ; Ducros, à Chandolas ; Meunier, à St-Marcel-d'Ardèche ; Olivetti, à St-Julien-du-Serre Raoux, a St Sernin ; Roure Auguste, à Lachapelle-sous-Aubenas ; Roux Victorin, à Berzème ; Teyssier Paul, à Berzème ; Vidal Stanislas, à Berzème. Chacun de ces concurents a reçu une médaille de bronze.

RÉCOMPENSES AUX COLLABORATEURS
DES EXPLOITATIONS PRIMÉES

Médaille de vermeil et 200 fr.

à M. Sarayet Henri, chef ouvrier chez M. Veyrand Rémi, à St-Jeure-d'Ay.

Médaille de bronze

à Mme Gente Maria, collaboratrice de M. Gente Adrien, à Berzème.

Prime de 75 fr.

à M. Gente Elie fils.

Prime de 50 fr.

à M. Cordel Marius, employé chez M. Gente.

Médaille d'argent et 75 fr.

à M. Allègre Edouard. berger chez M. Roche Joanny.

Médaille de bronze et 100 fr.

à M. Poudevigne Adrien, chez son père.

Prime de 50 fr.

à M. Poudevigne Marius, chez son père.

Médaille de bronze et 75 fr.

à M. Vannière Louis, fils de M. Vannière Emile, à Rosières.

Prime de 50 fr.

à M. Vannière Georges, fils de M. Vannière Emile, à Rosières.

Médaille de bronze et 100 fr.

à M. Desserre Jean, fils aîné de M. Desserre, à St-Marcel-d'Ardèche.

Médaille de bronze

à Mme Delaygue Félicie, collaboratrice de M. Delaygue Jules, à Aubenas. à Mlle Delaygue Marie, sœur de l'exploitant.

Prime de 75 fr.

à M. Arnal Marceau, fils de M. Arnal Auguste, aux Assions.

Médaille de bronze et 75 fr.

à M. Clozel, employé de M. Tromparent, à St-Laurent-du-Pape.

Médaille de bronze

à Mme Constant, collaboratrice de M. Constant Henri, à St Pierre-sous-Aubenas.

Prime de 75 fr.

à M. Durieu Albert, employé chez M. Constant Henri.

Médaille de bronze

à Mme Chalmeton Louise, collaboratrice de M. Chalmeton Arsène, aux Assions.

Médaille de bronze et 100 fr.

à M. Pralong Jean, maître-valet chez Mme veuve Nicod, à Roiffieux.
à Mme veuve Serve Joséphine, employée chez Mme veuve Nicod à Roiffieux.

Prime de 75 fr.

à M Nicolas Pierre, fils de M. Nicolas Odilon, à Chambonas.
à M. Arnaud Gustave, fils de M. Arnaud Gustave, à Vessaux.

Prime de 40 fr.

à M. Rigaud, fils de M. Rigaud Léon, à St-Maurice-d'Ardèche.

Médaille de bronze et 75 fr.

à M. Charvin Séraphin, employé chez MM. Cros frères à Freyssenet.
à M. Zucca Jean, berger chez M. Amblard Louis, à Berzème.

Prime de 50 fr.

à M. Descoux Félix, berger chez M. Vidal Léon, à Berzème.

Prime de 100 fr.

à M. Descours Gabriel, gendre de M. Balmelle Charles, à Chomérac.

Prime de 40 fr.

à Mlle Fulachier Gabrielle, fille de M. Fulachier Cyprien, à Prades.
à Mlle Fulachier Victoria, fille de M. Fulachier Cyprien, à Prades.
à M. Bravais Emile, employé chez M. Porte Samuel, à St-Bauzile.

Prime de 75 fr.

à M. Demoulin Henri, fils de M. Demoulin, à Largentière.

Prime de 40 fr.

à M. Demoulin Léon, fils de M. Demoulin, à Largentière.
à M. Audouard Elie, fils de M. Audouard Urbain, à Berzème.

à M. Audouard Emile, fils de M. Audouard Urbain, à Berzème.

à M. Seux Gabriel, fils de M. Seux François, à St-Cyr.

à M. Seux Francisque, fils de M. Seux François, à St-Cyr.

PRIX D'HONNEUR DE L'HORTICULTURE

1° *Prix d'honneur, objet d'art et une prime de 500 fr. à* **M. A.** *Vérilhac,* horticulteur à Annonay, pour l'ensemble de ses cultures ornementales, fruitières, et plus particulièrement pour ses porte-graines notamment : pois, choux, oignons, carottes, etc.

La Commission sollicite en outre la *croix d'officier du Mérite agricole pour M. A. Vérilhac* en récompense du labeur déployé pour maintenir la renommée de la maison fondée en 1850. Ses mérites ont du reste retenu,depuis longtemps, l'attention de ses collègues en le désignant aux fonctions de membre de la Chambre de commerce et conseiller du commerce extérieur.

2° *Une Médaille de vermeil* et une *prime de 200 fr. à M. Masot Joseph,* horticulteur à Tournon, pour la tenue parfaite de son établissement et ses qualités·d'initiative dans la recherche des plantes nouvelles et méritantes.

3° *Une Médaille de vermeil* et une *prime de 200 fr. à M. Renaud André,* jardinier à Tournon, pour ses cultures fruitières et maraîchères, intelligemment conduites et bien tenues.

4° *Une Médaille de vermeil* et une *prime de 200 fr. à M. Orset Régis J. M.* maraîcher à Tournon, pour ses cultures maraîchères industrialisées, bien comprises et menées avec tout le perfectionnement désirable.

5° *Une grande Médaille d'argent* et une *prime de 200 fr. à M. Fayolle Adrien-Michel,* à Rosières, pour l'amélioration apportée à sa propriété par des drainages et pour son exploitation mixte agricole et maraîchère.

6° *Une prime de 100 fr. M. Teyssier Louis,* à Pont-de-Labeaume, pour la transformation en jardin d'un terrain rocailleux difficile à travailler.

RÉCOMPENSES AUX COLLABORATEURS
DES LAURÉATS DE L'HORTICULTURE

Médaille de vermeil à M. Auguste Octru, l'attribution *d'une prime de 200 fr. et la croix du Mérite agricole* pour encourager ce maître-greffeur qui, depuis 40 ans, a formé de nombreux apprentis.

Médaille d'argent à M. Millet, chef de culture, une *prime de 150 fr.* pour la conduite intelligente des cultures qui lui sont confiées.

A *M. Guigal Auguste une prime de 75 fr.*

Médaille d'argent à M. Jean Chareyron et une *prime de 150 fr.* pour ses 22 années de collaboration pendant lesquelles il a donné entièresatisfaction.

PRIX POUR LES SERVITEURS A GAGES
ET LES JOURNALIERS RURAUX

Médaille de vermeil et 200 fr.

à Mlle Periol Marie-Louise, à Préaux.
à Mlle Roux Victorine, à Pranles.
à M. Brunel Jean-Daniel, à Pranles.
à M. Chenevrier Joseph, à Boulieu-les-Annonay.

Médaille de vermeil et 150 fr.

à M. Alvery Isidore, à Pradons.
à M. Monteil Marius, à Soyons.

Médaille d'argent et 150 fr.

à M. Marcien Alphonse, à Champagne.
à M. Patouillard François, à St-Symphorien-de-Mahun.

Médaille de bronze et 100 fr.

à Mlle Pabion Sophie, à Mariac.
à M. Eldin Jules, à Labastide-de-Virac.
à Mlle Maurel Victorine, à Mariac.

Médaille de bronze et 50 fr.

à M. Surel Louis, à St-Martial.
à M. Marion Henri, à Mariac.

Médaille de bronze et 30 fr.

à M. Cade Emile, à Berrias.

TABLE DES MATIÈRES

PREMIÈRE PARTIE
Milieu naturel.

DEUXIÈME PARTIE
Économie rurale.

TROISIÈME PARTIE
La Production agricole.

Industries Agricoles :

QUATRIÈME PARTIE

Société ardéchoise d'encouragement à l'agriculture. Autres groupements départementtaux (Vivarais apicole, Société Forestière de l'Ardèche). Société forestière de Villeneuve-de-Berg. Comices agricoles. Syndicats d'élevage. Syndicat viticole de St-Péray. Syndicat d'arboriculture de Lavilledieu. Crédit agricole. Coopératives. Sociétés d'assurances Mutuelles (Mutuelles-Incendie, Mutuelles-Bétail, Mutuelles-Accidents).

Bureau de la Main-d'œuvre agricole.

Services techniques et administratifs.

Ecole d'agriculture d'hiver. Ecole ménagère agricole. Cours post-scolaires agricoles.

Le Pradel.

CINQUIÈME PARTIE

TABLE DES GRAVURES

9 782329 201726